复杂深井与储气库固井技术

郑新权　等编著

U0209046

石油工业出版社

内 容 提 要

本书系统总结了近年来复杂深井和储气库固井技术研究和现场应用取得的最新成效，主要内容包括固井水泥环密封完整性设计及方法、套管柱设计和施工、深井固井工艺技术与设计、深井固井材料及体系、固井设备和工具、深井固井技术现场应用、储气库固井技术、固井质量要求与评价。

本书适合从事钻井、固井的技术人员、管理人员、科研人员以及高等院校相关专家师生参考。

图书在版编目（CIP）数据

复杂深井与储气库固井技术/郑新权
等编著 .— 北京：石油工业出版社，2023.11
ISBN 978-7-5183-6378-0

Ⅰ.①复…　Ⅱ.①郑…　Ⅲ.①深井固井 – 技术　②地下
储气库 – 固井 – 技术　Ⅳ.① TE256

中国国家版本馆 CIP 数据核字（2023）第 191958 号

出版发行：石油工业出版社
　　　　　（北京安定门外安华里 2 区 1 号楼　100011）
　　　　网　　址：www.petropub.com
　　　　编辑部：（010）64523583　图书营销中心：（010）64523633
经　　销：全国新华书店
印　　刷：北京中石油彩色印刷有限责任公司

2023 年 11 月第 1 版　2023 年 11 月第 1 次印刷
787×1092 毫米　开本：1/16　印张：14.25
字数：360 千字

定价：120.00 元

（如出现印装质量问题，我社图书营销中心负责调换）
版权所有，翻印必究

《复杂深井与储气库固井技术》

编 写 组

主　　编：郑新权

副 主 编：刘硕琼　郑有成　王春生　靳建洲　毛蕴才　魏风奇

编写人员：（按姓氏笔画排序）

于永金	马　勇	王圣明	王治国	艾正青	曲从锋
吕泽昊	朱　雷	刘　洋	刘　森	刘文红	刘世彬
刘国强	刘忠飞	齐奉忠	江　乐	严海兵	李　斌
汪　瑶	张　华	张　弛	张怀文	陈　敏	郑友志
郑永生	赵宝辉	袁　超	袁中涛	袁仕俊	耿明明
夏元博	夏修建	韩礼红	鲁明宇	曾建国	

前　言

我国陆上 39% 的剩余石油和 57% 的剩余天然气储层资源分布于深层，主要集中在塔里木盆地、四川盆地以及准噶尔盆地南缘、青海柴达木盆地等地区。塔里木盆地自"十二五"以来发现的主要油气藏 90% 都在超深层，油气藏埋深普遍在 6000~10000m。2022 年，塔里木油田全年平均钻井井深首次突破 7000m 大关，达到 7098m，截至 2022 年底，已成功钻探 72 口超 8000m 深井，钻探超 6000m 深井多达 1600 余口，占中国超深井数量的 80% 以上。塔里木盆地库车山前复杂深井井深超 8000m，井下温度高达 190℃，井底压力高达 170MPa，高压盐水孔隙压力系数高达 2.45 以上，盐膏层厚达 4000m，下部盐层与储层窄密度窗口，后期改造井口压力高达 100MPa。四川盆地继川中震旦系、寒武系深层油气藏实现重大发现后，在双鱼石、川中古隆起北斜坡等区块又获重大突破，气藏埋深 5500~9000m，目前川渝地区勘探开发正向万米以上深层迈进。自"十二五"以来，中国石油西南油气田已完钻 42 口 7000m 以上超深井，8 口 8000m 以上超深井，2 口 9000m 以上特深井。川渝地区储层埋藏深，压力系统复杂，纵向上共存在 29 个油气层（8 个主力产层），往往同一裸眼多个高低悬殊的压力系统交互出现，极易发生溢流、井漏。固井是保障"井资产"全生命周期安全生产，实现效益开发的重要保证。深层固井汇聚了高温高压、窄密度窗口、多压力层系、喷漏同存、长封固段大温差等众多难题，技术挑战成倍增长，保障固井质量及水泥环长期密封性已成为世界性难题。

地下储气库是天然气产业链中的重要组成部分，是国家战略储备、安全平稳供气的重要基础设施，事关国计民生和社会稳定。国内储气库地质构造条件复杂、埋藏深度大，储气库注采强度是气田开发强度的 20~30 倍，高强度多周期大规模注采及复杂地质条件对储气库固井质量及水泥环长效密封提出了严峻挑战。固井质量与储气库的寿命及长期安全运行紧密相关，是储气库建井中最关键的技术。中国石油于 2010 年筛选纳入建库目标的新疆油田呼图壁储气库和西南油气田相国寺储气库等 6 座气藏埋深 2200~4700m，其中华北油田苏桥储气库苏 4 气藏埋深 4700m，创目前世界储气库埋深之最。气藏埋深较大和断层发育双重因素大大增加了保障固井安全施工和储气库长期交变载荷条件下井筒有效密封的难度。

"十二五"以来，固井科研人员、技术人员对复杂深井与储气库固井新技术、新方法，以及新材料、新工具、新装备进行持续研究，取得了显著成效，提升了固井技术水平和服务保障能力。在复杂深井固井方面，开发了抗200℃的系列水泥浆及高效冲洗隔离液体系，形成了以精细控压固井为代表的固井工艺技术，研制了高压封隔式系列尾管悬挂器，随钻扩眼技术在现场应用中取得良好效果。2019年，在亚洲陆上垂深最深井轮探1井（8882m），2023年在亚洲最深直井蓬深6井（9026m）等一批重点井进行了成功应用，创多项中国石油及地区固井新纪录，为深层油气藏的安全高效勘探开发提供了强有力的工程技术支撑。在储气库固井方面，针对相国寺储气库、呼图壁储气库和苏桥储气库等的地质特点及固井技术难点，建立了以"盖层固井质量为核心"的储气库固井设计理念，制定了《油气藏型储气库固井技术规范》，构建了以韧性水泥为核心的储气库固井成套技术，保障了一批储气库成功建设。截至2022年底，2010年开始建设的相国寺储气库和呼图壁储气库经历了"十注九采"严苛运行考验，有效保障了冬季保供。在室内研究与现场成功实践的基础上，本书较为系统地总结了中国石油深井和储气库固井技术进展与成功实践经验，梳理了适合深井和储气库固井方面的基础理论，以及新方法、新技术、新工具和新装备，基本涵盖了深井与储气库固井技术的核心内容。

本书由郑新权拟定撰写提纲并统稿，同多年参与深井与储气库固井研究和实践的专业技术人员直接参加各章节的撰写。第一章由齐奉忠、耿明明、王圣明、吕泽昊编写，郑新权审定；第二章由齐奉忠、夏修建、张弛、张华编写，刘硕琼审定；第三章由刘文红、齐奉忠、曲从锋、韩礼红编写，毛蕴才审定；第四章由齐奉忠、陈敏、汪瑶、艾正青、郑友志编写，郑有成审定；第五章由于永金、张华、曾建国、赵宝辉、夏元博编写，靳建洲审定；第六章由齐奉忠、张怀文、江乐编写，魏风奇审定；第七章由马勇、刘森、袁中涛、刘忠飞、刘洋、严海兵、刘世彬编写，王春生审定；第八章由郑永生、王治国、李斌、刘森、郑友志编写，魏风奇审定；第九章由袁仕俊、齐奉忠、朱雷、鲁明宇、袁超编写，刘国强审定。初稿完成后，邀请固井行业的多位专家进行了审阅，最后根据专家提出的意见修改定稿。本书在编写过程中，得到了业内专家与学者的大力支持，在此一并表示感谢。

由于编者水平有限，书中某些观点和认识难免失之偏颇，诚请广大读者批评指正。

编　者

2023 年 6 月

目 录

第一章　复杂深井与储气库固井技术概况

随着勘探开发向深层油气资源的快速拓展，以及储气库群的大规模建设，对固井质量及水泥环密封完整性提出新挑战。通过持续攻关研究，复杂深井固井水泥环密封完整性机理研究取得重要进展，高温深井固井技术、高温大温差固井技术以及高强度韧性水泥、低密度和高密度水泥浆等方面取得重大突破，精细控压固井技术较好解决了窄安全密度窗口易漏失、难压稳从而固井质量无法保障、合格率低等问题；以韧性水泥和水泥环密封完整性为核心的固井技术高效支撑中国石油"百亿立方米"储气库群规模化建设，也经受住了"强注强采""大吞大吐"严苛运行考验。

第一节　复杂深井固井技术概况

一、勘探开发对深井固井技术的需求

深层超深层已经成为我国油气重大发现的主阵地，加快深层超深层油气资源的勘探开发，已成为中国油气接替战略的重大需求。深层超深层油气资源主要集中在塔里木盆地、四川盆地，以及准噶尔盆地南缘、青海柴达木盆地、松辽盆地深层、渤海湾盆地深层等。固井是构建深层油气生产安全屏障、实现安全高效勘探开发的关键工程技术。

塔里木盆地超 6000m 的油、气资源分别占全国超深层油、气资源总量的 83.2% 和 63.9%，约占全球超深层油气资源总量的 19%，勘探开发前景十分广阔。近年来，塔里木油田找到的 90% 油气储量、50% 油气产量来自深层。塔里木盆地库车山前复杂深井井深超 8000m，温度高达 190℃，井底压力高达 170MPa，高压盐水孔隙压力系数高达 2.45 以上，盐膏层厚达 4000m，下部盐层与储层密度窗口窄，后期改造井口压力高达 100MPa，固井难度大，对水泥环密封性要求高[1]。

四川盆地是我国天然气资源最丰富的盆地之一，其中深层超深层天然气资源量占比达 65% 以上。四川盆地地层古老、多期次强烈构造运动导致地质条件复杂，勘探目的层埋藏深（5500~8000m）、压力高（高达 180MPa）、温度高（高达 200℃）、压力系统多（29 套油气层），加之深井地质情况未知、不确定因素多，钻井常遇到"遭遇战"，往往同一裸眼多个高低悬殊的压力系统交互出现，极易发生溢流、井漏，对保障固井安全施工、固井质量及水泥环的高效密封等提出更高要求。

固井是保障深层油气资源安全高效勘探开发的关键工程技术，是油气井的"百年大计"，直接关系到下一步安全钻进，关系到油气井寿命和单井产量，关系到后期安全生产。深层超深层油气勘探开发目标日趋复杂，井深更深（跨越 9000m，向万米深井钻探迈进），

地质条件日益苛刻、服役环境日益恶劣，固井技术难度日益加剧。塔里木盆地库车山前和四川盆地深层高温高压高产气井汇聚了高温深井、天然气井等众多难题，技术挑战成倍增长，保障固井质量与水泥环长期高效密封为世界性技术难题。深井超深井对井眼准备、套管下入、抗高温水泥浆体系选择及性能、抗高温隔离液、固井工具和现场施工工艺等提出了极高的要求，保证安全施工及固井质量困难。

二、主要技术进展

为满足深层油气安全高效勘探开发的需求，通过长期持续攻关，特别是"十三五"以来的技术攻关，基本形成了适合深井固井的系列配套固井材料、固井工具及相应的固井工艺，有力支撑了油气增储上产和提质增效。

（1）超深井固井技术实现新突破，高效支撑深层油气资源安全高效勘探开发。塔里木盆地库车山前固井质量显著提升，盐膏层段套管固井合格率由 2018 年的 52.1% 提升至 2022 年的 82.1%，目的层段套管固井合格率由 2018 年的 61.6% 提升至 2022 年的 92.0%，盐水封隔成功率、目的层负压验窜通过率均为 100%，为高压气井长期安全生产奠定环空水泥环密封的基础。在重点地区及重点井固井中创造了新的纪录：塔里木盆地轮探 1 井尾管下深 8882m，创亚洲固井最深井纪录；ϕ177.8mm 套管回接固井一次封固段长 7159.49m，创亚洲回接固井最深及一次封固段长最长纪录；青海油田碱探 1 井井底温度 235℃，创中国石油近年来固井温度最高纪录。

（2）固井密封完整性机理与高强度韧性水泥技术强力支撑复杂天然气井安全高效开发。四川盆地深层高压气井，一般四开尾管固井后面临着套管管柱试压（70MPa 左右），下开降密度（管内压力下降 30~50MPa）等工况，大压差条件下水泥环密封性极易受损，约 10% 的井试压或降密度后出现了带压问题。针对高压气井复杂工况条件下的密封完整性失效问题，建立了水泥环密封完整性力学模型与设计准则，研发了高强度韧性水泥，室内水泥环完整性评价其抗外载荷 50MPa 以上，较常规水泥环提高 43%，可预防试压等工况下由于界面受损导致的密封失效。该技术首先在川渝安岳气田的高石梯—磨溪地区实现突破，钻完井期间的环空带压率由初期的 38.2% 降至 0，经试压和后续钻进作业（管内压力下降 30~40MPa）二次测井结果显示，韧性防窜水泥能保持良好的密封完整性，较好控制了环空带压或气窜问题。后期在川渝地区和塔里木盆地山前高压气井规模推广，为深层高压天然气安全开发提供了强有力的工程技术保障。

（3）长封固段大温差固井规模应用，有力支撑深层油气安全效益开发。针对大温差固井存在的顶部水泥浆超缓凝、早期强度发展慢、后期强度低、固井质量差的难题，持续完善大温差固井水泥浆体系及配套工艺技术，水泥浆抗温能力由 150℃ 提高到 200℃，适用温差由 40℃ 提高到 100℃ 以上，具备在塔里木油田台盆区 8000m 以上高温深井固井和 7000m 以上一次上返固井的作业能力。该技术在塔里木油田台盆区及其他地区进行了推广应用：2021 年，台盆区碳酸盐岩二开技术套管固井合格率由 2020 年的 40% 提高至 2021 年的 71.8%；2021 年，台盆区碳酸盐岩二开固井 53 井次，一次上返成功 29 井次，正注反挤 24 井次（23 井次下套管漏失，1 井次注替期间漏失），一次上返成功率由 30% 提高至 54.7%。在青海油田柴 909 井 ϕ139.7mm 套管固井一次封固段长 5302m，封固段上下温差 150℃，创中国石油最大温差固井纪录。

（4）精细控压固井技术有效解决了窄密度窗口固井安全难题，实现规模应用。四川盆地和塔里木盆地压力系统复杂，部分井安全密度窗口窄，采用常规固井技术固井质量及固井施工安全难以保证，严重影响井筒密封完整性。以川西地区为例，生产尾管封固段长一般超 3500m，多压力系统并存，显示层位多、漏层多，安全密度窗口窄（0.05~0.10g/cm³），常规工艺固井质量段长合格率仅 64.8%。在此技术背景下，提出了涵盖下套管、注替水泥浆、候凝阶段全过程的精细控压固井工艺，通过降低固井液密度及实时调节套压，精准控制漏层环空当量密度（ECD）防漏，同时兼顾压稳气水层，实现窄密度窗口条件下的安全固井。2017—2022 年，在川渝地区应用 120 多井次，最窄密度窗口仅 0.02g/cm³，最长封固段长 4500m，固井质量合格率为 91.7%，较前期提高 45.8%。截至 2022 年底，在塔里木盆地库车山前盐层应用 11 井次，固井质量合格率为 81.6%，优质率为 52.5%，负压验窜合格率为 100%，并在准噶尔盆地南缘及柴达木盆地等进行了应用，试验井固井质量合格率平均提高 50% 以上。

（5）固井工具及装置实现个性化定制，在深井超深井固井中应用成效显著。自主研发旋转下套管装置、旋转尾管悬挂器、漂浮下套管等工具，以及个性化扶正器，现场试验应用效果良好，与国外工具相比，成本同比降低 50% 以上。在常规尾管悬挂器的基础上开发了高压、封隔式系列悬挂器，实现 ϕ114.3mm 至 ϕ365.1mm 全规格系列化，可满足 35~90MPa 密封压力、35~70MPa 封隔压差、150~200℃ 温度、150~300tf 悬挂载荷的尾管固井需求。70/90MPa 高压尾管悬挂器采用独立作用的双液缸双卡瓦悬挂机构，最高密封压力达到 90MPa，最高适用井温 200℃，已经推广应用 200 余井次。针对高压气井尾管固井后喇叭口窜气问题，在高压尾管悬挂器的基础上，通过密封方式及防突机构创新设计，增设环空机械式永久性封隔结构，研发了封隔式尾管悬挂器。封隔压力由 40MPa 提升至 70MPa，扭转同类产品长期依赖进口的局面，应用超过 150 井次。顶驱旋转下套管自主化技术基本成熟，配套管材（螺纹）选用及施工工艺，形成技术模板，在现场进行了规模化应用。

（6）自动化固井技术与装备取得实质性突破，为固井数字化转型、智能化发展积累了经验。研制了固井井口自动监控系统、稳定供水泥系统、固井指挥系统和自动化水泥车，联合 AnyCem 装备监控中枢模块，首次实现了固井工艺全流程自动化固井作业，大幅提升了作业质量，降低了高压作业风险及劳动强度，引领和推动了国内陆上自动化固井作业的技术发展。

三、未来面临的主要挑战

深层超深层依然是"十四五"及今后若干年增储上产的重点，随着勘探开发向深层超深层的快速拓展，深井固井仍面临新挑战。深井超深井普遍存在压力系统复杂且具有不确定性，地层岩性复杂，地层流体（天然气、H_2S、水、高压盐水等）复杂、工程力学复杂等工程地质特征，给固井安全施工及保障固井质量带来严峻挑战。目前，复杂深井尾管固井优质率、合格率仍然偏低，个别深层复杂天然气井仍存在异常带压问题。近年来，塔里木盆地库车山前高压气井整体异常带压情况总体呈下降趋势，异常带压井比例从2020年的12.68%下降至2021年的9.88%，但在总生产井253口中仍有异常带压井25口，需要进一步深入系统研究。

随着井深不断增加，高温高压情况更加尖锐，地质条件日益苛刻，服役环境日益恶劣，工程技术难度日益加剧，现有固井技术还不能完全满足深层油气高质量发展的要求，需要对深井超深井固井技术进行深入研究，重点是突破高温材料、水泥浆体系及水泥环密封完整性等技术瓶颈，进一步提升复杂地质条件及多种复杂并存井的固井质量，解决高温高压、恶劣工况条件下的水泥环密封失效问题，为深层油气资源安全高效开发提供工程技术保障。

第二节　储气库固井技术概况

一、储气库建设对固井技术的需求

地下储气库是天然气产业链中必不可少的组成部分，已成为保障管网高效运行、平衡季节用气、应对管道事故、保障能源安全的战略性基础设施。储气库具有建设成本高、寿命周期长（50年以上）、安全性要求苛刻等特点。"十二五"以前，枯竭气藏储气库钻井192口，"十三五"期间钻井41口，2021年钻井87口，2022年钻井45口。固井质量与储气库的寿命及长期安全运行紧密相关，是储气库建井中的核心技术。

与国外相比，国内建库对象气藏普遍埋藏深、构造破碎、非均性强，地质条件极其复杂，另外，储气库的注采强度是气田开发强度的20~30倍，且反复长期注采（一年一个轮次，50年以上的寿命）。中国石油于2010年筛选纳入建库目标的新疆油田呼图壁储气库和西南油气田相国寺储气库等6座储气库的气藏埋深为2200~4700m，其中华北油田苏桥储气库苏4气藏埋深创目前世界储气库埋深之最。气藏埋深较大和断层发育双重因素大大增加了固井安全施工和储气库长期交变载荷下井筒有效密封的难度。如何保证复杂地质条件下储气库井盖层段固井质量和强注强采复杂工况下水泥环的长效密封，是必须要攻克的技术难题，也是支撑储气库安全高效运行的关键。

二、开展的工作及取得的成效

为保证储气库的长期安全运行，针对华北苏桥储气库、西南相国寺储气库、新疆呼图壁储气库等储气库固井技术难题，建立了以"盖层固井质量为核心"的储气库固井设计理念，通过开展固井工艺、韧性水泥浆体系、固井防漏、固井质量评价、保证井筒密封、防止环空带压以及现场固井配套措施等的研究，形成了适合的固井工艺及成套技术，为长期安全运行奠定了基础。主要技术进展如下：

（1）制定了储气库固井技术及质量评价标准，有效指导设计、施工与评价。研制了储气库固井模拟评价装置，开发了水泥环密封完整性评价软件、固井水泥浆候凝压力场数值模拟软件，建立了复杂地质条件下水泥环密封完整性力学分析评价技术，为全生命周期水泥环高效密封提供了支撑。制定了《油气藏型储气库固井技术规范》《固井韧性水泥技术规范》两项行业标准规范，目前已成为国内外储气库建库固井设计的依据规范。

（2）开发了抗 200℃高强度韧性水泥，保障了强注强采条件下的高效密封。探索了韧性水泥结晶基质塑化、凝胶相基质塑化、粒间充填基质塑化和粒间搭桥基质塑化 4 项机理，解决了水泥石韧性与高抗压强度、增韧材料与安全施工、增韧材料间配伍性差 3 项技术难题，实现了在韧性、强度、稳定性和早期强度 4 个方面的有机协调。研发的韧性水泥抗温达 200℃，水泥石弹性模量较原浆水泥石降低 20% 以上，抗压强度大于 40MPa，解决了普通水泥固井稳定性差、早期强度发展慢、后期强度低、盖层段质量难保证的问题，目前在储气库盖层固井及生产套管固井中全面推广应用。

（3）开发了具有抗污染、冲洗、隔离等作用的高效冲洗隔离液，为储气库复杂井眼提高顶替效率提供保障。高效冲洗隔离液抗温 180℃，较同类型产品稳定性提高 70% 以上，冲洗效率提高 1 倍以上。针对某些井钻井液使用时间长、处理剂加入多，与水泥浆存在"见面稠"、难以冲洗干净的难题，开发了抗污染剂及高性能抗污染 / 冲洗隔离液体系，解决了钻井液与水泥浆相容性差、冲洗顶替效率低的难题，保证了固井施工安全，提高了界面胶结质量，保障了相国寺储气库大井眼建库、世界最深华北苏桥储气库复杂井眼高效驱替难题。

（4）集成平衡压力固井、综合防漏等 10 项固井关键技术，攻克了复杂地质条件下盖层段高效密封技术瓶颈。形成以窄密度窗口井眼准备、长封固段平衡压力固井、复杂地层高效密封等为主体的关键配套技术，解决了苏桥、双 6、相国寺、呼图壁等储气库固井中存在的易漏失、难压稳以及盖层段固井质量难保障的难题，并在其他新建储气库进行了规模应用。

2020—2022 年，中国石油在建储气库生产套管平均固井质量合格率为 94.69%，平均优质率为 83.02%；盖层段平均合格率为 95.91%，平均优质率为 85.93%。截至 2022 年 12 月底，新疆呼图壁、西南相国寺等储气库已经过"十注九采"的严苛运行考验，证明固井水泥环可以很好地保证多周期"强注强采"条件下的安全运行。

三、面临的主要挑战

中国天然气正处在大发展的阶段，巨大的国内天然气市场需求将大大推动天然气管道及配套储气库的发展。现在我国储能能力建设仍然滞后，目前储气库工作气量仅占消费量的 4.0%，远低于世界 12% 的平均水平。未来 10 年，我国将迎来地下储气库建设的高峰期。

针对油气藏型储气库地质条件复杂、井眼质量差、一次封固段长，对固井质量要求高、难度大等难题，通过深入持续攻关，基本形成了复杂地质条件储气库固井成套技术，高效支撑了华北苏桥、大港板南、辽河双 6、新疆呼图壁等储气库建设的顺利实施。但随着储气库建设速度的加快和新建库地质条件的日益复杂，储气库固井技术仍面临挑战。部分储气库注采井 B 环空仍存在带压问题，在一定程度上影响了储气库的安全运行。通过对已投产的 273 口井进行监测，B 环空异常带压井有 28 口（带压值一般低于 10MPa），气源主要为浅层气上窜，说明除重视盖层段、目的层段固井质量外，仍需重视对浅层气的有效密封。

针对目前在建油气藏型储气库固井难点及固井中存在的问题，为保证固井施工安全及固井质量，对储气库水泥环的长期密封性能仍需要深入研究，从而切实保障复杂地质条件下水泥环长期密封，为储气库 50 年以上寿命及长期安全注采奠定基础。需要解决以下关键技术问题：（1）交变载荷长期注采条件下保障水泥环高效密封的力学分析评价技术；（2）复杂地质条件下保障高效密封的水泥浆体系的配方优化和性能完善；（3）窄安全密度窗口、长封固段条件下提高顶替效率及界面清洗的配套措施；（4）复杂地质条件下防漏、防窜及提高水泥环界面胶结和长期密封的配套技术。

第二章 深井和储气库固井水泥环密封完整性设计及方法

对于深层高温高压等复杂地质环境以及储气库多周期强注强采的运行工况，深井和储气库固井水泥浆体系的性能、水泥密封完整性要求更高，需要采取综合措施提高固井质量，防止环空带压等问题。

第一节 深井固井水泥环密封完整性设计及方法

一、深井超深井高温固井及水泥环密封完整性设计的难点

1.影响高温深井水泥环密封完整性的主要因素

超深（8000m以上，向万米进军）、超高温（180℃以上，最高240℃）水泥浆配方设计困难，水泥环长期密封完整性难以保障。深井超深井固井面临的挑战主要表现在以下几个方面：

（1）高温超高温对水泥浆体系和关键材料性能提出严峻挑战。

高温超高温条件下，聚合物外加剂易降解失效，导致水泥浆沉降稳定性等性能恶化，水泥石在高温下力学性能易衰退。高温深井固井施工风险高，固井质量及水泥环长期密封性保障困难，因此对抗高温缓凝剂、降失水剂、悬浮稳定剂、防高温强度衰退材料以及水泥浆体系设计等要求高。

（2）井底压力高，气层活跃，固井后易发生环空气窜。

塔里木盆地和四川盆地深井超深井井底压力高，气层活跃，为压稳地层和提高顶替效率，需采用抗高温水泥浆体系和防窜水泥浆体系，对体系高温条件下的沉降稳定性、流变性能、防窜性要求较高。

（3）浆体流变性及稳定性同时兼顾困难。

深井超深井套管层次多，地层温度系统和压力系统复杂，同一裸眼段油、气、水层位多，可能同一井段存在多套压力系统，存在压稳地层和井漏的矛盾。超长封固段固井水泥浆的高摩阻增加环空液柱压力，存在压漏地层的风险，对高密度、低密度水泥浆高温或超高温下的流变性能、防窜性、稳定性、降失水等性能等提出极严格的要求。

（4）高温大温差长封固段顶部水泥浆存在超缓凝问题。

深井超深井长封固段固井质量难以保障，特别是低密度水泥浆、高密度水泥浆的缓凝水泥浆段固井质量更难保障。如四川盆地川东北地区技术套管封固段长基本在2000~3500m，

塔里木盆地克深区块封固段长 3500~5000m，水泥浆柱上下温差 50~100℃。因此，对高温大温差水泥浆设计提出更高要求，既要保证较长的水泥浆稠化时间，又要考虑长封固段水泥浆柱顶部水泥石强度发展缓慢的情况，两者矛盾突出，常常存在封固段顶部固井质量差的问题。因此，超深井长封固段固井对高温缓凝剂性能和水泥浆体系设计要求高。

（5）高密度钻井液窄间隙条件下提高顶替效率及保证界面胶结质量困难。

高密度钻井液条件下，窄间隙环空提高顶替效率困难，再加上套管的居中度不易保证，更增加了提高顶替效率的难度。超深井目的层井眼小，单边环空距为 10mm 左右，接箍处间隙更小。井眼与套管间隙窄，环空摩阻大，施工排量受限，套管居中度低时窄边易窜槽，顶替效率低，薄水泥环也不利于保障固井质量。

2. 超高温固井水泥浆体系设计难点

深井高温条件会导致固井水泥浆材料性能失效、浆体协同失效、水泥环密封失效等问题，超高温固井水泥浆体系设计难点主要表现在以下几个方面：

（1）超高温下聚合物外加剂性能易失效。

超高温高碱条件下，聚合物外加剂分子结构发生转变且主侧链易断裂，严重影响其在水泥颗粒表面的吸附行为及其功能表达，导致超高温水泥浆调凝失效、失水不可控、沉降稳定性变差等关键性能恶化，严重影响深井超深井固井作业安全和固井质量。

（2）超高温沉降稳定性难以保障。

为满足高温超高温固井水泥浆技术要求，在水泥浆体系中加入了大量聚合物类外加剂（缓凝剂、降失水剂等），此类聚合物分子结构中含有大量强吸附性基团且通常为线形聚合物，高温分散性较强，严重影响水泥浆高温沉降稳定性；固相颗粒布朗运动加剧也会加速颗粒下沉，导致水泥浆体系沉降稳定性变差。此外，超高温水泥浆沉降稳定性差对水泥浆体系其他性能也影响较大，如调凝失效、失水不可控、浆柱顶部强度发展缓慢等。

（3）超高温条件下水泥浆调凝性差。

为保障深井超深井固井施工安全，要使用高温缓凝剂来调整水泥浆稠化时间。目前一般缓凝剂的耐温能力仅达到 200℃，在更高温度下聚合物分子结构发生断裂以及吸附性能发生转变，从而影响高温缓凝剂的超高温调凝能力，甚至调凝失效。

（4）超高温稳定性与流变性存在矛盾。

深井超深井套管层次多，井身结构复杂，尤其是尾管固井环空间隙小，对水泥浆的沉降稳定性及流变性能要求高。为了保障水泥浆超高温稳定性能，往往在水泥浆体系中加入稳定剂以及不同颗粒分布的固相材料。稳定剂的悬浮承托作用和超细固相颗粒表面润湿现象等易造成水泥浆体系流变性变差，从而增加了深井超深井固井水泥浆环空摩阻，导致顶替泵压增大，存在压漏地层的风险。因此，深井超深井固井水泥浆的超高温稳定性与流变性同时兼顾也是水泥浆体系设计的重点。

（5）超高温水泥石长期力学性能难保障。

超高温条件下，硅酸盐水泥高温晶相结构劣性转化、孔隙率增加导致其超高温强度低、脆性大且易衰退，影响固井井筒密封完整性，极易造成环空带压或气窜等问题，增加后期修井成本以及缩短油气井寿命。

（6）超高温水泥石高强度与高韧性难以兼顾。

硅酸盐水泥属于脆性材料，通过加入强度衰退抑制材料诱导晶相转变和改善水泥石微观结构，从而可提高水泥石力学强度的稳定性，但同时也增加了其杨氏模量，因此，超高温条件下水泥石的增强增韧实现困难。

二、不同高温条件下加砂水泥石强度变化规律及力学性能劣化机制

1. 不同高温条件下加砂水泥石强度变化规律

在不同高温养护条件下加砂水泥石强度发展情况也不相同，通过测试 120℃、180℃ 和 240℃ 条件下不同龄期高温水泥石的抗压强度，结果见表 2-1-1。120℃ 条件下，随着龄期的增加，加砂水泥石的抗压强度也相应增加；180℃ 条件下，随着龄期的增加，加砂油井水泥石的抗压强度略有升高；在 240℃ 下，加砂水泥石抗压强度随着养护龄期延长而迅速降低。

表 2-1-1　不同养护温度下加砂水泥石的力学性能

序号	养护温度 /℃	抗压强度 /MPa		
		3d	7d	28d
1	120	28.2	32.5	35.1
2	180	35.6	38.1	38.5
3	240	37.4	34.5	21.2

注：水泥浆配方为嘉华 G 级油井水泥（HSR）+50.0% 石英砂 +3.0% 矿物纤维 + 降失水剂 + 分散剂 + 缓凝剂 + 水。

120℃ 养护温度条件下，二氧化硅通过二次火山灰反应消耗水化产物中的氢氧化钙（CH），逐渐生成网络结构雪硅钙石（$C_5S_6H_{5.5}$），如图 2-1-1（a）所示。180℃ 条件下 [图 2-1-1（b）]，加砂水泥石中能观察到明显的网络交叉结构，此时部分强度较高的雪硅钙石转化为强度较低的硬硅钙石（C_5S_6H），产物结构较为致密，但 180℃ 条件下，硬硅钙石相对稳定，加砂水泥石强度较高。由图 2-1-1 可知，240℃ 下，水泥水化产物硬硅钙石晶粒粗化现象明显，且结构较为疏松。

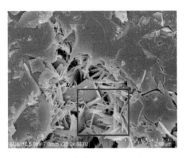  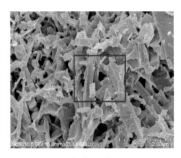

（a）120℃　　　　　　　　（b）180℃　　　　　　　　（c）240℃

图 2-1-1　120℃、180℃ 和 240℃ 条件下水化产物及水泥石强度发展情况

120℃加砂水泥石孔数量较少，且主要为不连通孔隙；180℃加砂水泥石的孔数量逐渐增多，且形成部分连通孔隙；240℃条件下加砂水泥石的孔数量进一步增多，且形成较多连通孔隙。通过 CT 扫描技术更直观显示，随着温度升高，水泥石微观孔数量逐渐增多，且孔结构明显劣化，200℃以上水泥石孔隙率和有害孔比例大幅增加是加砂水泥石强度衰退的主要原因。

2. 200℃以上加砂水泥石力学性能劣化机制

相较于 1d 养护强度，240℃加砂水泥石 28d 抗压强度衰退率达 43% 以上，说明 200℃以上超高温条件下，常规加砂水泥石难以保障水泥环密封完整。

通过分析 240℃、21MPa 条件下不同养护龄期的加砂水泥石水化产物 XRD 谱图以及定量分析结果（图 2-1-2，表 2-1-2）表明，240℃加砂水泥水化产物主要晶相为雪硅钙石、硬硅钙石、水钙铝榴石和方解石等，其中雪硅钙石和硬硅钙石及其含量是影响水泥石力学性能的主要因素。随着养护龄期延长，雪硅钙石含量呈先增加后降低的趋势，硬硅钙石含量逐渐增加，硬硅钙石结构疏松且粒径粗化现象严重。200℃以上水泥石力学性能劣化机理是超高温加砂水泥水化产物生成大量非耐高温且结构疏松的晶相，加之水泥石孔隙率增大和孔结构劣化，导致超高温水泥石力学强度衰退。

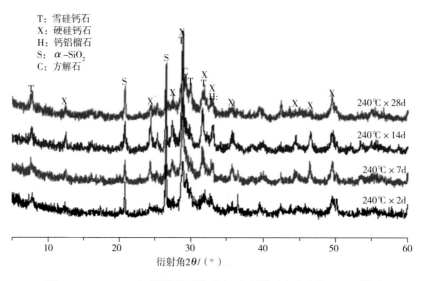

图 2-1-2　240℃下不同养护龄期的加砂水泥石水化产物 XRD 谱图

表 2-1-2　240℃下不同养护龄期的加砂水泥石水化产物定量分析结果

养护龄期 /d	物相含量 /%				
	雪硅钙石	石英	硬硅钙石	水钙铝榴石	方解石
2	16	29	34	12	9
7	23	22	36	12	8
14	20	19	45	11	5
28	14	22	48	11	5

三、高温固井水泥浆体系设计

1. 高温固井水泥浆体系设计思路

高温水泥浆体系设计须考虑多方因素，确保施工安全，包括高温及超高温下水泥浆稠化时间、失水量、沉降稳定性、流变性、水泥石力学强度等。考虑上述因素，高温固井水泥浆体系设计思路主要为：

（1）采用高温聚合物类缓凝剂提高水泥浆体系的超高温调凝性能；采用低敏感性降失水剂，降低对水泥浆流变性能和高温稳定性的影响；利用聚合物类抗高温悬浮稳定剂空间网络结构及其超高温超临界水黏度提升协同作用，提高水泥浆超高温稳定性；综合提高高温水泥浆施工性能，保障深井超深井固井作业安全。

（2）联合使用高温增强材料和超高温水泥石强度衰退抑制剂，诱导生成耐高温微相组分，优化超高温水泥石晶相结构和提高水泥石微观结构致密性，提高超高温水泥石力学强度和保障其长期力学稳定性能。

（3）依据紧密堆积设计，从颗粒级配最优化的角度进一步提高抗高温水泥浆体系沉降稳定性、控失水能力、水泥石微观结构完整致密性以及力学强度。

2. 提高高温浆体稳定性考虑的主要因素

为了防止高温条件下浆体沉降失稳，可从以下 3 个方面进行改善：（1）液相。优化聚合物外加剂分子结构，降低聚合物类缓凝剂、降失水剂等的高温稀释和分散性能，增加高温液相黏滞力，阻止颗粒沉降。（2）固相。依托紧密堆积设计，增加固相颗粒间结构力，形成致密骨架网架结构，增加固相颗粒下沉阻力。（3）高性能悬浮稳定剂。抑制或补偿聚合物外加剂高温稀释效应，改善超高温水的黏温变化趋势，提高液相黏度和悬浮承托能力，降低固相颗粒沉降速率。

3. 200℃以上水泥石力学稳定控制技术

200℃以上水泥石力学性能劣化原因主要是超高温水泥水化产物晶相结构转变生成大量结构疏松的非耐高温晶相，以及水泥石孔隙率增大和孔结构劣化。复掺加砂可降低200℃以下高温水泥石强度衰退程度，但无法解决200℃以上水泥石力学强度衰退的问题。通过微观结构、晶相组成和孔隙特性等与宏观力学性能关系的研究，揭示了200℃以上超高温水泥石力学性能稳定控制机理，即外掺水泥石强度衰退抑制剂诱导水泥水化生成耐高温晶相，利用紧密堆积技术改善水泥石微观结构致密性，从而提高超高温水泥石力学强度长期稳定性。

基于前期室内研究结果和现场应用实践，200℃以上水泥石力学稳定控制主要通过水泥石水化产物结构转化，总结为 4 个转变：（1）平行疏松状硬硅钙石转变为针状网络结构硬硅钙石；（2）高温不稳定晶相转变为钙铝黄长石等高温稳定晶相；（3）水泥石孔隙率大且有害孔多转变为孔隙率小；（4）疏松微结构转变为致密微结构。因此，通过对高温水泥石水化产物进行优化，可以提高超高温水泥石力学强度和长期稳定性能。

四、深井固井对水泥浆的要求

1. 对水泥浆测试的要求

（1）水泥浆试验按 GB/T 19139 的相关规定执行，试验内容主要包括密度、稠化时间、失水量、流变性、游离液、沉降稳定性和抗压强度等。

（2）区域内首次使用的水泥浆体系还应做 7d 或更长时间的水泥石性能检测，水泥石性能指标主要包括抗压强度、抗拉强度、杨氏模量、气体渗透率和线性膨胀率等。测试方法参照《固井韧性水泥技术规范》（油勘〔2019〕146 号）。

（3）稠化时间试验温度（T）应使用实测的井底循环温度 T_C，或井底静止温度 T_S（根据实测温度、测井温度、邻井测试温度以及地区经验公式计算）确定。实测为静止温度时，稠化时间试验温度应根据各油田井况和井身结构情况选择，一般 $T=（0.75\sim0.85）T_S$，对于特深井尾管固井，温度系数可以选择 0.90~0.95。

（4）水泥浆的流变性能用旋转黏度计测量，根据其流变特征采用塑性黏度、屈服值或稠度系数、流性指数表征。现场可采用流动度表示，流动度应不低于 18cm。

2. 对水泥浆体系的要求

（1）有气层固井应采用具有良好防窜性能的水泥浆。气层固井宜采用双凝水泥浆，界面宜在主要显示层顶界 200m 以上，缓凝段水泥浆稠化时间较速凝段长 1~3h。

（2）封固井段存在较厚盐岩层、钾盐层、复合盐岩层或石膏层，固井应使用抗盐水泥浆体系。

（3）孔隙性地层固井时水泥浆密度宜比同井使用的钻井液密度高 0.24g/cm³ 以上，裂缝性地层固井时水泥浆密度不宜超过同井段钻井液密度 0.12g/cm³。漏失井和异常高压井应根据平衡压力原则合理设计水泥浆密度。井底至产层顶部以上 200m 井段不宜使用低密度水泥浆。

（4）封固低压漏失层时，宜采用低密度高强度防漏水泥浆，要求减轻剂、堵漏纤维的技术指标满足施工要求。

（5）大温差、长封固段固井时，应优选适宜的缓凝剂，优化水泥浆配方，防止水泥浆超缓凝或闪凝。

（6）选用减轻剂、加重剂等外掺料时，应充分考虑固相间的粒度级配，提高水泥石的致密性和抗压强度，降低水泥石渗透率。

（7）井温超过 110℃的井段，应在水泥浆中掺入抗高温强度衰退材料，推荐水泥与硅粉的比例约为 100∶35；大于 150℃时，需要根据不同的水泥浆配方及温度，确定合理的硅粉细度和加量；200℃以上时，还需配合加入水泥石强度衰退抑制剂，通过优化水泥浆配方及硅粉的加量和细度，来保障高温下的水泥环密封完整性。预计生产过程中温度超过 110℃的井段，也应在水泥浆中掺入抗高温强度衰退材料。

3. 对水泥浆性能的要求

（1）固井水泥浆的稠化时间一般应为施工总时间附加 1~2h，初始稠度宜不大于 30Bc。

（2）通过水泥浆游离液量和水泥石柱纵向密度分布情况来评价水泥浆沉降稳定性能，沉降稳定性要求：①技术套管固井领浆游离液量应不大于 1.4%，尾浆游离液量不大于 1.0%；②一般井生产套管固井水泥浆游离液量不大于 0.4%，水平井和大位移井、高压油气井、页岩气井、储气库注采井以及尾管固井应控制为零；③生产套管（尾管）固井领浆水泥石柱纵向密度差应小于 0.03g/cm³，尾浆应小于 0.02g/cm³，气井、水平井和大位移井固井应小于 0.02g/cm³。

（3）一般井固井时水泥浆失水量应小于 150mL（6.9MPa/30min），水平井、大位移井以及尾管固井时应控制水泥浆失水量小于 50mL。根据地层条件，充填水泥浆失水量一般不大于 250mL。

（4）表层套管固井底部水泥石 24h 抗压强度应不低于 3.5MPa，技术套管固井底部水泥石 24h 的抗压强度应不低于 14MPa；生产套管固井顶部水泥石 48h 抗压强度不低于 7MPa，井底至产层顶部以上 200m 水泥石 24h 抗压强度应不低于 14MPa。大温差、长封固段固井时，根据实际情况确定水泥石抗压强度。

（5）水泥浆、钻井液、前置液间不同比例混合物的流变性和稠化时间满足作业要求。

（6）对于深井超深井、高压气井等应充分考虑钻井、压裂及生产阶段温度和压力变化对水泥环密封完整性的影响，结合地层特性、套管类型及开发特点，对水泥环进行密封性分析，优化水泥石力学性能，提高水泥石韧性。

第二节　储气库固井水泥环密封完整性设计及方法

中国石油自 2010 年开始建设的储气库，如华北苏桥储气库、新疆呼图壁储气库、辽河双 6 储气库等，气藏埋藏深，地质条件复杂，给保障固井质量带来巨大挑战，前期部分井质量差的难题制约了储气库建设进程。依托中国石油重点攻关课题，历经 10 余年的攻关与实践，形成了以"盖层固井质量为核心"的储气库设计理念，有效保障了多周期交变载荷条件下水泥环的密封完整性，高效支撑了"强注强采""大吞大吐"条件下储气库的安全高效运行。

一、储气库固井难点

华北苏桥储气库、大港板南储气库、长庆储气库、重庆相国寺储气库、辽河双 6 储气库等储气库，目的层包括砂岩地层和碳酸盐岩地层，地层压力系数在 0.1~0.9 之间，普遍低压，且地层承压能力低，固井一次封固段长，给固井安全施工及保障固井质量带来了严峻挑战。固井存在的主要技术难点：

（1）开发适合储气库固井综合性能好且能保证固井质量及长期密封性的韧性水泥困难；

（2）复杂井眼、长封固段条件下提高顶替效率及保证良好的界面清洗困难；

（3）既要保证施工安全，又要保障固井质量，现场配套技术确定困难；

（4）储气库井强注强采、周期循环环境下保证井筒密封困难。

华北苏桥储气库井深、井底温度高，是目前世界上温度最高、地质条件最复杂的储气库，对固井工艺、水泥浆及冲洗隔离液体系、固井配套措施及现场施工等提出了更高的要求。

（1）提高顶替效率困难。由于地质条件复杂，地层易垮塌、承压能力低，钻井液性能调整困难，严重影响对钻井液的有效顶替。

（2）优选高性能水泥浆配方困难。由于井底温度高，水泥一次封固段长，水泥浆柱顶部、底部温差大，高温大温差条件下优选高性能的外加剂及水泥浆体系困难。

（3）保证固井安全施工困难。由于苏桥储气库地层承压能力低，易漏失，水泥浆密度和施工排量受到限制，替浆时易发生水泥浆易漏失和钻井液窜槽问题。

（4）保证水泥环密封性困难。水泥环要承受最高49MPa注气压力及交变应力的反复变化，对水泥石的强度、韧性及致密性要求高，保证高温条件下水泥环的长期密封性困难。

面对我国主要天然气消费区建库地质构造复杂、埋藏深、超低压，以及强注强采、高强度交变载荷带来的工程问题，通过深入攻关形成的储气库固井配套技术在华北苏桥、重庆相国寺、新疆呼图壁、大港板南等储气库进行了全面成功应用，为储气库的长期安全生产奠定了基础，对以后建设的储气库固井也有很好的借鉴及指导作用。

二、储气库固井水泥浆及水泥石性能要求

1. 储气库固井对水泥浆的要求

（1）各层套管固井水泥浆应返至地面，生产套管及盖层段固井应采用韧性水泥。

（2）生产套管（生产尾管和回接套管）固井水泥浆失水量不大于50mL，游离液应控制为0mL，沉降稳定性试验的密度差不大于0.02g/cm³；生产套管（尾管）固井水泥石柱纵向密度差不大于0.02g/cm³。

2. 储气库固井对水泥石的性能要求

（1）生产套管及盖层段固井水泥石力学性能指标见表2-2-1。其他密度水泥石指标要求可参考相邻密度的水泥石。井底静止温度大于110℃时，应对长期力学性能进行评价。

表2-2-1　储气库固井水泥石力学性能指标（油勘〔2020〕387号）

密度 /（g/cm³）	48h抗压强度 / MPa	7d抗压强度 / MPa	7d抗拉强度 / MPa	7d杨氏模量 / GPa	7d气体渗透率 / mD	7d线性膨胀率 / %
1.30	≥7.0	≥16.0	≥1.1	≤3.0	≤0.05	0~0.2
1.40	≥8.0	≥18.0	≥1.2	≤3.5	≤0.05	0~0.2
1.50	≥10.0	≥20.0	≥1.4	≤4.0	≤0.05	0~0.2
1.60	≥12.0	≥22.0	≥1.5	≤4.5	≤0.05	0~0.2
1.70	≥14.0	≥24.0	≥1.7	≤5.0	≤0.05	0~0.2
1.80	≥15.0	≥26.0	≥1.8	≤5.5	≤0.05	0~0.2
1.90	≥16.0	≥28.0	≥1.9	≤6.0	≤0.05	0~0.2
2.00	≥18.0	≥30.0	≥2.0	≤6.5	≤0.05	0~0.15

密度 / （g/cm³）	48h 抗压强度 / MPa	7d 抗压强度 / MPa	7d 抗拉强度 / MPa	7d 杨氏模量 / GPa	7d 气体渗透率 / mD	7d 线性膨胀率 / %
2.10	≥ 17.0	≥ 28.0	≥ 1.9	≤ 6.0	≤ 0.05	0~0.15
2.20	≥ 16.0	≥ 26.0	≥ 1.8	≤ 5.8	≤ 0.05	0~0.15
2.30	≥ 15.0	≥ 24.0	≥ 1.7	≤ 5.6	≤ 0.05	0~0.15
2.40	≥ 14.0	≥ 22.0	≥ 1.6	≤ 5.5	≤ 0.05	0~0.15

（2）通过优选材料、紧密堆积及韧性改造，水泥石可在一定程度内实现较常规水泥石更高的抗压强度，此种情况下韧性水泥的杨氏模量较表 2-2-1 按相应比例提高（抗压强度每增加 1MPa，杨氏模量可按表 2-2-1 内数值相应增加 0.12GPa）。

三、韧性水泥的研发

开发合适的韧性水泥既要能保证安全施工，又要保证短期（24~72h）及长期的固井质量，水泥石要达到高抗压强度、合适的弹性模量、强抗冲击性，且与地层岩性相适应。

1. 韧性水泥使用措施与注意事项

韧性水泥使用时，首先要选择合适的理想的弹性材料，理想的增韧材料应具备的性能及粒度要求：

（1）与水泥浆具有良好的亲和性，即溶于水泥浆体系；

（2）良好的弹塑性性能，即增强水泥石的弹性性能，不破坏其他性能；

（3）良好的耐温耐碱性能；

（4）良好的粒度分布，即能均匀分散在水泥浆体系中；

（5）与水泥浆配套外加剂配伍，无副作用。

2. 韧性水泥弹塑性改造方案

为提高水泥石的液态性能及水泥石的韧性，设计的韧性水泥由增韧材料、超细活性材料及配套外加剂组成。增韧材料主要用来提高水泥石的韧性，同时增韧材料和水泥浆具有良好的配伍性，和其他外加剂体系兼容；在水泥浆中加入超细活性材料的目的是提高水泥浆的悬浮稳定性，提高水泥石中的固相含量及抗压强度，提高水泥浆的综合性能。在此基础上，根据具体的井况对水泥浆、水泥石的性能进行具体调整，既满足安全施工的需要，又满足对环空封隔及长期交变载荷条件下长期安全运行的需要。

四、保障储气库固井水泥环密封完整性的其他措施

1. 固井设计

（1）固井设计应充分考虑影响水泥环密封的主要因素，保证固井质量特别是盖层段的固井质量，以满足储气库全生命周期密封的要求。

（2）应从井身质量、井壁稳定、井眼清洁、地层承压能力、钻井液和水泥浆性能、施工安全等方面综合考虑影响固井质量的主要因素，采取有针对性的技术措施。

（3）应遵循平衡压力固井设计原则，核定完钻时的地层漏失压力，掌握安全密度窗口，以地层承压数据及地层破裂压力为依据合理确定水泥浆密度、浆柱结构和固井施工参数，采用注水泥流变学专用软件对注替参数进行辅助设计。

（4）应根据实钻井眼轨迹、井身质量等数据，使用专业软件进行套管扶正器设计，保证套管柱居中度不低于 67%。

（5）冲洗液流变性应接近牛顿流体，对滤饼具有较强的浸透力，并对钻井液中油基成分具有水润湿反转作用，冲刷井壁、套管壁效果好。在循环温度条件下，经过 10h 老化试验，性能变化应不超过 10%。

（6）隔离液应具有良好的悬浮顶替效果，与钻井液、水泥浆相容性好，不影响水泥环的胶结强度，井底温度条件下隔离液上下密度差应不大于 0.03g/cm³。

（7）生产套管若采用分级方式固井，不允许使用分级箍，应采用尾管悬挂再回接方式。

（8）尾管悬挂器坐挂位置应选择在上层套管完好和水泥环胶结质量好的井段，并避开上层套管接箍位置，重叠段长度不少于 150m。

2. 固井准备

（1）井眼及下套管准备。

①钻进过程中，按设计要求严格控制井斜和全角变化率，保证井眼轨迹平滑、井壁稳定、井径规则。生产套管、盖层段技术套管固井裸眼段平均井径扩大率宜不大于 15%。

②下套管前按要求严格通井，通井钻具组合的刚度不小于下入套管柱的刚度。

③下套管前对地层进行承压能力试验，满足安全下套管、固井最高施工压力的要求，否则应进行承压堵漏试验。

④使用专用软件对套管柱安全下入进行模拟，根据环空返速、地层承压能力等计算套管柱允许下放速度和下放阻力，并制订相应的下套管措施和方式。

⑤下入尾管前，应使用专用刮管器对上层套管进行刮壁作业，在悬挂器坐挂点上下至少 50m 内刮壁不少于 3 次。

（2）水泥及水泥浆准备。

①油井水泥每批次都要抽检，检验合格后方可使用。

②应在施工前对现场混合水和水泥取样进行大样复核试验，并提交复核试验报告，性能满足施工要求后方可施工。

③根据固井设计取现场水、水泥及外加剂，做好水泥浆、前置液与钻井液的相容性试验，性能达到设计要求。

④现场大样复查试验后，超过 48h 应进行二次大样复查试验。

（3）下套管及固井施工。

①根据地层承压能力和井眼清洁的要求，在保证不漏失的前提下，注水泥前以不小于钻进时的最大环空返速循环至少 2 周以上，钻井液进出口密度差小于 0.02g/cm³。

②在井眼条件允许的情况下适当调整钻井液性能，达到低黏切、流变性好。注水泥施工前钻井液主要性能要求推荐如下：

钻井液密度 ρ <1.30g/cm³ 时，屈服值 YP<5Pa，塑性黏度（PV）应在 10~30mPa·s 之间；

钻井液密度 ρ =1.30~1.80g/cm³ 时，屈服值 YP<8Pa，塑性黏度（PV）应在 22~30mPa·s 之间；

钻井液密度 ρ > 1.80g/cm³ 时，屈服值 YP<15Pa，塑性黏度（PV）应在 40~75mPa·s 之间。

③生产套管或生产尾管固井采用批混批注方式，水泥浆平均密度与设计密度误差不超过 ±0.02g/cm³。固井施工前取灰样和水样保存备检。

④替浆结束后若对环空进行憋压候凝，依据地层承压能力和水泥浆初终凝时间确定、调整环空加压值。

（4）固井质量检测与评价。

①储气库井运行时间长，对储层段及盖层段水泥环密封性要求高，为保证固井质量，在采用 CBL/VDL（声幅/变密度）进行固井质量测井的同时，还应加测超声波成像固井质量测井，技术指标参数等同于或高于 IBC（套后声波成像）和 CAST（井周超声波成像测井）。投产后动态监测过程中，可采用技术指标参数等同于或高于 CCFET（套损—固井诊断—储层评价综合测井仪）等技术评价固井质量和套管状况。

②储气库固井质量保证，一是保证盖层段的固井质量，二是保证全井封固段的固井质量。根据《储气库井固井技术要求》（SY/T 7648）盖层段水泥环连续优质段不小于 25m，生产套管和封固盖层段的技术套管固井质量合格段长度不小于 70%。

第三章　套管柱设计和下套管技术

套管柱是防止地层和井筒内流体互窜和保障井筒密封完整性的重要井屏障，主要由套管及其附件组成。随着油气勘探向深层领域的快速拓展，以及储气库建设速度的加快，对套管柱设计及套管的安全下入提出了新要求。在总结近年来非 API 套管、特殊螺纹套管进展的基础上，根据地质条件和运行要求，对复杂深井和储气库套管设计、管材选择，以及管材腐蚀与防护进行了总结，并对无压痕夹持下套管技术、下套管扭矩监测技术、旋转下套管技术、套管气密封检测技术进行了介绍。套管柱设计应考虑材质、接头类型、强度等因素，以满足钻完井作业、油气井和储气库长期安全运行对井筒密封完整性的要求，具备一定的承载余量，同时考虑经济性。

第一节　非 API 套管的分类和使用情况

套管在油气钻采中占有很重要的地位，多年来世界石油工业所用的套管一直采用美国石油学会（API）标准进行生产和使用。按照 API Spec 5CT 标准制造、检验的套管就是 API 套管。随着油气勘探开发向深层、非常规油气资源的快速拓展，套管服役环境随着井深的增加、腐蚀介质腐蚀性的加剧、地质条件的更加恶劣等，对套管性能不断提出新的要求。国内外油井管生产厂家除开发 API 标准规定的套管外，还开发了大量的非 API 标准规定的套管。非 API 套管是指不按照或不完全按照 API 标准生产、检验的套管，是生产厂家根据用户需求，或为了满足某些特殊使用性能而开发的产品，属于各生产厂家的专利产品，主要用于深井超深井、高温高压井、高酸性天然气井、储气库井、稠油热采井、页岩气井等[2]。

一、非 API 套管分类及其特点

一般非 API 套管分为 3 类：第一类是非 API 钢级系列，第二类是非 API 螺纹系列，第三类是非 API 规格系列，其中第一类主要与材质有关。非 API 套管的力学性能（强度、韧性等）或物理、化学性能（耐蚀性等）比 API 套管有更高的档次和更严格的要求；第二类是不同于 API 螺纹的特殊螺纹系列；第三类是几何尺寸（如外径、壁厚和接箍尺寸）不同于 API 标准的套管。通常所说的非 API 油井管主要指第一类和第二类，即非 API 钢级系列和特殊螺纹系列，在多数情况下非 API 钢级系列同时也采用了特殊螺纹。

非 API 套管能够满足复杂油气藏条件下的安全生产需要，如 Vallourec 的 VAM 系列，Tenaris 的 Blue 系列和 Wedge 系列。国内油井管生产厂家在高抗挤、高气密特殊螺纹、耐腐蚀等高性能套管方面，形成了如宝武的 BG 系列、天钢的 TP 系列等❶。这些非 API 标准

---

❶ 宝武—中国宝武钢铁集团有限公司的简称，天钢—天津钢管集团股份有限公司的简称。

油井管较好满足了特殊服役环境的要求，其中非 API 套管使用数量增长较快，年平均用量超过 $24 \times 10^4 t$，种类达到 240 多种。据不完全统计，世界上非 API 标准油井管用量已占油井管总量的 30% 以上，英国北海油田使用的油井管中非 API 油井管占 70%。

二、非 API 套管使用情况

1. 强度上满足了设计不同井身结构的需要

套管材料种类标准指 API Spec 5CT 所规定的材料性能指标，其核心指标是强度、冲击韧性、缺陷规定，其主要含义是满足 API 标准规定的螺纹连接形式。非 API 标准材料主要指耐蚀合金和满足特定连接形式要求及特殊工况的材料和高钢级及高强度材料，如高钢级高韧性 V 系列、稠油热采 H 系列、高抗挤 T 系列、抗低分压 CO_2 系列、3Cr 系列。

2. 非 API 套管螺纹集中在气密封扣上，解决了高温高压使用环境的气密封问题

国内外厂家的非 API 螺纹类型统计见表 3-1-1。国内主要有天钢和宝武两家。其中天钢共计有 8 种非 API 螺纹类型，宝武共有 7 种螺纹类型。

表 3-1-1　国内外套管厂家螺纹类型的结构及性能指标

企业（简称）[①]	螺纹类型	结构特点				性能指标
		承载面	密封	位置	台肩	
瓦卢瑞克	VAM TOP	−3°	锥面/锥面	3	−15°	CAL Ⅳ
泰纳瑞斯	3SB	0°	球面/锥面	5	90°	VME85%
JFE	BEAR	−5°	球面/锥面	1	−15°	CAL Ⅳ
	FOX	3°	球面/锥面	1	−15°	VME85%
天钢	TPCQ	3°	锥面/锥面	3	−15°	CAL Ⅳ
	TPCQ−TLM	TLM−塔里木油田指定满足材料订货技术协议				
	TPG2	−4°	锥面/锥面	3	−15°	CAL Ⅳ
	TPFJ	标准直连型				拉伸效率 70%
	TPFJ−TLM	TLM−塔里木油田指定满足材料订货技术协议				拉伸效率 70%
	TPNF	近直连型				拉伸效率 80%
	TPBC−TLM	TLM−塔里木油田指定满足材料订货技术协议				
	TPQR	快速上扣				每英寸 3 牙
宝武	BGC	3°	球面/柱面	5	−15°	VME85%
	BGC−TLM	TLM−塔里木油田指定满足材料订货技术协议				
	BGT2	−5°	锥面/锥面	3	−15°	CAL Ⅳ
	BGXC	标准直连型				拉伸效率 70%
	BGFJ	标准直连型				拉伸效率 70%
	LC−TLM	TLM−塔里木油田指定满足材料订货技术协议				
	BGBC−TLM	TLM−塔里木油田指定满足材料订货技术协议				
衡钢	HSM1	3°	锥面/锥面	3	−15°	VME85%
	HSM2	−3°	锥面/锥面	3	−15°	CAL Ⅳ
常宝	HQSC1	3°	球面/柱面	5	−15°	VME85%

企业（简称）[①]	螺纹类型	结构特点				性能指标
		承载面	密封	位置	台肩	
西姆莱斯	WSP-1T	3°	球面/柱面	4	−15°	VME85%
	WSP-2T	3°	锥面/锥面	5	直角双台肩	VME85%
	WSP-3T	−3°	锥面/锥面	3	−15°	VME85%
	WSP-JT	近直连型				拉伸效率80%
墨龙	MLC-1	3°	锥面/锥面	3	−15°	VME85%
	MLC-2	−3°	锥面/锥面	3	−15°	CAL Ⅳ
	ML-EXGC	修订长圆螺纹				低压气密封

①瓦卢瑞克—瓦卢瑞克无缝钢管有限公司；泰纳瑞斯—泰纳瑞斯钢管有限公司；JFE—JFE钢铁株式会社；天钢—天津钢铁集团股份有限公司；宝武—中国宝武钢铁集团股份有限公司；衡钢—衡阳华菱钢管有限公司；常宝—江苏常宝钢管股份有限公司；西姆莱斯—无锡西姆莱斯石油专用管制造有限公司；墨龙—山东墨龙石油机械股份有限公司。

3. 非API套管规格的使用，满足了特定深井井身结构和开发工艺

非API规格的产生有两种原因：一是满足特定深井井身结构和开发工艺；二是满足高钢级耐蚀合金强韧性匹配，需要增加壁厚来提高抗挤，使用最多的是塔里木油田和西南油气田。

以塔里木油田为例，库车山前钻井初期，常规API套管经常发生变形或挤毁，钢级由Q125提高至V140后得到了缓解；随着盐下卡层问题的出现，2001年后油井管生产厂家相继研发出 $8\frac{1}{8}$in（206.4mm）套管，并衍生出 $7\frac{3}{4}$in（196.9mm）、$7\frac{7}{8}$in（200.0mm）和 $7\frac{15}{16}$in（201.6mm）等尺寸套管。

第二节　特殊螺纹套管的分类及其规范化建议

一、特殊螺纹套管的分类

特殊螺纹接头是指各个制造厂为解决API螺纹无法满足特定使用要求的工况载荷和钻井新工艺，针对API螺纹性能存在的不足而开发的专利螺纹接头。特殊螺纹结构形式与API Spec 5B螺纹有明显的不同，依据企业标准或规范制造（加工、螺纹参数尺寸、上扣扭矩及使用范围）与检测。特殊螺纹可以按用途、连接形式和密封形式分类。

1. 按用途的分类

（1）满足高温、高压含腐蚀介质油气井的低应力特殊螺纹接头；

（2）满足定向井和大弯曲狗腿度需要的特殊螺纹接头；

（3）满足低压密封经济性需要的特殊螺纹接头；

（4）满足热注采井低周拉压疲劳和热应力松弛要求的特殊螺纹接头；

（5）满足套管钻井高抗扭矩和弯曲疲劳要求的特殊螺纹接头；

（6）满足盐岩蠕变抗挤压厚壁套管特殊螺纹接头；

（7）满足膨胀套管大变形要求的特殊螺纹接头；

（8）满足大口径套管快速上扣的特殊螺纹接头；

（9）满足海洋立管抗振动疲劳性能的特殊螺纹接头。

国内外特殊螺纹使用性能及用途见表3-2-1。

表3-2-1　国内外特殊螺纹使用性能及用途

适用范围	国外	国内
高性能螺纹 （高温、高压、腐蚀气井； 定向井大弯曲狗腿度）	VAM HP、VAM TOP、VAM 21、VAM 21HT、VAM TOPHT、VAM TOPHC、TN-BULE、TN-BULEMAX、TN-wedge563、TN-3SB、JFE BEAR、VAGT、Ultra QX、USS Patriot	TPG2、TPG2HC、BGT2、BJCQ
低压密封经济性螺纹	TN-XP、Ultra DQX、USS CDC、VAM DWC	TPBM、BGPT、BGPCT
热注采井	VAM SW	TPG2-GW
套管钻井	VAM HTT、VAM HTTC、TN-wedge533	
抗盐岩蠕变挤毁	VAM HW ST、VAM MUST	
膨胀套管	VAM ET WISE	
快速上扣	DINO VAM、BIG OMEGA、	
海洋立管	VAM TOP FE、VAM TTR、	
特殊间隙固井螺纹	VAM BOLT、VAM FJL、VAM HTF、VAM SG、VAM EDGE、VAM SLIJ-II、TN-Wedge 513（503）、Ultra FJ	TP-FJ、BG-FJ、TP-ISF、BG-SG

注：产品代号所属公司，VAM—Vallourec公司，TN—Tenaris公司，Ultra—TMK俄罗斯冶金公司，USS—美钢联公司，JFE—JFE公司，VAGT—奥钢联公司，TP—天钢，BG—宝钢，BJ—中国石油宝鸡钢管有限公司。

2. 连接形式分类

主要分为接箍式连接和无接箍式连接（直连型），其中无接箍式连接又分完全平齐式、外加厚式、内外加厚式等，接箍式连接的接头应用较广。图3-2-1所示为国内外特殊螺纹连接形式。

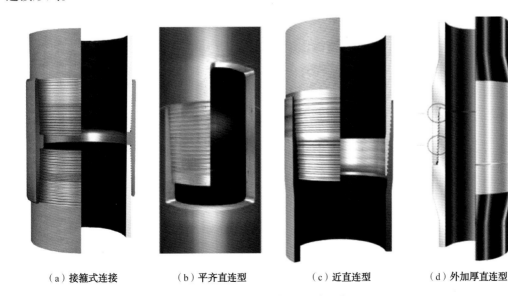

（a）接箍式连接　　　（b）平齐直连型　　　（c）近直连型　　　（d）外加厚直连型

图3-2-1　特殊螺纹连接形式

连接方式对特殊螺纹接头的上卸扣性能、抗拉强度、抗内压强度、抗挤强度等性能影响较大。为了方便用户选用，特殊螺纹接头增加了拉伸效率、压缩效率、内压效率、外压效率以及复合载荷包络线等技术指标。这些技术指标除与连接方式有关外，还与接箍外径、管体危险截面积等密切相关，设计及选用时应注意区别。

3. 密封结构分类

密封结构分为弹性密封结构、金属密封结构及复合密封结构（弹性＋金属、多级密封等）。弹性密封结构主要在螺纹中部增加一个弹性密封环（通常采用特氟龙密封材料）结构。金属密封结构为在螺纹单端（小端）或两端设计有金属—金属密封面的结构，根据密封接触面的形状分为锥面—锥面、球面—锥面、曲面—弧面等，如图3-2-2所示。

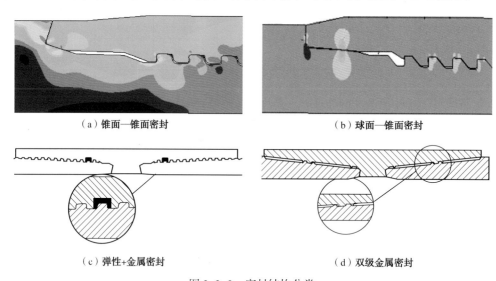

（a）锥面—锥面密封　　　　　　　　（b）球面—锥面密封

（c）弹性＋金属密封　　　　　　　　（d）双级金属密封

图 3-2-2　密封结构分类

二、套管特殊螺纹接头结构特点及性能分析

特殊螺纹性能特点各异，就其结构形式而言，一般由3个部分组成：连接螺纹、密封面以及扭矩台肩。

1. 连接螺纹形式分析

特殊螺纹主要采用改进型偏梯形、钩形（负角）、楔形螺纹等，目的是提高螺纹的抗拉伸、抗压缩、抗弯曲、抗扭矩性能等，同时兼顾螺纹的抗粘扣性能、螺纹脂的流动性、可加工和测量性等。

不同的螺纹形式对接头性能的影响也不同，如内、外螺纹齿顶与齿底接触，不便于螺纹脂流动，易粘扣且环向拉应力大，如图3-2-3所示。改为外螺纹齿顶与内螺纹齿底不接触（图3-2-4），便于螺纹脂流动且降低接箍的环向拉应力，目前国内外油套管特殊螺纹牙型设计基本都采用此形式。

改变螺纹牙型的承载面角和导向面角，可以改善螺纹接头的拉伸/压缩效率，牙型角主要有4种类型，见表3-2-2。

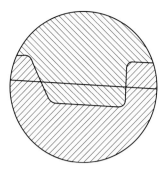
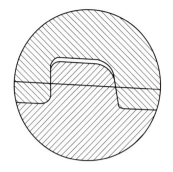

图 3-2-3   齿顶与齿底接触   图 3-2-4   外螺纹齿顶与内螺纹
                                              齿底不接触

表 3-2-2   螺纹牙型角及性能特点

牙型	承载面角度	导向面角度	实例	特点
	正角度 3°	正角度 10°~25°	BC、TPCQ BLUE、FOX	便于加工、良好抗拉伸性能
	正角度 0°	正角度 45°	3SB、 VAM MUST、 BJCQ	便于加工、良好抗拉伸性能
	负角度 -15°~-3°	正角度 10°~25°	VAMTOP、BGT2 TPG2、BEAR	提高螺纹抗拉强度、实现弯曲下密封完整性
	负角度 -5°~-3°	负角度 -5°~-3°	Wedge、 VAM HTTC	具有优越的过扭矩和抗压缩性能

螺纹齿顶或齿顶母线与螺纹接头轴线夹角，也影响螺纹的上扣特性（表 3-2-3）。根据性能的要求，也可以选择不同的螺纹螺距及锥度（表 3-2-4）。

表 3-2-3　螺纹结构形式及性能特点

牙型	螺纹牙顶和牙底形式	实例	特点
	平行轴线	VAM21、3SB BGT1、Hydril	易对扣、上扣具有自动调偏作用
	平行母线	VAMTOP、BGT2 TPG2、BEAR	易于检测、难对扣、上扣易错扣

表 3-2-4　螺纹螺距、牙型高度及锥度

规格（外径）/in	每英寸螺纹牙数 / TPI	锥度	螺纹牙型高度 / mm
$2\frac{3}{8}$~$2\frac{7}{8}$	8		0.8
$3\frac{1}{2}$~$4\frac{1}{2}$	6	1：16	1.0
5~$8\frac{5}{8}$	5		1.575
$9\frac{5}{8}$~$13\frac{3}{8}$	4		2.0
$13\frac{5}{8}$~26	3	1：12 或 1：7.5	2.2

2. 密封结构分析

金属—金属密封结构形式主要有锥面—锥面、锥面—弧面，见表 3-2-5。不同接触形式、接触长度、接触压力及分布的密封面，其密封的可靠性也不同。

表 3-2-5　密封及台肩结构分析

结构形式	特点
	上扣过程中密封面滑移距离短，接触压力高，不易粘扣；需大逆向角度台肩确保高接触压力及负角度螺纹配合才能实现密封；上扣台肩过盈量大，确保拉伸载荷下不分离，实现密封

续表

结构形式	特点
锥面—锥面（小锥度） 负角度台肩	上扣过程中密封面滑移距离短，通过降低密封接触压力，增加接触长度实现密封；螺纹采用正角度，负角度台肩确保密封接触长度；上扣台肩过盈量大，确保拉伸载荷下不分离，实现密封
球面—锥面（小锥度） 负角度台肩	密封上扣滑移距离长，接触压力分布呈光滑抛物线，平均接触压力高，最大接触压力低，接触长度长；台肩直角或小角度负角；靠密封自身过盈接触实现密封
球面—柱面 负角度台肩	上扣密封滑移距离长，易粘扣，气密封性差，已被市场逐步淘汰
球面—锥面 直角台肩	密封上扣滑移距离长，接触压力分布呈光滑抛物线，平均接触压力高，最大接触压力低，接触长度长；台肩无接触，过扭矩条件下才发生接触。密封靠自身过盈接触实现
负角台肩 锥面—锥面 双级密封	采用主副台肩和双级锥面密封，主密封密封内压，副密封密封外压，特别适用于深井，但加工困难且需厚壁管

3. 扭矩台肩结构分析

扭矩台肩根据位置分为内扭矩台肩（位于螺纹小端）、外扭矩台肩（位于螺纹大端）和中扭矩台肩（位于螺纹中部）。根据扭矩台肩的几何形状又可分为直角扭矩台肩、负角扭矩台肩和弧面扭矩台肩等。

扭矩台肩主要用途是为了定位上扣位置，保证设计的密封过盈、螺纹中径过盈量能够准确实现，同时扭矩台肩可以增加接头的抗压缩、抗弯曲、抗过扭矩能力，减少密封结构的变形等。扭矩台肩位置、形状及过盈量对接头的上卸扣性能、密封性能及抗压缩、抗弯曲等均有较大的影响。

三、特殊螺纹套管规范化

目前套管品种多的主要原因是各个厂家所有的螺纹类型都是自己的专利技术产品，统一各个厂家的螺纹类型难度很大。需要规范化目前各供应厂商的螺纹类型标准，把各厂家形似而名不同的众多螺纹类型划分级别，明确应用环境，逐步形成非API套管的螺纹类型标准。

1. 国内外主要特殊螺纹套管螺纹类型分类

国内外主要特殊螺纹套管螺纹类型对比见表3-2-6。

表3-2-6 国内外主要特殊螺纹套管螺纹类型对比

分类级别	特殊螺纹类型	螺纹部分比较				密封部分比较		
		螺纹类型	螺纹角度	每英寸螺纹齿数	螺纹形状	密封部分类型	台肩	密封部和台肩形状
第Ⅰ类	NEW VAM	API改进型梯形螺纹	+3°，+10°	5		锥面—锥面金属密封	15°锐角的内面扭矩台肩	
	TPCQ	改进型偏梯形螺纹	+3°，+10	5		锥面—锥面金属密封	15°锐角的内面扭矩台肩	
	BGC	偏梯形螺纹	+3°，+10°	5		柱面—球面金属密封	15°锐角的内面扭矩台肩	
第Ⅱ类	VAM TOP	钩形螺纹	−3°，+10°	5		锥面—锥面金属密封	15°锐角的内面扭矩台肩	
	TPG2		−4°，+20°	5		锥面—锥面金属密封	15°锐角的内面扭矩台肩	
	BGT2		−5°，+25°	5		锥面—锥面金属密封	15°锐角的内面扭矩台肩	

从以上对比分析可以看出：VAMTOP螺纹相对于NEW VAM螺纹来说，在抗拉、抗挤的能力上更优越，尤其是在抗挤方面，VAMTOP螺纹具有更好的密封性能，因此，用于水平井中，VAMTOP螺纹在管柱弯曲状况下具有更好的密封性，并且具有更好的机械性能。

TPG2（性能与 VAMTOP 同级）是 TPCQ（性能与 NEW VAM 同级）的升级产品，具有更优越的密封、抗拉等性能。

BGT2（性能与 VAMTOP 同级）是 BGC（性能与 NEW VAM 同级）的升级产品，密封性、抗拉性能更为优越，是宝钢近年的主推产品。

总体来讲，国内 TPG2 和 BGT2 与 VAMTOP 结构类似。NEW VAM、TPCQ 和 BGC 划分为第 I 类；VAMTOP、TPG2 和 BGT2 归为第 II 类。

2. 根据油田工况选择合适的套管螺纹类型

根据国内外文献资料，ISO 13679 : 2002 充分模拟了套管在使用过程中复杂的受力状态，给出了特殊螺纹接头的气密封和结构完整性适用评价方法等，通过客观试验为用户提供了最直观的判断依据，贯穿全部试验的极限公差配合，确保了产品在使用过程中的可靠性；多次的上、卸扣试验和抗粘扣循环上、卸扣试验有效地验证了产品的抗粘扣性能，并能为油田下井操作提供合理的上扣扭矩；A 系、B 系和 C 系密封性能试验及 8 种极限加载试验有效地验证了产品密封和结构的极限性能，是用户判断产品能否满足使用要求的主要依据。表 3-2-7 给出了国外油公司对套管的检测标准。

总之，ISO 13679 全面检测了套管的使用性能，为用户提供了最直观的判断依据，帮助用户合理决策，全面执行 ISO 13679 开展套管实物性能评价试验是保证用户选用气密扣的最有效的方式。

在多年研究和评价试验的基础上，国内制定了 SY/T 6949—2013《特殊螺纹连接套管和油管》和 SY/T 7026—2014《油气井管柱完整性管理》，标准中依据不同的油田工况对特殊螺纹套管检测指标、检测方法和评判准则提出了具体要求。

表 3-2-7　国外油公司对套管的检测标准

项目		Mobil 公司	Shell 公司		Exxon 公司
检验项目		套管 10 项	检验等级	套管	无具体规定
			I	12 项	
			II	7 项	
			III	4 项	
			IV	3 项	
检验程序		①上扣、卸扣—内压（水）—内压（N_2）—内压循环—复合加载—内压循环—爆破；②上扣、卸扣—拉伸至失效；③上扣、卸扣—压缩至失效；④上扣、卸扣—内壁冷热循环—外压泄漏	①初始上、卸扣—初始内压循环—温度循环—最终上扣、卸扣—最终压力循环—温度循环—爆破；②上扣、卸扣—拉伸失效；③上扣、卸扣—温度循环及拉伸 + 内压—拉伸 + 内外压循环—低内压 + 拉伸失效；④上扣—内压 + 拉 / 压—上扣、卸扣—高内压 + 拉伸失效；⑤上扣、卸扣—压缩 + 内 / 外压		①上扣—内压 + 拉伸—卸扣（循环）；②上扣—内压 + 拉伸—温度循环—卸扣（循环）；③上扣—拉伸失效；④上扣—压缩失效；⑤上扣—爆破失效
上卸扣试验	试件	15 根	I 27 根　II 24 根　III 12 根　IV 3 根		3~5 根
	次数	3 次	3 次		3 次
	技术要求	初始上扣卸扣在最大扭矩下进行，最终上扣卸扣在最小扭矩下进行，上扣速度不大于 10r/min	初始上扣、卸扣和最终上扣、卸扣均在最大扭矩下进行，上扣速度不大于 10r/min		上扣、卸扣在最小扭矩下进行，上扣速度 3~50r/min

项目		Mobil 公司	Shell 公司	Exxon 公司
内压爆破	试件	6 根	6 根	无具体规定，可按 API 标准执行
	要求	水压 1 根，气压 5 根	套管水压或油压试验，油管气压试验	
拉伸失效	试件	3 根	6 根	2~3 根
	要求	①就范加载速度 0.6MPa/s；②记录试验曲线，测量断口径缩部位外径	①加载速度 0.6MPa/s；②记录试验曲线、断裂位置、失效形式并拍照	记录试验曲线
压缩失效	试件	3 根	3 根	无具体规定，可按 API 标准执行
	要求	①加载速度 0.6MPa/s；②试验中发生明显弯曲断裂、跳扣、严重膨胀或超过 2% 总变形均视为失效	①加载速度加载速度 0.6MPa/s；②试验中发生明显弯曲、断裂、跳扣、严重膨胀均视为失效	
复合加载试验	试件	6 根	Ⅰ级 15 根，Ⅱ级 12 根	2 根
	要求	内压＋拉伸/压缩循环内压为管体屈服强度的 75%，轴向拉/压力为管体屈服强度的 50%，Mises 应力达管体屈服强度的 90%	低内压＋拉伸失效试验中，内压力为 50% 的屈服应力，高内压＋拉伸失效试验中内压力为 75% 的屈服应力	内压＋拉伸试验中，内压力为管体屈服强度的 80%，拉伸达管体屈服强度的 80%

3. 偏梯形螺纹的规范化和实现互换

套管尺寸规格多，即使相同螺纹类型的套管也不能互换使用，给套管的使用带来了很大不便。以塔里木油田为例，其第三套井身结构使用 ϕ200.03mm 套管，该套管规格涉及的螺纹类型有 BG-BC、TP-BC 和 TLM-BC 三种偏梯形螺纹，给套管的管理增加了难度。又例如 9 $\frac{1}{2}$in（241.3mm）井眼配合使用的套管尺寸有 7 $\frac{7}{8}$in（200.0mm）、7 $\frac{3}{4}$in（196.9mm）、7 $\frac{15}{16}$in（201.6mm）、8 $\frac{1}{8}$in（206.4mm），螺纹类型 5 种（TP-FJ、TP-CQ、BC、BG-BC、TP-BC），钢级 8 种（T95、TP110SS、TP110S、BG110S、BG110、TP110、TP140V、TP155V），壁厚 6 种（17.25mm、16mm、15.12mm、12.7mm、11.51mm、10.92mm），品种达 20 种。

由于套管规格的不统一，给偏梯形螺纹的互换使用带来了不便。建议进一步规范管理，减少套管规格品种。按照塔标系列井身结构，优化套管品种，厂家按照要求供货。

4. 制定非 API 套管的技术标准

2013 年以来，塔里木油田按照中国石油的总体要求，在梳理采购标准的同时，针对油田管材入库检验和现场使用过程中发现的问题，对所有套管采购技术条件进行了全面梳理和规范，统一了 46 个关键套管品种的订货技术条件，并与天钢、宝钢、西姆莱斯和衡钢签订了套管订货补充技术协议，主要执行 API 标准中高于 PSL-1 级别的 PSL-2 和 PSL-3（产品生产和检验标准）技术要求，管材订货技术标准更加严格。

针对套管尺寸规格多、使用不便的问题，应进一步对现有套管订货补充技术协议条款进一步梳理，针对特殊用途的管材，采用国际先进标准或对等的订货技术条件，并按不同的标准分类实施招标采购，从采购源头避免执行不同标准的产品同台竞争，规范套管采购，降低采购成本，确保管材质量。

5. 对盐层高抗挤套管的规范化

针对塔里木盆地库车山前高陡构造易造成套管变形的问题，塔里木油田使用了抗外挤性能及兼顾连接强度的新型套管，如使用的 ϕ 293.45mm × 23.55 TLM140 直连型特殊螺纹套管为 ϕ 273.05mm × 13.84 140V 气密螺纹套管加厚型，该新型套管抗外挤强度达到 136MPa，用于封固部分区块盐膏层，可以适用于我国四川盆地和塔里木盆地等盐层发育的地区。

6. 规范化套管厂家的非 API 螺纹类型

特殊螺纹套管都是生产厂根据油田需要开发出来的，其质量性能及检测评价体系也是由生产厂制定，产品检测技术和质量要求各不相同，检测评价标准不统一，使得特殊螺纹套管产品质量差别大，特殊螺纹套管的合理选用缺乏完善的标准或指南，影响使用安全，使用户利益受到损害，严重时还导致安全事故。

为避免使用中发生失效，国外各大石油公司普遍制定了自己的套管接头质量评价方法，并在订货补充条件中规定了必须进行的关键试验内容。建议形成中国石油气密螺纹质量评价标准，针对不同螺纹类型，不同钢级、不同规格特殊螺纹接头套管开展系统评价，形成企业标准。

按照目前使用的特殊螺纹接头类型，通过研究分析和进行必要的评价试验，对不同油田工况和螺纹接头特点进行分析、分类，建议初步按照 API 螺纹类型、改进型 API 螺纹类型、传统气密封螺纹、高级气密封螺纹进行划分，分别应用于常规井、低气密封井、高温高压井、苛刻深井超深井或高温高压水平井。

第三节　复杂深井套管设计

一、复杂深井套管设计难点分析

复杂深井套管选型除注意管材本身问题外，还应考虑套管的结构完整性、密封完整性及环境耐受性等问题。复杂深井苛刻地质条件、复杂工况和腐蚀环境对套管的选型提出了严峻挑战，对套管性能提出了更高要求。主要表现在近年来国产特殊螺纹套管在气密封技术升级上取得了显著进步，但在高温高压工况下长期服役密封性仍存在一定问题，特别是对于深井超深井套管高扭矩工况降低了气密封性能，传统的气密封螺纹设计和加工需要升级；深井超深井膏盐层非均匀外挤载荷对套管的抗挤性能提出更高要求，需要从材质和加工工艺上进一步提升套管的抗挤性能。目前广泛应用的抗硫管材最高钢级仅 110ksi，更高的抗内压和抗外挤性能管材需要通过增加壁厚来实现，限制了井身结构设计，需进一步提升抗硫管材钢级。

二、复杂深井套管柱设计与校核

套管柱设计目的是为地面流体注入或地下流体产出建立安全、可靠、经济的通道。

套管柱设计的基本原则:(1)确保在复杂深井全生命周期内的套管柱完整性,可承受各种载荷工况,满足钻完井工艺、油气层开发和产层改造的要求,为流体运移提供通畅的管路。(2)抵抗外载荷作用的管柱强度有一定的余量。在不考虑地层异常的情况下,外载荷的计算理论上很简单。地层异常或作业需要可能会导致实际载荷超出管柱的设计强度。(3)保证整个井筒生命周期内套管的采购、固井、完井和生产修井等总费用的经济性。

1. 套管柱设计

各层次套管设计参照 SY/T 5724《套管柱结构与强度设计》,并考虑复杂深井的特点,满足钻井、固井、完井、测试、增产、生产和关井等各种工况对套管强度的要求。

1)套管强度设计流程

套管强度设计流程如图 3-3-1 所示。

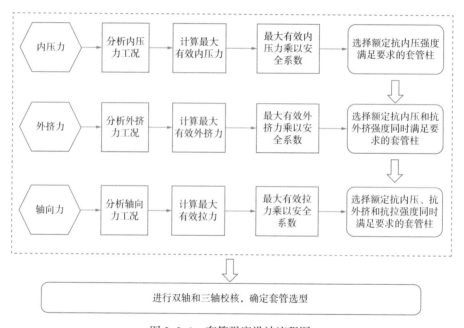

图 3-3-1 套管强度设计流程图

2)设计载荷条件

套管强度设计除应考虑钻完井、试油、增产、生产与关井过程中外挤、内压、拉伸和压缩载荷外,还应考虑温度、弯曲、屈曲等影响。

(1)套管抗外挤强度,取以下各种工况下的最大外挤载荷。

①固井期间:

a. 下套管时掏空;

b. 长封固段时,水泥全部进入环空后因与顶替液密度差引起的外挤载荷;

c. 反挤水泥施加的压力;

d. 环空憋压候凝对水泥环施加的压力;

e. 坐挂套管时卡瓦对套管的外挤力。

②钻进期间:

a. 塑性地层蠕变;

b. 下一次开钻时钻井液密度降低;

c. 严重井漏导致井内液面降低;

d. 起钻速度过快引起拔活塞效应;

e. 井筒内充满地层流体;

f. 气体钻井。

③测试、增产、生产期间:

a. 管内掏空;

b. 密闭环形空间温度升高引起环空压力增大(APB效应);

c. 射孔时瞬时动态负压;

d. 生产后期产层压力衰竭,套管内没有平衡压力;

e. 生产时地层流体密度较低,导致封隔器以下压力低于套管外压力。

(2)套管抗内压强度,取以下各种工况下的最大内压载荷。

①固井期间:注水泥碰压及碰压后立即对套管试压引起的最高内压力。

②钻进期间:

a. 管内外液体存在密度差;

b. 测固井质量后对套管柱试压;

c. 地破试验;

d. 发生溢流时的最高关井压力;

e. 循环压耗引起附加压力;

f. 岩屑上返对环空钻井液密度产生影响(ECD)。

③测试、生产、关井期间:

a. 测试关井恢复压力;

b. 生产初期油管顶部泄漏,导致生产层压力施加到井口;

c. 压裂增产期间,工作液和井口施工压力对套管施加内压力。

(3)套管抗拉强度,取以下各种工况的最大拉伸载荷。

①固井期间:

a. 套管的浮重;

b. 下套管时井漏;

c. 下套管刹车时的冲击载荷;

d. 处理套管阻卡时的过提拉力;

e. 水泥浆全部注入管内以及此时泵压增加的轴向力;

f. 碰压时给套管施加的附加拉伸载荷。

②钻进、测试、压裂增产、生产期间温度效应引起管柱轴向力变化。

③温度对套管性能影响。套管强度校核时应考虑温度对管材强度降低的影响,套管订

货时应要求厂商提供温度与材料强度关系曲线。

（4）井眼曲率。

分析轴向载荷时，应考虑套管弯曲引起的附加应力。一般推荐直井取 1°/30m，斜井按设计的全角变化率附加 1°/30m。

（5）屈曲。

应考虑自由段套管屈曲失稳的可能性。套管屈曲的形式包括受压缩情况下套管柱的轴向正弦或螺旋弯曲，以及套管横截面的鼓胀等径向变形。引起管柱屈曲失稳的主要因素包括：管柱内外流体密度变化、管柱内和（或）外井口施加压力变化、井筒温度变化、轴向载荷变化等。

3）套管强度校核

（1）校核条件。在进行套管柱强度校核时，应根据不同的套管层次，依据 SY/T 5724《套管柱结构与强度设计》，对相应工况下的校核条件进行具体考虑。

（2）安全系数。套管设计采用等安全系数法，并进行三轴应力校核，推荐设计安全系数见表 3-3-1。

表 3-3-1　三轴应力校核推荐安全系数

系数名称	安全系数	备注
抗内压安全系数	1.05~1.15	—
抗挤安全系数	1.00~1.125	考虑轴向力影响
抗拉安全系数	1.6~2.0	—
三轴应力安全系数	1.25	—

（3）套管校核。对套管进行三轴应力校核，形成三轴应力校核图，标示各种风险工况载荷点。

2. 套管剩余强度分析

（1）计算依据。套管发生磨损、腐蚀等影响套管强度的情况时，可参考 Q/SY 1486《地下储气库套管柱安全评价》进行剩余强度评价。

（2）主要原则。钻井设计时根据预期的钻井时间进行套管磨损预测。根据挂片试验结果，结合套管的腐蚀情况，进行套管剩余壁厚预测。

在套管强度不满足要求时，应进行套管内径、壁厚测井，获得各井段套管的几何尺寸参数，对已损伤套管柱进行套管剩余强度计算，并给出剩余安全系数。

（3）计算程序和方法。按照测井结果，获得各井段的在役套管的几何尺寸参数，包括井口、井底及其他最危险处的套管实测最小壁厚、套管直径等，计算相应的套管管体壁厚不均度和椭圆度。

在役套管强度计算与分析，主要计算剩余抗内压强度和抗外挤强度。载荷分析与计算，主要计算有效内压力和有效外压力。计算实际剩余安全系数。

3. 套管防磨

套管防磨应遵循预防为主的原则。钻井设计时应考虑套管的磨损允量，保证套管磨损后各项强度指标满足要求。进行磨损预测，并提出钻井及后期作业减少套管磨损的技术措施。

1）磨损预测分析

（1）依据套管性能参数、钻具组合、钻井参数、井眼轨迹、下开次预计工期等参数进行套管磨损预测。

①应着重考虑井斜与全角变化率对套管磨损的影响，并提出钻井及后期作业减少套管磨损的技术措施。

②利用防磨分析软件计算不同工况下钻柱对套管的侧向力大小，预测套管的磨损情况。

③施工中，应根据返出铁屑和钻杆磨损的情况，监测井下套管的磨损情况，并结合专业软件分析、套管测井等方式，评估套管磨损程度。

（2）利用套管磨损分析软件计算套管磨损后剩余强度，若套管剩余强度不满足设计工况使用，应采取相应处理措施。

2）防磨措施

（1）技术套管应采取防磨措施，生产套管固井后若继续钻井作业，应采取防磨措施。

（2）在大斜度井、大位移井和水平井设计中，通过优选造斜点、优化井眼轨迹，降低侧向力，减少井眼不规则对套管造成的磨损。

（3）加强实钻井眼轨迹跟踪，做好丛式井及相距较近井的防碰工作。

（4）针对地质预测的高陡构造等易斜地层，应采取垂直钻井等成熟有效的防斜工具和技术措施。

（5）在磨损风险高的井段加强防磨措施。井眼质量差、全角变化率大的井段，应使用钻杆胶皮护箍等防磨工具和防磨技术，减轻对套管的磨损。利用软件计算模拟结果，优选防磨工具，优化安放位置。

（6）尽量采用井底动力钻具钻进，最大限度减小钻具与套管相对运动产生的机械磨损。

（7）钻进中发现套管磨损，应及时调整钻井参数。

（8）钻塞宜使用牙轮钻头，其钻具组合中不宜使用稳定器。

（9）提高钻井液的润滑性能。

三、含 H_2S 环境中的套管柱设计

在我国，国家安全生产监督管理总局颁发的强制性标准 AQ 2012—2007《石油天然气安全规程》中规定套管柱强度设计安全系数：抗挤安全系数为 1.0~1.25，抗内压安全系数为 1.05~1.25，抗拉安全系数为 1.8 以上。此外，推荐性标准 SY/T 5087—2003《含硫油气井安全钻井推荐做法》中从选材角度对 H_2S 环境下的套管设计做了规定：若预计 H_2S 分压

大于 0.2kPa 时，应使用抗硫套管。

正确选用套管材料是保证含 H_2S 环境下套管柱安全性最重要的因素，在进行含 H_2S 环境下套管的设计时，除需要考虑材料的耐腐蚀性因素外，还需要适当提高设计安全系数。

为保证套管安全，在进行含 H_2S 环境下的套管柱设计时，应优先考虑选用具有屈服平台的材料的套管。国外学者提出按照 3 个条件来设计含 H_2S 环境下的套管柱强度。含 H_2S 环境下的套管柱设计应同时满足以下 3 个条件：

（1）屈服条件。主要针对套管在非 H_2S 环境下的强度设计，是单纯从力学角度考虑的套管柱设计准则。设计条件为套管危险点的米塞斯等效应力等于材料的屈服强度除以给定的安全系数。屈服条件设计可以避免套管由于过载导致的塑性变形失效。

（2）裂纹扩展失效条件。主要针对套管本身预先存在有在出厂检验过程中无法检出的裂纹的情况。该准则采用经典的断裂力学理论，认为套管内预先存在的裂纹在套管服役过程中会扩展从而导致套管失效。准则主要考虑套管所受的有效内压力，不考虑轴向载荷的影响，假设套管预先存在的裂纹深度等于套管无损检验的门限值，门限值越小，安全系数越高，对于苛刻条件下的高温高压井应取 2%~3%。

（3）裂纹萌生扩展失效条件。在含 H_2S 环境下，套管受轴向载荷和内压载荷时可能会萌生裂纹并且裂纹会扩展。依此准则计算套管所受的应力，既考虑了套管所受的有效内压载荷，也考虑了套管所受的轴向力。该准则的失效条件为套管危险点的米塞斯等效应力等于套管的临界应力除以给定的安全系数值。在含 H_2S 环境下，该准则往往在 3 个失效条件中处于主导地位，但在非 H_2S 环境下，该准则对套管的失效一般不起决定作用。

在含 H_2S 环境下的套管柱设计中，分别依据这 3 个条件对套管柱强度进行设计，由此得到 3 个独立的安全系数，对这 3 个安全系数进行对比分析，其中最小的安全系数对套管柱服役的安全性有决定性作用。在套管柱设计过程中这 3 个条件应全部满足，如果有任何一个条件不满足，那么不满足的条件就成为套管柱的薄弱点。但如果是按照屈服条件来设计，并且取了很大的安全系数，同时套管的钢级比较低，对含 H_2S 环境不敏感，则可以不用兼顾 3 个设计条件。

四、复杂深井套管设计及选用发展方向

1. 高性能专用管材的开发与应用

随着油气开发向更深、更高压力与温度的地层拓展，对管材的耐蚀性、强度、韧性、连接性能等要求越来越高，对套管制造商的要求也越来越高，新材料、新技术在套管产品上的应用越来越多。

为了降低管柱自身重量，深井超深井管柱逐渐提高了材料的强度。但由于井下恶劣的服役工况，要求材料的韧性必须与强度相匹配，以避免井下发生脆性断裂。

镍基合金油套管在目前已知最苛刻的油气开发腐蚀环境下性能表现优良，能够保持足够的结构完整性。15Cr、17Cr 和双相不锈钢等高耐蚀合金钢在国外也有用于油套管的案例，在国内还处于探索阶段。

钛合金油套管在国内已经研发成功（图 3-3-2），其材料密度为钢材的 60%，同样的井深条件下，钛合金油套管产品重量比镍基合金钢轻很多。

在一些特定腐蚀工况中，采用铝合金油套管代替耐蚀合金钢，或者用铝合金套管作为悬挂尾管使用，由于重量相对较轻，可以降低一些井下工具的性能需求。现有的技术已经可以根据特定环境需求，设计满足不同性能需求的铝合金套管。

图 3-3-2 钛合金特殊螺纹接头油管卸扣后形貌

国外开发了不使用螺纹脂的特殊螺纹接头油套管产品，这种螺纹接头在现场就不用再涂抹螺纹脂，现场下套管作业时间可节约 20%，同时还可以减少因螺纹脂涂抹不均匀导致的螺纹接头粘扣现象，目前在英国北海、墨西哥湾、俄罗斯和中东地区得到了应用。

2. 全生命周期的管柱设计

重点深探井的关键段设计应进行实物全尺寸验证试验，特别是螺纹接头要进行复合载荷下结构完整性和密封完整性评价试验。

强度设计采用单轴和三轴相结合的方法，管体和接头都要进行校核。一般管体强度采用 VME 方法校核，接头应按单轴方法校核，或先用单轴方法初选出套管，再用 VME 方法校核；表层套管要进行抗压缩强度校核，井下温度较高时要考虑温度对管材强度的降低作用等。

密封设计不仅要保证螺纹的密封性，而且保证整个管柱（包括附件）的密封性；预测到有酸性介质的井要进行腐蚀设计，包括管材的选择、应力腐蚀评价及必要的工艺选择。

第四节 储气库固井管材选择

储气库套管的材质、强度、螺纹类型、管串结构应满足交变载荷工况下，井筒长期服役密封完整性、稳定性要求。

一、目前在用储气库管材分析

通过对西南相国寺储气库等 6 座运行储气库的调研发现，在井深、运行压力、注采气量差异不大的情况下，各储气库选用的气密封螺纹接头和油套管材质各异。螺纹泄漏是环空带压的主要原因，环空带压一般在储气库井投产 3~4 个注采周期之后出现，在拉压交变载荷作用下，注采管柱螺纹密封性能降低导致螺纹泄漏。油井管制造厂商需要开展周期交变载荷工况下气密封螺纹设计和多周次气密封评价，以满足储气库井长期稳定服役的要求。

通过已建储气库套管选型分析，套管设计仍需注意以下问题：

（1）管柱设计均进行了抗外挤、抗内压、抗拉设计计算，还应补充接头耐压缩设计；

（2）气密封检测均是在拉伸状态下进行，还需考虑拉伸+压缩循环后的气密封效果；

（3）需进行多周次往复气密封循环试验（工况试验）；

（4）选材需要考虑腐蚀问题，需要完善不同材质间电化学腐蚀相应的设计依据，N80 套管订货条件中明确是 N80-1 类或 N80-Q 类。

二、储气库套管气密封螺纹接头优选

目前，对油管和套管柱接头进行气密试验检测的主要依据是 GB 21267，标准试验目的是评价套管螺纹连接的粘扣趋势、密封性能和结构完整性，GB 21267 规定了 4 种接头评价级别（CAL），并指明评价级别 CAL Ⅱ 以上试验适用于气井。但在 GB 21267 B 系气密封试验（图 3-4-1）仅进行 CCW（逆时针）、CW（顺时针）和 CCW 三次循环，并不能满足储气库注采周次需要。此外，在 GB 21267 B 系气密封试验中，规定进行 33% 和 67% 压缩载荷下的气密封试验。

统计对比 5 个不同生产厂家的气密封螺纹接头试验结果（表 3-4-1），多数在 10%~40% 之间施加压缩载荷进行气密封试验。

各生产厂家的气密封螺纹接头设计不同，性能差异明显。如气密封螺纹接头的压缩效率（耐压缩性能）参差不齐，压缩效率从 30%~100% 都有，一旦选用不合适极易造成管柱泄漏。

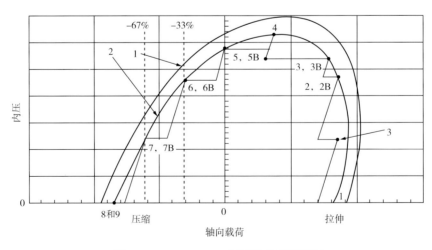

图 3-4-1　GB 21267 B 系试验载荷路线图

第三章 套管柱设计和下套管技术

表 3-4-1 国内外不同厂家和规格的气密封螺纹接头试验结果对比

厂家	规格	循环方向	纯压缩载荷达到包络线的百分比/%	内压下压缩载荷达到包络线的百分比/%	最大狗腿度/(°)/30m	接头载荷包络线VME/%	试验结果
A	φ244.48mm×11.99mmV140	CCW（逆时针）、CW（顺时针）、CCW	30	10	20	95	未发生泄漏
	φ88.90mm×6.45mmP110	CCW、CW、CCW	30	10	20	95	未发生泄漏
	φ73.02mm×5.15mmP110	CCW、CW、CCW	30	10	20	95	未发生泄漏
B	φ177.80mm×10.36mmP110	CCW、CW、CCW	30	10	20	95	未发生泄漏
	φ139.70mm×10.54mmP110	CCW、CW、CCW	60	40	40	95	未发生泄漏
	φ244.48mm×11.99mmV140	CCW、CW、CCW	30	10	20	95	未发生泄漏
	φ177.80mm×12.65mmV140	CCW、CW	—	10	20	95	3根试样均在工厂端发生泄漏
	φ88.90mm×6.45mmQ125	CCW、CW、CCW	50	50	20	95	未发生泄漏
C	φ177.80mm×10.36mmP110	CCW、CW、CCW	30	10	20	95	未发生泄漏
	φ244.48mm×11.99mmV140	CCW、CW、CCW	30	10	20	95	2根试样在现场端发生泄漏
D	φ339.7mm×12.19mmQ125	CCW、CCW、CCW	95	67	无	95	未发生泄漏
	φ346.1mm×15.88mmQ125	CCW	78	59	无	78	1根试样在工厂端和现场端同时发生泄漏
	φ244.5mm×11.99mmQ125	CCW、CCW、CCW	95	67	无	95	未发生泄漏
	φ250.8mm×15.88mmQ125	CCW、CCW、CCW	95	67	无	95	未发生泄漏
E	φ88.9mm×6.45mmP110	CCW	80	74	10	80	未发生泄漏
	φ88.9mm×6.45mmP110	CCW	95	40	—	95	最后一个载荷点管柱失稳
	φ88.9mm×6.45mmP110	CCW	80	60	—	95	最后一个载荷点管柱失稳
	φ88.9mm×6.45mmP110	CCW	62	40	—	40~80	未发生泄漏
	φ88.9mm×7.34mmP110	CCW、CW、CCW	57	57	20	90	未发生泄漏
ISO 13679		CCW、CW、CCW	95	67	20	95	未发生泄漏

第五节 复杂深井及储气库固井管材腐蚀与防护

对于复杂深井及地下储气库注采井，套管的腐蚀环境因素主要有高温、高压、高矿化度、高含水率以及富含 CO_2/H_2S 等。腐蚀不仅影响到钻完井、生产和储运过程，给油气田造成巨大的经济损失，同时还会带来环境污染等社会问题，并危及人身安全。

一、套管的腐蚀环境

1. CO_2 腐蚀环境

CO_2 常作为石油和天然气的伴生气存在于地下油气中，其含量也不尽相同，最高分压可达 10MPa 以上。由于 CO_2 易溶于地层水而形成碳酸，往往会对套管柱造成不同程度的腐蚀。CO_2 可导致套管严重的局部腐蚀、穿孔等。

在影响套管腐蚀速率的因素中，CO_2 分压起着决定性作用。一般认为，当 CO_2 分压低于 0.021MPa 时，材料几乎不发生 CO_2 腐蚀；当 CO_2 分压为 0.021~0.21MPa 时，碳钢材料会发生不同程度的点蚀；当 CO_2 分压大于 0.21MPa 时，碳钢管材会发生严重的局部腐蚀。

CO_2 腐蚀受温度的影响比较显著。当温度低于 60℃时，碳钢表面存在少量软而附着力小的 $FeCO_3$ 腐蚀产物膜，腐蚀速率由 CO_2 水解生成碳酸的速度与 CO_2 扩散到金属表面的速度共同决定，主要发生均匀腐蚀；当温度为 60~110℃时，生成的腐蚀产物膜较厚，但晶粒大、疏松且不均匀，易发生严重的局部腐蚀；而当温度高于 150℃时，则形成致密、附着力强的 $FeCO_3$ 和 Fe_3CO_4 膜，对管材基体具有一定的保护性，腐蚀速率反而有所下降。

研究表明，当井内压力大于 7.39MPa，温度高于 31.6℃时，CO_2 是以超临界流体形式存在。因此，在油气井管柱内压力和温度高于临界压力与临界温度时，复杂深井中 CO_2 即以超临界流体形式存在。从地层深处到井口的整个井筒中采出液随着液面的提升处于压力、温度的连续降低的过程，当压力低于临界点压力时，超临界流体转变为气体。此时，油气流处于密度急剧变化的过程，而 CO_2 在水中的溶解度以及与烃类的互溶状态也发生急剧变化。因此，在不同深度，整个油气井管柱处于不同酸度的腐蚀介质中，腐蚀状况将有很大区别。

2. H_2S 腐蚀环境

H_2S 环境对管材的腐蚀损伤除了严重的失重腐蚀外，还会造成管材的开裂，如氢致开裂（HIC）、阶梯型裂纹（SWC）、应力定向氢致开裂（SOHIC）、软区开裂（SZC）及硫化物应力开裂（SSC）等。环境中 H_2S 的存在，会对管材带来电化学腐蚀和应力腐蚀开裂与氢致开裂的风险。

H_2S 浓度的不同会直接影响管材表面形成的腐蚀产物膜的种类，从而对管材造成不同类型、不同程度的腐蚀损害。在湿硫化氢腐蚀环境中，油套管材料选择十分重要。目前，国内石化行业将 0.00035MPa 作为 H_2S 分压的控制值，当气体介质中硫化氢分压大于或等于这一控制值时，就应从设计、制造或使用等诸方面采取措施和选择新材料，以尽量避免和减少碳钢油套管硫化氢腐蚀。

此外，井筒工作液的 pH 值的不同，对管材的硫化物应力腐蚀造成不同的影响。随着 pH 值的增加，碳钢管材发生硫化物应力腐蚀的敏感性下降。当 pH 值 ≤ 6 时，硫化物应力腐蚀很严重；6 < pH 值 ≤ 9 时，硫化物应力腐蚀敏感性开始显著下降，但达到断裂所需的时间仍然很短；当 pH 值 > 9 时，则很少发生硫化物应力腐蚀破坏。同时，硫化物应力腐蚀开裂倾向也与环境温度密切相关，22℃左右时，硫化物应力腐蚀敏感性最大；当温度高于22℃后，硫化物应力腐蚀敏感性明显降低。对油套管来说，上部温度较低，加上管柱上部承受的拉应力最大，管柱上部易发生硫化物应力腐蚀开裂。

3. CO_2/H_2S 共存腐蚀环境

依据腐蚀机理和作用规律的不同，可将 CO_2/H_2S 共存环境分为3种形式：（1）H_2S 含量小于 $6.9 \times 10^{-5}MPa$，此时 CO_2 为主要的腐蚀介质，温度高于60℃时，腐蚀速率取决于 $FeCO_3$ 膜的保护性能，基本与 H_2S 无关；（2）当 H_2S 含量增至 $p_{CO_2}/p_{H_2S}>200$ 时，材料表面形成一层与系统温度和 pH 值有关的较致密的 FeS 膜，导致腐蚀速率降低；③$p_{CO_2}/p_{H_2S}<200$ 时，系统中 H_2S 为主导，材料表面一般会优先生成一层 FeS 膜，膜形成阻碍了腐蚀的进一步发展。

4. 溶解盐腐蚀环境

溶解盐类环境是油管与套管发生腐蚀损伤的主要环境之一，对套管材料的腐蚀速率有显著影响，且随着矿化度的升高，对管柱的损伤也越大。

油气中溶解的矿物盐类主要有：氯化物、硫酸盐、碳酸盐和硝酸盐等。Ca^{2+} 和 Mg^{2+} 的存在会增大溶液的矿化度，从而使离子强度增大，加剧局部腐蚀。Cl^- 是引起套管腐蚀的主要阴离子，尤其对不锈钢套管材料的点蚀作用十分明显。一方面 Cl^- 与吸附在金属表面的 Fe^{2+} 结合形成 $FeCl_2$，从而促进套管材料的腐蚀；Cl^- 的存在还会造成不锈钢套管材料的应力腐蚀开裂，其对不锈钢的影响与 Cl^- 浓度密切相关。

对油管/套管用超级13Cr钢而言，在 NaCl 水溶液中，当 NaCl 浓度低于15%时，超级13Cr抗SCC性能较好，应力腐蚀程度较轻；随着 Cl^- 浓度的增加，超级13Cr抗SCC性能会下降，应力腐蚀开裂的倾向增大；当溶液中 NaCl 浓度大于25%时，其抗应力腐蚀开裂的性能明显变差，应力腐蚀敏感性显著增加。

5. 溶解氧腐蚀环境

井下套管服役环境中地层水里的溶解氧（主要来自地面注入的钻井液和回注水）也是引起腐蚀损伤的重要因素之一。溶液中含有低于1mg/L的氧就可能对普通碳钢油管/套管材料造成严重的腐蚀，如果同时存在 CO_2 或 H_2S 气体，腐蚀速率则会急剧升高。影响氧腐蚀的主要因素有环境中的氧含量、Cl^- 浓度以及系统的压力、温度等。碳钢在油气田水溶液中的腐蚀速率取决于氧浓度及氧的扩散速率。碳钢在含氧水溶液中的腐蚀过程如下：

$$2Fe + 2H_2O + O_2 \longrightarrow 2Fe(OH)_2 + H_2 \uparrow$$

$$4Fe(OH)_2 + 2H_2O + O_2 \longrightarrow 4Fe(OH)_3$$

$$Fe(OH)_2 + 2Fe(OH)_3 \longrightarrow Fe_3O_4 + 4H_2O$$

二、套管腐蚀防护技术

套管的腐蚀可以通过多种途径加以防护。目前主要采用以下4类措施：

第1类，提高材料自身的抗腐蚀能力，选用耐腐蚀材料或通过对材料进行表面处理。

第2类，减弱介质的腐蚀性，添加缓蚀剂。

第 3 类，电化学保护，由于金属材料在环境中的腐蚀往往是电化学腐蚀，腐蚀速率与金属材料在该环境中的电化学特性有密切的关系，因此可以通过施加一定的电流密度或电位，即采用电化学阴极或阳极保护来抑制或减轻腐蚀。

第 4 类，改善服役条件，如脱水、脱除腐蚀介质、降低工作压力等。

对于套管而言，后两类措施有一定局限性，尤其是对于严苛的腐蚀环境，往往仅用作辅助措施。

由于不同的防腐蚀措施各有其优缺点，因此在进行防腐蚀措施筛选时要综合考虑经济性和技术可靠性等多种因素，究竟选用何种防腐蚀措施更加经济可靠要视具体的腐蚀环境而定。图 3-5-1 为常见的几种防腐蚀措施的优缺点对比情况。

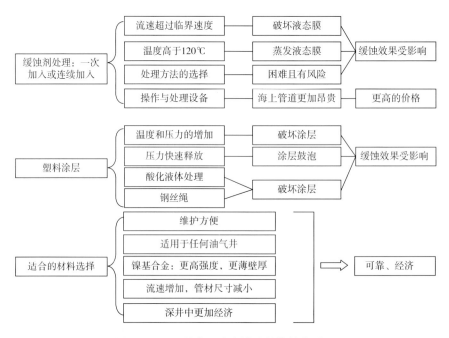

图 3-5-1　几种常见防腐措施的优缺点对比

图 3-5-2 为耐蚀合金管材防腐蚀措施与加注缓蚀剂两种防腐蚀措施的经济性分析及对比情况，可以看出，在生产初期，使用耐蚀合金的成本是碳钢 + 缓蚀剂的数倍，但随着生产年限的增加，耐蚀合金管材的经济性逐渐得到体现，其成本只有碳钢 + 缓蚀剂的 1/3~1/2。所以，从长远考虑，使用耐蚀合金不仅防腐蚀效果非常明显，同时其经济性也非常突出。

CO_2 分压是影响腐蚀速率的主要因素，目前将 p_{CO_2}=0.02MPa 确定为发生 CO_2 腐蚀的临界值。

13Cr 广泛用于井下 CO_2 腐蚀环境中。在腐蚀不太严重时也采用 9Cr。更轻微的腐蚀，或者只需要有限的使用寿命，或者与缓蚀剂配合使用，可酌情采用 5Cr 和 3Cr 等含铬较低的钢。13Cr 的临界使用温度是 150℃。超级 13Cr 含有 Ni、Mo 元素，临界温度是 175℃。双相不锈钢（22Cr、25Cr）抗 CO_2 腐蚀性能极好，临界温度可达 250℃。

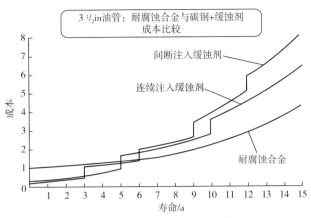

图 3-5-2　耐腐蚀合金与碳钢加缓蚀剂成本比较

注：纵坐标为归一化成本，无单位。

在 NACEmR 0175/ISO 15156 和 SY/T 0559 等标准中已明确规定 p_{H_2S}=0.0003MPa 是发生 SSC/SCC 的临界值，是选择抗 SSC/SCC 钢的依据。普通 13Cr 在 CO_2 分压较高、低 H_2S 环境中以及高 Cl^- 浓度的 CO_2 环境中容易发生 SSC/SCC，而改性的超级 13Cr 以及双相不锈钢则显著改善了这方面的性能，当 H_2S 分压不超过 0.003MPa 时，推荐使用超级 13Cr。在 Cl^- 很高的情况下，推荐采用 22Cr 和 25Cr 等。

三、抗腐蚀管材

1. 抗 H_2S 腐蚀的管材

金属材料在 H_2S 环境中会受到两种类型的腐蚀：一种是由于 H_2S 溶于水生成酸性溶液产生的电化学腐蚀；另一种是金属材料在 H_2S 水溶液中的应力腐蚀和氢损伤。一般而言，相较于氢损伤而言，H_2S 水溶液对石油管材的电化学腐蚀危害要轻微许多，因此通常在选材时重点考虑 H_2S 引起的氢损伤，主要考虑 SSC/SCC。

API Spec 5CT 第 8 版（ISO 11960 : 2004）要求的抗硫化物应力腐蚀开裂（SSCC）的钢级为 C90 和 T95，均规定了最低 SSCC 门槛值。材料的 SSC/SCC 敏感性随其强度（钢级）的提高而增加，因此当环境中存在 H_2S 时，V150 和 V155 等钢级应尽量避免使用。

2. 抗 CO_2/H_2S 腐蚀的管材

针对 CO_2/H_2S 腐蚀环境中石油管材的选用问题，国外石油管材生产商如日本住友、德国 V&M 钢管公司、美国 SMC 等都建立了自己的选材指南，用于指导用户合理选材服役于含有 CO_2/H_2S 的环境中的油管 / 套管管材。图 3-5-3 为 V&M 钢管公司关于 CO_2/H_2S 环境中管材选用指南图谱。

当含有 H_2S、CO_2 和 Cl^- 等介质，井况极为严酷时，需考虑使用铁镍基或镍基合金。目前常用于油井管的铁镍基及镍基合金钢主要有：Alloy 28（UNS N08028），相当于我国 00Cr27Ni31Mo4Cu；Alloy 825（UNS N08825），相当于我国 0Cr21Ni42Mo3Cu2Ti；Alloy G3（UNS No6985），相当于我国 00Cr22Ni41Co5Mo7Cu2Nb；Alloy 050（UNS N06950），相当于我国 00Cr20Ni50Mo9WCuNb；Alloy C-276（UNS N10276），相当于我国 00Cr16Ni60Mo16W4。

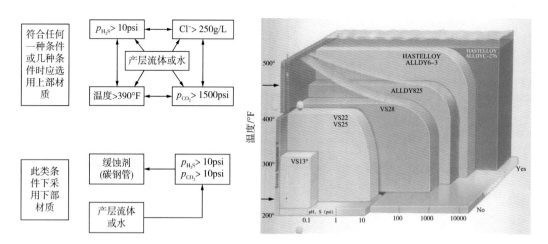

图 3-5-3　V&M 钢管公司 H₂S/CO₂ 环境管材选择指南（取自 V&M 样本）

不同种类耐蚀合金在 H₂S 环境中开裂机理见表 3-5-1。固溶强化镍基合金按照成分进行分类，可以大致分成 5 类，见表 3-5-2。针对不同类型的材料对不同的环境适应性见表 3-5-3。

表 3-5-1　不同耐蚀合金环境裂纹开裂机理

材料	开裂机理			备注
	SSC	SCC	GHSC	
奥氏体不锈钢	S	P	S	某些冷加工的合金，因含有马氏体所以对 SSC 和（或）HSC 敏感
高合金奥氏体不锈钢		P		这些合金通常不受 SSC 和 HSC 影响。通常不要求低温开裂试验
固溶强化镍基合金	S	P	S	冷加工状态和（或）时效状态的某些镍合金含有第二相，而且与钢形成电偶时，可能对 HSC 敏感。这些合金在很强的冷加工和充分时效状态下，与钢耦合时，可能产生 HSC
铁素体不锈钢	P		P	
马氏体不锈钢	P	S	P	不管是否含有残余奥氏体，含 Ni 和 Mo 的合金都可能遭受 SCC
双相不锈钢	S	P	S	在最高服役温度以下的温度区开裂敏感性最大，测试时的温度需要考虑是否超过这一温度范围
沉淀硬化不锈钢	P	P	P	
沉淀硬化镍基合金	S	P	P	冷加工状态和（或）失效状态的某些镍基合金含有第二相，而且与钢形成电偶时可能对 HSC 敏感

注：P 表示主要断裂机理，S 表示次要的、有可能产生的断裂机理。

表 3-5-2　固溶镍基合金的材料类型

材料类型	元素质量分数 /%（最小值）				冶金条件
	Cr	Ni+Co	Mo	Mo+W	
4a	19.0	29.5	2.5	—	扩散退火或退火
4b	14.5	52	12	—	扩散退火或退火
4c	19.5	29.5	2.5	—	扩散退火或退火 + 冷加工
4d	19.0	45	—	6	扩散退火或退火 + 冷加工
4e	14.5	52	12	—	扩散退火或退火 + 冷加工

表 3-5-3　退火加冷加工的固溶镍基合金用作井下管件、封隔器和其他井下装置的环境和材料限制

材料类型	温度（最大值）/℃	H₂S 分压（最大值）/MPa	Cl⁻ 浓度（最大值）/（mg/L）	pH 值	抗元素硫	备注
4c、4d 和 4e 冷加工合金	232	0.2	见备注	见备注	否	各种综合的生产环境包括 Cl⁻ 浓度，现场 pH 值等均可适用
	218	0.7	见备注	见备注	否	
	204	1	见备注	见备注	否	
	177	1.4	见备注	见备注	否	
	132	见备注	见备注	见备注	是	各种综合的生产环境包括 H₂S 分压，Cl⁻ 浓度，现场 pH 值等均可适用
4d 和 4e 冷加工合金	218	2	见备注	见备注	否	各种综合的生产环境包括 Cl⁻ 浓度，现场 pH 值等均可适用
	149	见备注	见备注	见备注	是	各种综合的生产环境包括 H₂S 分压，Cl⁻ 浓度，现场 pH 值等均可适用

另外，由于不同厂家冶金能力、工艺路线、合金成分存在差别，因此所生产出的镍基合金的耐蚀性能也不同，所以只有通过腐蚀对比评价才能得到合理的服役环境限制。

四、地下储气库注采井套管腐蚀选材分析

通过分析现场应用和标准使用情况，提出对于储气库管柱选材应考虑低含水工况和材质间匹配性。同时，经高温高压釜腐蚀试验和电化学腐蚀试验分析，指出储气库生产套管和油管的腐蚀选材应区别对待，并建立了电化学腐蚀管材匹配选用图版，可指导储气库井管柱选材。

1. 储气库井管柱腐蚀环境

调研国内主要储气库环境工况，因注入气中 CO_2 含量在 1.89%~2.18% 之间，CO_2 分压主要在 0.5~0.8MPa，部分井 CO_2 分压高达 1.16MPa。此外，储气库注入的是经处理后的干燥气体，但在采出时因受气藏地层水影响，采出的气体低含水（10000m³ 气约含 1m³ 水）。

结合不同的储气库井环境工况（表 3-5-4），各自的选材情况为：XC 储气库井生产套管柱和注采管柱主要考虑原始地层含有 H₂S，以抗硫管材为主，分别选用 95SS 和 80S 钢级；HK 储气库井生产套管柱回接采用 Q125HC 高抗挤套管，尾管悬挂采用改良型 13Cr 套管，注采管柱采用改良型 13Cr 油管；BN 储气库井生产套管柱采用 P110 套管，注采管柱采用 L80 油管；SK 储气库井生产套管柱采用 P110 套管，注采管柱采用 L80-13Cr 油管。

表 3-5-4　国内主要储气库环境工况

环境工况	XC 储气库	HK 储气库	BN 储气库	SK 储气库
气藏埋深 /m	2782	3585	2900	3300~5000
运行压力 /MPa	11.7~28	18~34	13~31	19~48.5
地层温度 /℃	65	92.5	116	110~157
注入气 CO_2 含量（摩尔分数）/%	1.8909	1.89	2.48	2.37

环境工况		XC 储气库	HK 储气库	BN 储气库	SK 储气库
地层水	Cl⁻ 含量 / (mg/L)	少量凝析水 干气气藏	9974	1170~5000	3456
	总矿化度 / (mg/L)		17800	6800~13300	7630
	水型		Na_2SO_4/$NaHCO_3$	$NaHCO_3$	$NaHCO_3$

2. 腐蚀选材标准

基本的油管和套管腐蚀选材标准主要是 GB/T 20972.2，但是该标准着重于含 H_2S 环境的选材。依据腐蚀介质不同，石油管材专业标准化技术委员会制定了针对性的选材标准，包括 SY/T 6857.1、Q/SY-TGRC 2、Q/SY-TGRC 3、Q/SY-TGRC 18 等，尤其是 Q/SY-TGRC 18 主要针对含 CO_2 环境选材。

在 Q/SY-TGRC 18 中规定，当 $0.21MPa < p_{CO_2} < 1.0MPa$ 时属于严重腐蚀，应选用碳钢与加注缓蚀剂协同作用，或者直接选用普通 13Cr 钢，如 L80-13Cr 钢等；当 $1.0MPa < p_{CO_2} < 7.0MPa$ 时属于极严重腐蚀，应选用改良型 13Cr 钢（Cr13M）或超级 13Cr 钢（Cr13S），或选用普通 13Cr 钢与加注缓蚀剂协同作用。

依据上述标准方法和生产厂家选材推荐方法，并结合现场应用实际情况，各储气库确定了选用的套管和油管，从普通碳钢到超级 13Cr 钢均有选用。此外，对于生产套管上部使用碳钢管（如 Q125HC），下部使用耐蚀合金管（如超级 13Cr），这种组合材质在井下环境会否产生电化学腐蚀，需要评价其匹配性。

3. 高温高压釜腐蚀试验

分析表 3-5-4 各储气库环境工况，现提取主要且通用的工况试验条件，进行气液两相条件下的动态高温高压釜腐蚀试验。试验条件：CO_2 分压为 0.8MPa，Cl⁻ 浓度为 10000mg/L，水型为 $NaHCO_3$，试验温度为 90℃，流速为 2m/s，试验周期为 168h。试验结果见表 3-5-5 和表 3-5-6。

通过分析表 3-5-5 和表 3-5-6 结果可知，13Cr 材质较好地适用于 CO_2 上述气相 / 液相腐蚀环境，腐蚀速率：L80-13Cr ≈ 13Cr110 > 110Cr13s；其他材质均较好地适用于 CO_2 上述气相腐蚀环境，其腐蚀速率均小于 SY/T 5329 规定的 0.076mm/a。

通过国内储气库用系列管材气液两相的高温高压釜腐蚀试验，认识到生产套管和油管的腐蚀选材应分别对待，生产套管依据 100% 液体环境（现有标准）选材，油管应按照低含水工况选材。

表 3-5-5 国内储气库油套管材质气相条件下动态高温高压腐蚀试验结果

材质	平均腐蚀速率 / (mm/a)	参照 NACE RP 0775 规定
Q125HC	0.0543	中度腐蚀
95S	0.0467	中度腐蚀
P110	0.0463	中度腐蚀
L80	0.0282	中度腐蚀

材质	平均腐蚀速率 /（mm/a）	参照 NACE RP 0775 规定
110 Cr13M	0.0034	轻度腐蚀
L80 13Cr	0.0020	轻度腐蚀
110 Cr13S	0.0002	轻度腐蚀

表 3-5-6 国内储气库油套管材质液相条件下动态高温高压腐蚀试验结果

材质	平均腐蚀速率 /（mm/a）	参照 NACE RP 0775 规定
95S	8.3054	极严重腐蚀
Q125HC	6.8185	极严重腐蚀
P110	2.2370	极严重腐蚀
L80	1.7981	极严重腐蚀
110 Cr13M	0.0052	轻度腐蚀
L80-3Cr	0.0031	轻度腐蚀
110 Cr13S	0.0007	轻度腐蚀

4. 电化学腐蚀试验

对国内储气库所使用的 L80、95S、P110、Q125 以及 11Cr、L80-13Cr、Cr13M、Cr13S 不同钢级和材质的套管、工具等随机抽样，并在 Cl^- 浓度 10000mg/L 和 $NaHCO_3$ 水型的地层水环境介质中且常温下测定自腐蚀电位，并对试验结果进行统计（图 3-5-4）。

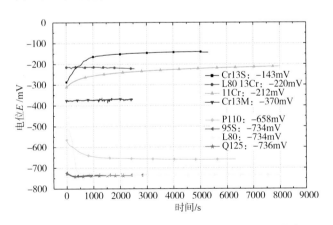

图 3-5-4 不同钢级、材质的管材腐蚀电位测定曲线

由图 3-5-4 分析试验结果，可发现管材的腐蚀电位主要分布在两个区域，11Cr 和 13Cr 等耐蚀合金管材主要位于高电位区域，L80 和 P110 等低合金碳钢管材主要位移低电位区域，如图 3-5-5 所示。

为寻找不同材质间合适的匹配关系，选取低电位材质 P110 作为阳极，选取高电位材质 L80-13Cr 作为阴极，组成电偶对，在上述地层水介质中进行电偶电流曲线测定，试验结果如图 3-5-6 所示。

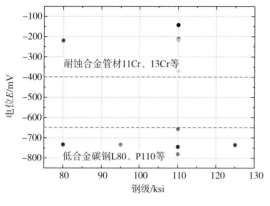

图 3-5-5 管材腐蚀电位分布图

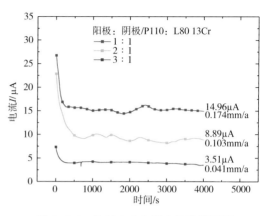

图 3-5-6 地层水中电偶电流曲线测定

根据电化学腐蚀速率计算方法，依据图 3-5-4 曲线可计算获得相应的腐蚀速率，可知为避免材质间产生电化学腐蚀，阳极 / 阴极的面积比必须大于 3，腐蚀速率小于 0.076mm/a。

通过对两种不同电位区域的材质组成电偶对，在地层水和环空保护液环境中进行多次电化学腐蚀试验，发现两种材质电位差超过 200mV 需要注意电化学腐蚀，在材质匹配上要求在同一空间内，低电位与高电位材质的面积比至少要大于 1∶1，在地层水环境中面积比要求在 3∶1 以上，才可能保证腐蚀速率值小于 0.076mm/a（SY/T 5329 标准规定）。

因此，进行管柱选材时，应尽可能依据图 3-5-6 在同一电位区域内选择使用，若要跨区域，需要保证合适的阴阳极面积比。

第六节 下套管技术

一、套管气密封检测技术

为降低气井套管泄漏造成的事故风险，一般采用气密封检测技术来排查和检测完井套管的泄漏情况，保障套管的完整性。气密封检测技术能对接头工厂端气密封性提供技术保障，解决了油田工厂端缺少检测手段的问题。相比接头泄漏导致的严重后果，尽管下套管时间每根增加了近 4min，气密封检测仍是不可缺少的过程。泄漏率不会随着检测压力的增加而增加，与检测压力无直接关系，且检测压力为套管抗内压强度的 60% 时较为安全、可靠。

1. 气密封检测原理

气密封检测系统由液气动力系统（主要提供动力）、增压系统及检测气源（主要是气瓶装置）、检测执行系统（检测工具及检漏仪等）和控制系统及辅助系统（包括绞车、操作台、滑轮等）等组成。气密封检测原理如图 3-6-1 所示。当具有气密封螺纹的套管下井时，将双封检测工具投入到套管螺纹连接部位，上、下卡封，然后向其中注入高压氦氮混合气（氦气和氮气的体积比为 1∶7），用高灵敏度探测仪在螺纹外检测，有氦气泄漏则立即报警。因氦气无毒，分子直径小，易于沿微细间隙通道渗透，故能及时发现套管泄漏，且对套管无污染、无腐蚀、无损伤[3]。

2.气密封检测判漏标准

上井前，先对气密封检测设备进行完整性检查、试压、试运行；到现场后，对设备进行吊装、安装和调试，再进行螺纹气密封检测，判漏流程如图3-6-2所示。按照SY/T 6872《套管和油管螺纹连接气密封井口检测系统》的技术要求，螺纹连接处氦气泄漏率不大于$1.0 \times 10^{-7}\text{Pa} \cdot \text{m}^3/\text{s}$为

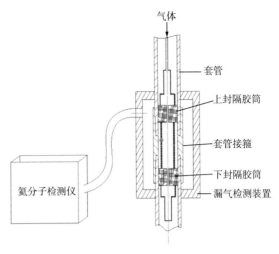

图3-6-1　气密封检测原理示意图

密封，大于$1.0 \times 10^{-7}\text{Pa} \cdot \text{m}^3/\text{s}$为不密封。对于第一次检测不合格的螺纹，施工队采取3种措施，加大扭矩再次上扣检测，卸扣3~4扣后再次上扣检测，卸扣后再次清洁重新上扣检测。通常施工队对第一次检测不合格的螺纹卸扣后再次清洁。

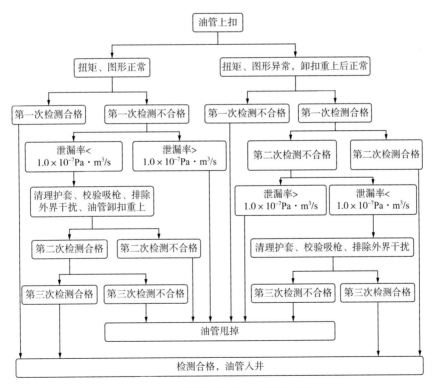

图3-6-2　气密封检测判漏流程示意图

3.气密封检测压力分析

根据SY/T 7338《石油天然气钻井工程　套管螺纹连接气密封现场检测作业规程》对气密封检测的规定，检测压力应高于油气井最大关井压力、注气井最高注气压力的

5%~10%，或不应超过套管服役条件下抗内压强度的 80%；特殊情况下，根据用户的生产需求确定。据调研，油田在现场气密封检测时，检测压力执行过套管抗内压强度的 50%、60%、70% 和 80%。可见同一规格套管虽然执行了不同的检测压力，但各井的泄漏率不会随气密封检测压力的增加而增大，因此认为检测压力的大小与泄漏率并无直接关系，同时现场也没有发现气密封检测导致螺纹损坏的直接证据。

4. 在塔里木油田套管气密封检测情况

据统计，自 2008 年至 2021 年底，塔里木油田累计检测气密封螺纹 18 万多根，套管 6.5 万多根，检测出的泄漏数量为 0.12 万根，总体泄漏率为 1.85%，检测套管的数量和规格如图 3-6-3 所示。结果表明：经卸扣、清洗、涂抹螺纹脂、排除外界干扰后再次检测，合格套管所占的比例较大。由于螺纹损坏或质量因素导致泄漏所占比例较小，认为现场操作、使用环境是造成气密封检测时套管不合格的主要因素。

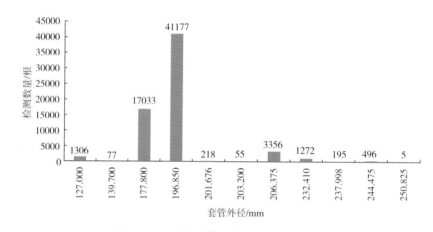

图 3-6-3　套管的检测数量和规格示意图

二、下套管扭矩监测技术

扭矩监测仪系统采用计算机测量和控制原理，在不改动井队原有液压大钳结构的条件下，采用专用的高精度测力传感器，直接测量下套管作业过程中液压大钳尾部所受的反作用力，经过测量系统的信号采集、数模转换、数据处理及换算后显示出套管的实时上扣扭矩值，根据预先设定 API 及相关标准的套管上扣扭矩值，自动控制大钳液压源的电磁溢流阀，达到对套管的上扣扭矩控制，提醒操作人员停止上扣。

下套管作业中，实时采集套管的上扣扭矩、圈数、时间等参数，并根据套管扭矩设定标准要求进行精确扭矩控制，有效保证套管的上扣质量。同时起到监督上扣扭矩、记录上扣过程中扭矩曲线并保存重要的套管下井扭矩资料，分析评价套管上扣扭矩质量，作为对套管出现粘扣、掉井、螺纹泄漏等事故提供重要依据。

1. 套管扭矩仪监测技术原理

1）扭矩测量原理

当液压动力钳运行时，位于液压动力钳尾绳上的扭矩传感器，将液压动力钳运行时产生的拉力通过变换器转变成电信号传送到扭矩显示器，由显示器内的单片机对传送过来的电信号进行放大处理，在显示器上显示相应的扭矩值。

2）圈数测量原理

采用接近开关测量，将接近开关安装在液压钳的侧部，感应在齿圈转过的齿数，输出与大齿转过的齿数相对应的脉冲数，用这个脉冲数除以大齿圈的齿数，就得到圈数，在显示器上显示，如图 3-6-4 和图 3-6-5 所示。

图 3-6-4 扭矩仪

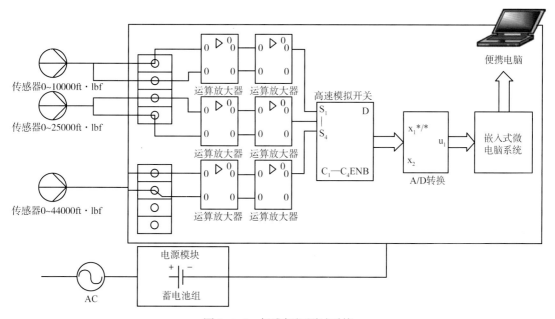

图 3-6-5 标准扭矩测试系统

2. 下套管措施制订及下套管作业扭矩仪监测

1）下套管措施制订

下套管过程中，司钻根据套管队井口操作人员指挥，缓慢匀速下放套管对扣，井口人员负责扶正套管，防止套管外螺纹磕碰井口套管；对扣完成后由套管队操作人员进行引扣和上扣，要求尽量做到匀速、平稳。上扣时按 API 规定或厂家推荐的扭矩连接螺纹，可根据所用螺纹密封脂调整最佳上扣扭矩。浮重超过 150tf 以上的大吨位气密封螺纹套管，应采用套管卡盘下套管，防止接箍变形造成错扣。特殊螺纹套管连接时应精心操作，如有必要需进行引扣或使用对扣器，严防错扣、碰扣，损坏密封面。上扣期间发现异常应立即停止上扣并检查，确认无误后方可继续上扣；如发现错扣应立即倒开重新对扣，如有损坏应及时更换。

下套管过程中应根据不同的螺纹类型控制好上扣扭矩和图形，如采用台肩密封的气密封螺纹，除扭矩达到要求外，还应关注上扣台肩比，并结合上扣圈数判断上扣到位，如图 3-6-6 所示。

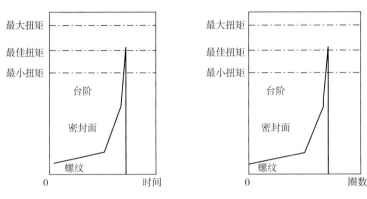

图 3-6-6　气密封螺纹上扣标准扭矩示意图

下套管之前，钻井队要制订详细的下套管技术措施，以保证套管的顺利下入。下套管技术措施主要应包括但不限于以下内容：套管次序、套管附件与套管的连接要求及注意事项、套管上下钻台的保护措施、套管连接对应的扭矩推荐值、套管下放的速度和灌浆的要求、下套管过程中的应急预案。

2）下套管作业扭矩仪监测

采用套管钳上扣，按 API 规定或厂家推荐的扭矩连接螺纹，必须使用扭矩仪监测上扣扭矩并用计算机记录，完井后将套管螺纹扭矩值资料上交。使用螺纹锁紧密封脂时，旋合扭矩值可适当增加，但不宜超过规定最大值的 25%。

下套管前确定 API 规定或厂家推荐的扭矩值。套管旋合扭矩及余扣的规定如下：

（1）标准圆螺纹套管。实际扭矩达到最佳扭矩值时，进扣和余扣在两扣范围内，则认为螺纹配合及旋紧程度合适。当进扣已超过两扣而实际扭矩还小于最小扭矩值，则认为套管螺纹配合有问题，应更换套管。实际扭矩已达到最大扭矩值而余扣大于两扣，则认为套管螺纹配合有问题，应卸开检查，如螺纹损坏应予更换。

（2）偏梯型螺纹套管。达到规定扭矩值，套管接箍未超过标记"△"顶界或与"△"底界余两扣范围内，则认为螺纹配合及旋紧程度合适。达到规定扭矩值，套管接箍超过标记"△"顶界，则认为套管螺纹配合有问题，应更换套管。达到规定扭矩值，套管接箍与"△"底界余扣超过两扣，则认为套管螺纹连接有问题，应卸开检查，如螺纹损坏则应予更换。

（3）特殊螺纹套管连接办法以套管制造商推荐做法为依据。连接时应精心操作，如有必要需进行引扣或使用对扣器，严防错扣、碰扣，损坏密封面。

（4）下套管过程应记录套管实际旋合扭矩值或余扣值。在下最后 10 根套管时，核算余扣或吃扣情况，调整套管下入长度。直径大于或等于 244.5mm 的套管，下套管时宜采用套管卡盘。

（5）对扣和上扣是保证套管入井质量的核心部分，过大扭矩会使接箍产生过大周向应力，从而降低整个管柱强度，发生套管滑脱、接箍破裂，局部应力在腐蚀环境中加速破坏。若未上扣至合格扭矩，使套管不能满足密封耐压或降低轴向载荷能力而使螺纹滑脱。上扣时若发现过大摆动，应降低上扣速度，若仍然发生过大摆动，这是因为螺纹轴线与套管轴线不在一条中心线上，说明质量有问题。这种套管不能入井，同时过大摆动易磨伤螺纹表面和发生粘扣。

三、无压痕夹持下套管技术

普通液压动力钳上卸扣时极易对油套管夹持位置造成损伤，不仅会降低管材的强度，而且会加速局部腐蚀，严重影响管柱的使用寿命。无压痕作业技术是在无压痕液压动力钳上安装特制的无牙痕钳牙，来完成起、下防腐完井管柱的作业技术。装配无压痕钳牙的液压动力钳，无压痕钳牙抱合面大，可有效保护油套管表面防腐层，上、卸扣完成后夹持位置无可见痕迹，不产生应力变形，可保护内外涂层，夹持过程不打滑，并且可任意设定扭矩值，使油管的上扣扭矩达到最佳，能够较好完成13Cr、高钢级等油套管的起下作业，保护油套管不受伤害[4]。

1. 无压痕液压钳技术

随着塔里木盆地和四川盆地深层油气的不断开发，高压油气井大量出现，对油管和套管的材质、连接性能、产品质量等环节的要求也越来越高。普通钳牙对油套管本体的物理损伤严重，本体最大牙痕深度可达 1.5~2.0mm，甚至有片块的本体被撕裂下来。在常规液压钳技术的基础上，对其进行优化改良，减少对油管和套管本体的损伤，从而延长油管和套管的使用寿命，是目前亟待解决的问题。

1）无压痕液压钳钳头

无压痕液压钳钳头由上盖、主体、颚板架、坡板、滚轮、滚轮轴、卡瓦片、卡瓦座、卡瓦压片和复位弹簧等组成（图3-6-7）。颚板架内设有卡瓦座，卡瓦座上装有滚轮、滚轮轴、卡瓦片、卡瓦压片和复位弹簧；滚轮轴两头轴端为四方形，两头轴端装在颚板架上设置的上下方槽孔内移动；卡瓦片装在卡瓦座的插槽中，由单片或多片组成，卡瓦片与所卡紧管柱外径包容，卡瓦片材料为耐磨材料；复位弹簧一端用螺钉固定在卡瓦座上，一端用螺钉固定在背钳上盖上。

通过采用耐磨材料制成的卡瓦片，并加大管柱的接触面积，起到卡紧管柱且不损伤管柱的作用，管柱表面无压痕。

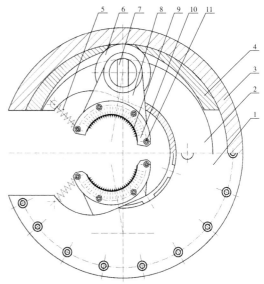

图3-6-7　无压痕动力钳钳头结构示意图
1—上盖；2—颚板架；3—主体；4—坡板；5—复位弹簧；
6—滚轮；7—滚轮轴；8—卡瓦座；9—卡瓦片；
10—卡瓦压片；11—螺钉

2）无牙卡瓦

如图 3-6-8 所示，无牙卡瓦包括卡瓦座和瓦卡片，卡瓦片位于卡瓦座的钳口内侧、且与卡瓦座钳口相配装，在卡瓦片的内侧设有由非金属高分子耐磨材料制成的卡瓦圈，该卡瓦圈瓦圈体的形状与卡瓦片上和该卡瓦圈相接触的表面形状相适配；卡瓦圈的瓦圈体沿卡瓦片的长度与卡瓦片一致，高度为 10~50cm；卡瓦圈通过固定机构与卡瓦片活动连接在一起。

采用上述结构，由于在卡瓦片上又装配了卡瓦圈，所以该卡瓦片和卡瓦圈与液压动力钳配套使用，在夹紧管柱进行上扣和卸扣操作时既能够保证卡瓦片和卡瓦圈对管柱的夹持扭矩，同时又能保证在上扣和卸扣过程中卡瓦圈不会对管柱表面造成任何损伤。

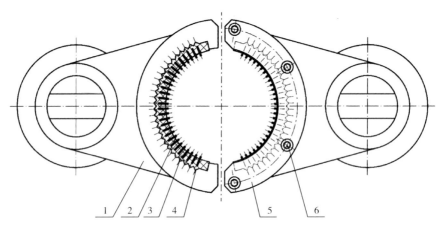

图 3-6-8　无牙卡瓦结构示意图

1—卡瓦座；2—卡瓦片；3—卡瓦圈；4—连接钩；5—压盖；6—连接件

3）新型液压动力钳扭矩传感机构

如图 3-6-9 所示，新型液压动力钳扭矩传感机构由背钳头总成、尾巴总成、拉力传感器、主钳后支柱导杆、支架总成等组成。主钳后支柱导杆与支架总成刚性连接，支架总成上下面板对称配置滚子架、支撑滚子、滚子轴，背钳头总成与背钳尾巴总成通过螺钉连接，共同水平支撑在支架总成上下两面板支撑滚子之间，使背钳头总成与背钳尾巴总成连接体可在阻力很小的情况下绕钳头中心水平摆动，拉力传感器的一端与背钳尾巴总成通过销轴构成铰链连接，另一端与支架总成构成销轴铰链连接，其所受拉力接触面为圆柱面，拉力传感器中线分别垂直于背钳尾巴总成与支架总成对称中心线，因此拉力传感器所受拉力即为扭矩传递正拉力，保证了扭矩测量的准确性。

2. 应用效果

无压痕钳牙及无压痕气动卡瓦牙采用特殊金属和特殊塑性材料镶嵌的技术精制而成，全面抱合，接触面大，摩擦力强，不伤油套管、不变形。采用无压痕液压钳技术在塔里木油田数十口井进行了应用，效果良好，主要表现在：（1）下油管和套管作业时，可把液压钳对管体的损伤减少到最小，避免由于管柱表面损伤造成的强度下降、局部加速腐蚀等现象，延长管柱的使用寿命；（2）无压痕液压动力钳配备扭矩测控系统，扭矩控制更精准

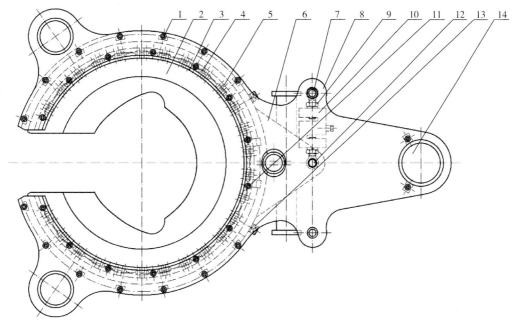

图 3-6-9　新型液压动力钳扭矩传感机构示意图
1—螺钉（1）；2—背钳头总成；3—滚子架；4—支撑滚子；5—滚子轴；6—背钳尾巴总成；7—销轴（1）；
8—支架总成上面板；9—活结螺栓；10—拉力传感器；11—螺钉（2）；12—销轴（2）；
13—螺钉（3）；14—主钳后支柱导杆

更稳定，可有效保护油套管的螺纹和密封面不受损伤，达到管柱螺纹设计的连接要求；（3）在进行起油管作业时，不仅能有效避免液压钳对管体的损伤，而且能防止腐蚀严重的管柱因液压钳夹持造成的破裂、落井等事故。使用该技术在深层气井起、下特殊螺纹类型的防腐完井管柱，可以确保达到无压痕的施工标准，满足延长气井完井管柱使用寿命的要求，提高该技术施工作业质量。

四、旋转下套管技术

随着页岩油气勘探的不断深入及水平井钻井技术的进步，水平井数量越来越多且水平段长度越来越向钻井、下套管延伸极限方向发展。页岩气水平井下套管时，因井眼轨迹复杂、偏移距大，常出现套管下入摩阻大、时间长和不易下到位等问题，采用常规下套管工艺通常无法将套管下至设计井深。旋转下套管能有效解决水平段套管下入难的问题。

1. 旋转下套管结构组成与工作原理

旋转下套管装置根据套管尺寸的不同，可分为内部夹持驱动（内卡式）和外部夹持驱动（外卡式）两种结构。当套管直径小于 168.3mm 时采用外部夹持驱动装置，当套管直径大于或等于 168.3mm 时采用内部夹持驱动装置。两种装置都包含以下主要结构：与顶驱相连的连接螺纹、用以驱动卡瓦复位或张开的液压驱动机构、用以传递工作载荷（拉力和扭矩）的卡瓦机构、用以实现循环钻井液的密封机构以及便于使套管对中的导向机构，外卡式与内卡式顶驱下套管装置结构示意图如图 3-6-10 所示。为了实现与顶驱的可靠连接及确保安全，还包括连接机构等辅助性结构。顶驱下套管装置技术参数见表 3-6-1。

表 3-6-1 顶驱下套管装置技术参数

型号	适用套管 / mm	额定扭矩 / （kN·m）	额定载荷 / kN	水眼直径 / mm	密封耐压 / MPa	整机高度 / mm	夹持方式
XTG140H	114.3~139.7	35	3600	25	35/70	2500	外卡
XTG168	168.3~244.5	35	2250	32	35/70	2540	内卡
XTG244	244.5~39.7	50	4500	76	15/35	2540	
XTG340	339.7~508.0	50	4500	76	15/35	2540	

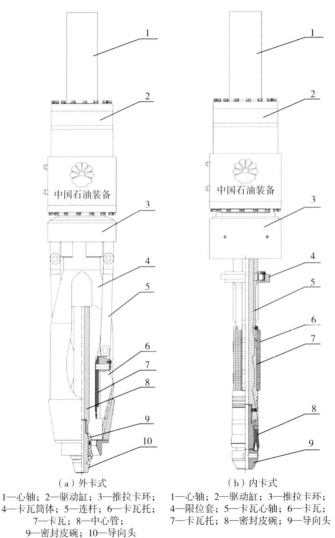

（a）外卡式

1—心轴；2—驱动缸；3—推拉卡环；
4—卡瓦筒体；5—连杆；6—卡瓦托；
7—卡瓦；8—中心管；
9—密封皮碗；10—导向头

（b）内卡式

1—心轴；2—驱动缸；3—推拉卡环；
4—限位套；5—卡瓦心轴；6—卡瓦；
7—卡瓦托；8—密封皮碗；9—导向头

图 3-6-10 外卡式与内卡式顶驱下套管装置结构示意图

顶驱下套管装置上端与顶驱主轴相连接，可以通过顶驱装置控制下套管作业时套管的上扣扭矩。其工作原理如下：通过液压源，使驱动机构的上下油腔充油并升压至额定压力，活塞将向下或向上运动来驱动卡瓦机构张开或复位，进而夹紧或松开套管，以传递旋转及提升载荷，完成上扣及提放套管动作。其上端与顶驱主轴相连接，通过顶驱装置精确控制下套管作业时套管连接扭矩，进而完成套管柱连接及提放。该方法不需要使用套管钳等下套管设备，能充分发挥顶部驱动钻井装置的优越性，不仅实现套管柱的自动化连接，而且在下套管作业时，能同时实现旋转套管和循环钻井液，大大减少卡钻、遇阻等潜在的安全危害，提高下套管作业的成功率，如图 3-6-11 所示。该装置采用自封式皮碗密封套管，最高密封压力高达 70MPa，与顶驱的 IBOP 密封压力等级一致。

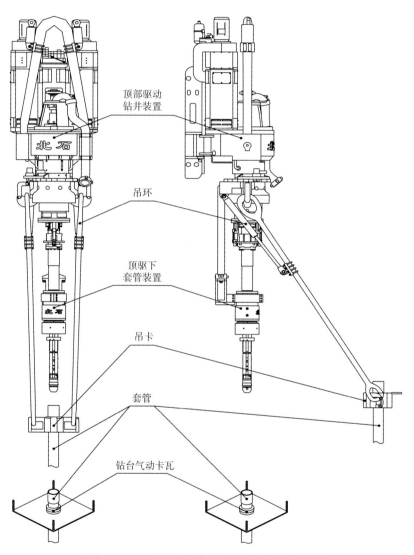

图 3-6-11　顶驱与下套管装置组合工作示意图

2.旋转下套管作业要求

（1）下放套管柱时，应特别注意气动卡瓦与顶驱的配合，防止管柱撞击、滑脱，下放时应匀速，不得猛放急停。

（2）顶驱下放套管过程中，卡瓦卡紧套管前，不得打开套管吊卡。

（3）对于外卡式顶驱下放套管装置，必须确保顶驱下套管装置插入套管并且下放到位，防止卡瓦夹到套管接箍，造成套管损伤和下套管装置损坏。

（4）当使用外卡式顶驱下套管装置进行下套管作业时，需要对所有入井套管进行标记，确保插入深度适宜，当下放顶驱下套管装置至套管标记线附近时减速，缓慢下放至标记线处，驱动卡瓦使其卡紧套管。

（5）旋转下套管过程中，最大扭矩不得超过套管最佳上扣扭矩。

（6）下套管过程中，若出现套管遇阻、遇卡等复杂情况，应及时充分地利用顶驱的功能，进行旋转套管、提放套管、循环钻井液等操作，防止情况恶化，确保顺利下入全部套管柱。

（7）根据现场使用情况，每下入套管1000m应该检查下套管装置的牙板磨损情况，磨损严重时应及时更换。

（8）根据现场使用情况，每下入套管1000m应该检查皮碗的磨损情况。如皮碗磨损严重或表面有裂纹，不能正常循环钻井液，应更换皮碗。

（9）采用顶驱旋转下套管作业完成后，及时拆卸并复原现场，对应硬件及软件需要更换/拆除或模式切换。

（10）套管连接扭矩—圈数数据、旋转过程的扭矩控制、转速、大钩悬重及曲线是下套管作业中非常重要的资料，需要完好记录，下套管结束后归档保存。

3. 应用实践及效果

旋转下套管技术在在川南页岩气应用效果最为显著，从2018年开始，北京石油机械有限公司（简称北石）的产品累计应用444口井，2021年共应用82口井，占当年完钻井数的39%，套管均下送到位，成功固井，下套管平均用时1.96d，下套管用时总体减少，有力保障了套管安全顺利下入，防止套管下入过程发生屈曲变形，改善套管受力情况，降低压裂套变风险。

第四章　深井固井工艺技术与设计

面向目前深层油气勘探开发的重点领域，聚焦固井技术瓶颈问题，从复杂深井井眼准备、扩眼技术、提高顶替效率的措施，深井超深井固井工艺、特殊工艺固井技术，以及平衡压力和精细控压固井技术等方面对保证施工安全、提高顶替效率、促进固井质量提升的技术和措施进行了全面总结，综合措施在现场进行规模应用，为深井超深井固井提供了指导和借鉴。

第一节　概　　述

塔里木盆地和四川盆地地质条件复杂，含油气层系多，复杂超深井同一裸眼井段常钻遇多套压力系统，漏、喷、垮频发，钻井液安全密度窗口窄，实现安全固井、保证固井质量难度大。为进一步提高固井质量，需要从单井地质条件及具体井况出发，进行针对性固井工艺设计，重点是强化井眼准备、强化套管安全下入和居中、提高顶替效率、强化全过程平衡压力，以及强化水泥浆配方和性能的优化。

一、复杂深井设计原则及要求

1. 设计原则

（1）应遵循平衡压力设计原则，即固井全过程中环空液柱压力始终大于地层孔隙压力、小于地层漏失和破裂压力。核实完钻时的地层漏失压力、破裂压力，掌握安全密度窗口，以地层承压能力为依据，合理确定水泥浆密度、环空液柱结构和固井施工参数。

（2）应重点考虑油气层段及隔层段、特殊岩性段、尾管喇叭口处、回接套管段、上层技术套管（尾管）鞋处的固井质量，以满足井筒长期密封的需要。

（3）使用固井专用软件，根据平衡压力固井和提高顶替效率要求进行辅助设计，为确定浆柱结构与注替参数提供依据。

2. 水泥返高的要求

设计原则：保护浅层淡水，有效封隔油层、气层、水层及复杂地层，改善套管受力状况，防止套管腐蚀，保护环境。

（1）表层套管：固井水泥应返至地面。

（2）技术套管固井水泥返高：

①无油层、气层、水层时，按地质和工程需要确定水泥返高，应返至套管中性（和）点 300m 以上或上层套管鞋 200m 以上；有油层、气层、水层时或先期完成井，水泥宜返至地面。

②高压、酸性天然气井技术套管固井水泥应返至地面。

③高危地区、环境敏感地区油层、气层、水井技术套管固井水泥应返至地面。

（3）生产套管固井水泥返高：

①无技术套管井，生产套管固井水泥应返至地面。受地质条件限制无法返至地面时，应返至表层套管内或油层、气层、水层 200m 以上。

②有技术套管井，油水井生产套管固井水泥应返至上层套管鞋 200m 以上。

③低压低产天然气井生产套管固井水泥宜返至地面。

④高压、酸性天然气井生产套管固井水泥应返至地面。

⑤高危地区、环境敏感地区油层、气层、水井生产套管固井水泥应返至地面。

⑥深井超深井生产套管固井水泥应返至地面。受地质条件限制无法返至地面时，应返至上层套管鞋 200m 以上。

3. 主要技术要求

（1）各层套管固井水泥浆应设计返至地面。高压、高酸性气井生产套管固井不应使用分级箍，需要分段注水泥时，可采用尾管悬挂再回接的方式。尾管悬挂器坐挂位置应选择在上层套管完好和水泥胶结质量好的井段，并避开上层套管接箍位置。

（2）长封固段套管固井可采用高强低密度领浆一次上返至井口，或采用尾管悬挂再回接等方式返至井口。

（3）采用尾管固井方式封固气层时，重叠段长度应不少于 100m，尾管悬挂器位置距离气层顶部应不少于 200m，水泥上塞段应不少于 150m。若主要气层距离上层套管鞋不足 200m 时，增加重叠段到 400~600m。

（4）技术套管采用分级固井方式时，分级箍安放位置应避开复杂井段。选择地层致密、井斜及全角变化率小、井径扩大率不大于 12% 的裸眼井段或上层套管内作为分级箍安放位置。

（5）采用分级固井时，原则上不留自由段。若存在自由段，一二级之间的自由套管段必须避开储层段、油（气、水）层段、断层发育井段、特殊岩性段。一级固井水泥浆在气层顶部以上有效封隔段不少于 200m，二级固井水泥浆应返出地面。

（6）当上层套管固井留有自由段，下层套管固井设计水泥浆封固段时，应覆盖上层套管固井水泥浆未封固井段。

（7）根据套管尺寸、井径、井斜和方位数据，并结合通井及具体井下情况，采用固井软件优化套管扶正器安放位置和数量，保证套管鞋、油气层段、尾管重叠段的套管居中度不小于 67%。

（8）固井设计应根据作业井的井身质量、地质特性、地层压力、储层物性、流体性质、井身质量等，对所用工具、材料、工艺等方面做针对性的设计，尤其要高度重视材质、安全、环境和腐蚀防护。

二、套管柱和固井工具及附件

1. 套管柱设计

（1）各层次套管设计执行 SY/T 5724，如含有酸性气体，应考虑高压、酸性天然气对套管的影响。

（2）套管柱的材质、强度、螺纹类型等应能满足钻完井作业、油气井长期安全运行对井筒密封完整性的要求。

（3）对于地层流体含有腐蚀介质的井，套管柱在材质设计上应明确腐蚀防护要求。

（4）套管柱强度设计应采用等安全系数法，并进行三轴应力校核，安全系数满足表 4-1-1 的要求。

表 4-1-1　套管设计安全系数

参　数	安全系数	备注
抗内压	1.05~1.15	
抗外挤	1.00~1.125	考虑轴向力影响
抗　拉	1.6~2.0	
三轴应力	1.25	

（5）套管柱强度设计要充分考虑蠕变地层和温度的影响以及增产措施对套管强度的要求。膏盐层等特殊地层段套管抗挤载荷计算取上覆地层压力值，且该段高强度套管柱长度在膏盐层段上下至少附加 100m。

（6）生产套管应选用气密螺纹套管，其上一层技术套管宜选用气密螺纹套管。

（7）技术套管和生产套管固井后，继续钻井作业过程中均应采取防磨措施。若技术套管作生产套管时，应做套管磨损和套管剩余强度分析，评价套管的可靠性。

2. 固井工具及附件

（1）固井工具及附件的材质、机械参数、螺纹密封等性能应与同井段使用套管相匹配。

（2）固井工具及附件选用时应考虑井深、钻井液密度、井底温度、回压值、井斜以及循环和固井时流体冲蚀等因素。

（3）悬挂器规格型号应根据上层套管壁厚/钢级、尾管壁厚、悬挂重量、钻井液性能、井下温度及使用环境进行选择，悬挂器性能应能满足固井作业、井筒完整性的要求。

（4）尾管悬挂器卡瓦悬挂处的最小流道面积不小于重叠段最小环隙面积的 60%。

（5）分级箍本体的机械强度不低于连接套管的机械强度，钻塞后内通径不小于套管内通径，分级箍开孔压力不宜过低且能适度调节。

三、水泥浆和水泥石设计

1. 水泥浆体系设计原则和体系设计思路

深井超深井固井水泥浆体系设计原则是解决高温及超高温下水泥浆稠化时间满足施工

安全的要求、水泥浆失水量可控制在较低范围内、沉降稳定性满足设计要求、流变性能满足作业安全的要求、水泥石抗压强度高且不衰退等5方面的问题。因此，深井超深井固井水泥浆体系设计关键在于优选适用于高温及超高温下的降失水剂、缓凝剂、稳定剂、分散剂以及强度防衰退材料，使水泥浆稠化时间易调、失水量可控、沉降稳定性好、流变性能优良、水泥石早期强度发展快，超高温下水泥石长期抗压强度高且不衰退。

鉴于此，深井超深井固井水泥浆体系设计思路主要为：（1）高温缓凝剂提高水泥浆体系的高温调凝性能，使体系稠化时间满足深井超深井作业安全的要求；（2）采用低敏感性降失水剂，降失水剂在不同加量下对水泥浆流变性能和高温稳定性影响小，同时，通过强吸附作用维持与缓凝剂的吸附平衡关系，保障高温超高温条件下水泥浆失水量控制在较低范围内；（3）采用抗高温耐盐分散剂，不仅可明显改善水泥浆高温流变性能，而且可缓解其他聚羧酸类外加剂引起的异常胶凝现象，同时，改善水泥浆和水泥石微观结构致密性，提高其力学强度；（4）使用高温稳定剂，利用聚合物热增黏悬浮特性以及无机物耐高温悬浮稳定特性的协同作用，提高超高温水泥浆体系的沉降稳定性能；（5）超高温水泥石防衰退材料有效诱导耐高温晶相生成，优化超高温水泥石晶相结构和改善水泥石微观结构致密性，提高超高温水泥石力学强度和保障其长期力学稳定性能；（6）利用高温聚合物外加剂间协同增效作用，可弥补单剂存在的问题，保障超高温水泥浆体系施工性能满足深井超深井固井要求；（7）依据紧密堆积设计，从颗粒级配最优化的角度进一步提高超高温水泥浆体系沉降稳定性、控失水能力、水泥石微观结构完整致密性以及力学强度；（8）通过上述超高温固井关键外加剂产品优选和合理使用，显著提高高温水泥浆体系的耐温性能，确保深井超深井超高温水泥浆固井作业安全和保障井筒有效密封，进而延长油气井使用寿命。

2. 对于深井固井水泥浆试验的特殊考虑

（1）稠化时间（密度高点）。指在高于设计水泥浆密度、相同试验条件下的稠化时间试验，常规密度水泥浆（加硅粉水泥一般为 $1.86g/cm^3$，纯水泥一般为 $1.90g/cm^3$）按比设计密度高 $0.05g/cm^3$，其他密度水泥浆按比设计密度高 $0.03g/cm^3$ 考虑，用于指导施工时的密度控制。

（2）稠化时间（温度高点）。指在温度高于设计试验温度、其他试验条件相同情况下的稠化时间试验，主要检验水泥浆遭遇异常温度情况时的安全性能，比设计试验温度高5℃进行。

（3）稠化时间（升降温）。在稠化时间试验中，按照升温程序，将温度升到试验温度并恒温20min后，再将试验温度降温至顶部试验温度而测得的稠化时间。

（4）稠化时间（停机）。在稠化时间试验中，按照升温程序，将温度升到试验温度并停机20min后，再继续开机而测得的稠化时间和停机前后稠度值变化情况。

（5）抗压强度（顶部）。

指在固井施工完成后水泥浆柱顶部的温度条件下进行的抗压强度试验，主要用于指导开井候凝及下钻探塞的时间。

四、前置液

1. 前置液用量设计

（1）设计前置液的密度和用量时，应考虑平衡压力固井及井下安全的需要，满足提高顶替效率、提高固井质量的要求。

（2）前置液一般占环空高度 300~500m 或接触时间 7~10min。在保证环空液柱动态压力平衡和井壁稳定的前提下，产层固井可适当增加前置液用量。

2. 前置液性能设计

（1）冲洗液流变性应接近牛顿流体，对滤饼具有较强的浸透力，冲刷井壁、套管壁效果好。在循环温度条件下，经过 10h 老化试验，性能变化应不超过 10%。

（2）隔离液的密度宜介于钻井液的密度和水泥浆的密度之间，一般情况下隔离液密度宜比钻井液的密度大 0.12~0.24g/cm^3，比水泥浆的密度小 0.12~0.24g/cm^3。

（3）隔离液应具有良好的悬浮顶替效果，与钻井液、水泥浆具有良好的相容性，能控制滤失量，不腐蚀套管，不影响水泥浆滤失量和稠化时间，不影响水泥环的胶结强度，隔离液高温条件下上下密度差应不大于 0.03g/cm^3。

（4）隔离液滤失量可控，在井底循环温度、压差 6.9MPa 条件下，30min 滤失量应低于 250mL。

（5）采用油基钻井液钻井或水基钻井液中混油时，应采用驱油型前置液。

五、水泥和外加剂

1. 对水泥的要求

设计循环温度大于 90℃ 的深井所使用水泥的存放期出厂时间应在 1 月以上。单井次必须采用同产地、同牌号、同批号水泥，采样应遵从抽样规则并在设计中予以标明。

2. 对混拌的要求

（1）使用高密度或低密度水泥浆固井时应严格按设计比例干混加重材料或减轻材料。干混完成后应按设计水泥浆配方抽样检查混拌成品的水泥浆密度，符合设计后方可使用。

（2）采用干灰混拌方法时，水泥干混设备应具备计重功能，单次混合 200kg 水泥加料一次，计量罐容重应不小于 5t，倒入储灰罐前的均化吹灰不少于 4 遍，上、中、下多点取样保证混配均匀。

3. 对抽检的要求

（1）配制混合水前对现场水、水泥和外加剂取样并按设计规定条件和配方进行试验（正常点、密度高点、温度高点），合格后再配制混合水。

（2）应在施工前对现场混合水和水泥取样进行大样复查试验（正常点、密度高点、温度高点），并提交复查试验报告，性能满足施工要求方可施工，出现异常及时调整。

（3）根据固井设计取现场水、水泥及外加剂，做好水泥浆、前置液性能及与钻井液的相容性试验，性能达到设计要求。

第二节　深井井眼准备

井眼准备是实现下套管及注水泥施工作业前最重要的工作之一。深井高温、高压、高酸性气体等复杂地质条件，以及小间隙、高密度钻井液、低压易漏及窄安全密度窗口等复杂井况给井眼准备带压严峻挑战。川渝、塔里木等地区地质构造复杂，地层承压能力低及井漏普遍存在，为确保套管柱安全下入和深井注水泥施工的安全顺利进行，必须根据具体的井眼情况进行井眼准备。

一、钻进过程

（1）钻进过程中，严格控制井斜和全角变化率，保证井眼轨迹平滑、井壁稳定、井径规则，为固井创造良好的井筒条件。

（2）钻井液应具有良好的稳定性、流变性、润滑性、防塌性以及携屑能力和悬浮能力。深井超深井下套管前应对钻井液进行高温老化实验，防止出现稠化、固化等性能突变。

（3）应按照维护为主、调整为辅的原则合理调整钻井液性能，使其满足下套管和注水泥作业要求。

①下套管前的钻井液性能以降低摩阻和防止钻屑沉积为目的；

②注水泥前的钻井液性能以改善流动性为目的；

③钻井液性能和滤饼质量不能满足需要时，应在钻进阶段逐步调整，避免钻井液性能在短时间内发生剧烈变化。

二、通井

（1）下套管前必须进行通井作业，通井钻具组合的最大外径和刚度应不小于原钻具组合。对于深井、大斜度井和水平井，通井钻具组合的最大外径和刚度应不小于下入套管的外径和刚度，通井距离钻头最近的一个扶正器外径欠尺寸必须在 1~3mm 范围（相较于钻头尺寸）。

（2）对阻卡井段、电测井径小于钻头名义尺寸的井段，划眼处理。当存在蠕变地层时（如膏盐层、塑性泥岩等），必须充分掌握地层蠕变及通井钻具通过规律，并采取相应措施，满足下套管要求。对区域地层蠕变规律认识不足及单井地层蠕变规律掌握不清时，必须测地层蠕变，且观测时间应不低于下套管安全作业时间。对于膏盐岩缩径井段观察时间应满足下套管要求，否则进行扩眼处理，保证套管下入。

（3）套管与井眼环空间隙小于 19mm 时，可采取扩眼等相应措施改善环空几何条件。

（4）通井过程中循环时，应避开易垮、易漏地层。开泵时应先小排量顶通，然后再逐渐加大排量。

（5）通井到底，按钻进时最大排量循环不少于 2 周，循环时所有入井钻井液都应过振动筛，做到无垮塌，无漏失，无沉砂，无油、气、水侵，钻井液进出口密度差不大于 $0.02g/cm^3$，含砂量小于 3‰，起下钻无阻卡。

（6）下套管前对地层进行承压能力试验，应能满足安全下套管、固井施工预计压力要求，否则应进行堵漏作业。下套管前，对进行过堵漏作业的井，应充分循环、冲洗并清除钻井液中的堵漏剂，以免在下套管及固井过程中堵塞水眼或环空。

（7）高压油气井下套管前必须压稳油气层，根据井下状况和油气藏条件将油气上窜速度控制在安全范围内。下套管前应进行短起下钻，测油气上窜速度。短程起钻后应静止观察，井深小于3000m（含3000m）的井应静止观察不少于2h，井深在3000~5000m（含5000m）的井应静止观察不少于4h，井深超过5000m的井应静止观察不少于5h。

（8）通井时应合理调整钻井液性能，控制钻井液滤饼的摩阻系数。水平位移小于500m的定向井摩阻系数控制在0.10之内，水平位移大于500m的定向井摩阻系数控制在0.08之内。井深小于3500m的直井摩阻系数控制在0.15之内，井深大于3500m的直井摩阻系数控制在0.12之内。

（9）提高钻井液体系抗高温稳定性。作业井深超过5000m或井温超过110℃的井，下套管前必须对钻井液进行高温老化试验。老化试验要求：至少按井底温度做16h静止老化，特殊情况可延长老化时间。表4-2-1和表4-2-2为塔里木盆地山前井等特殊井下套管前钻井液主要推荐性能。若作业前钻井液性能达不到要求，需继续调整合格后方可进行下步固井作业。

表4-2-1　下套管前水基钻井液主要性能推荐表

开次	层位	漏斗黏度 /s	静切力 /Pa		API 失水量 / 滤饼厚度 / （mL/mm）	HTHP 失水量 / 滤饼厚度 / （mL/mm）
			初切	终切		
一开	表层	100~150	3~5	10~15	≤ 6/≤ 2	—/—
二开	盐上	60~80	2~4	10~15	≤ 4/≤ 1	—/—
三开	盐上	60~80	1~3	8~15	≤ 3/≤ 1	≤ 15/≤ 2
四开	盐层	50~75	1~3	8~15	—/—	≤ 15/≤ 2
五开	目的层	50~75	1~3	8~15	—/—	≤ 15/0.5~2

表4-2-2　油基钻井液主要性能推荐表

层位	漏斗黏度 /s	静切力 /Pa		HTHP 失水 /mL	滤饼厚度 /mm
		初切	终切		
盐层	75~120	3~6	6~10	≤ 10	≤ 2
目的层	65~100	3~5	6~10	≤ 8	0.5~2

（10）根据固井设计及井控规定要求，应准备合适密度、合适作业量、性能稳定的替浆用钻井液。

三、地层承压试验

应根据井下情况进行地层承压试验或承压能力评估，确保承压能力应满足固井施工要求，具体作业要求如下：

（1）根据固井过程中最薄弱层位置的最大 ECD 确定所需实际承压值的大小：

$$p_{承压值} = (ECD_{最薄弱处} - \rho_{钻井液}) \times H_{最薄弱处} \times 0.00981$$

式中　$p_{承压值}$——裸眼地层承压能力，MPa；

　　　$ECD_{最薄弱处}$——裸眼地层最薄弱的循环当量密度，g/cm^3；

　　　$H_{最薄弱处}$——裸眼地层承压能力最薄弱处的对应井深，m；

　　　$\rho_{钻井液}$——钻井液密度，g/cm^3。

（2）堵漏作业后，应充分循环钻井液排干净堵漏浆，并进行短起下划眼，确保附着在井壁表面的堵漏材料排除干净；循环干净后，起钻至上层套管鞋内，按照承压步骤进行承压。

（3）碳酸盐岩目的层等敏感地层，可采用动态承压方法，即通过增大循环排量或节流循环等方式，反算薄弱地层位置的循环当量，确定地层承压值。

（4）对于无法通过堵漏达到提高地层承压能力的井，应采用其他固井工艺或固井工具解决。

第三节　扩眼技术

一、随钻扩眼技术

与常规扩眼相比，随钻扩眼能在套管下部扩眼形成大于上层套管内径的井眼，实现非常规井身结构，增加套管层次，提供良好的安全窗口，是解决高温高压、深井超深井等窄压力窗口钻井及固井问题的一项有效技术措施。

1. 随钻扩眼工具选型

选择合适的扩眼工具是保证扩眼钻进顺利的重要前提。扩眼工具选择原则为：能实现套管下扩眼，完成钻水泥塞和扩眼钻进，不平衡力产生的振动风险小，具备倒划眼齿，扩眼器的激活控制简便，耐高温以及使用效果好。目前，在高温高压深井应用比较多的 Rhino XS Reamer 系列膨胀式扩眼器，该扩眼器最高耐温可达 232℃，且在多口深井超深井应用中性能稳定，扩眼效果良好。

Rhino XS Reamer 系列膨胀式扩眼器属于同心扩眼器，主要由外壳、弹簧机构、扩眼刀翼、喷嘴、滑筒、销钉等组成。Rhino XS Reamer 系列随钻扩眼器在正常钻井作业状态下，扩眼器刀翼在弹簧结构的控制下紧贴心轴。当钻进至待扩眼地层时，投球憋压，滑筒销钉被剪断，滑筒下行改变流体流动通道，流体分流为钻具内和扩眼器水眼两部分。开泵并逐渐提排量，当钻具内外压差达到 5.5MPa 时，推动扩眼器活塞，使得扩眼刀翼克服弹簧推力并沿本体的 Z 形槽向上、向外推出，扩眼器激活到扩眼状态。当扩眼结束后，

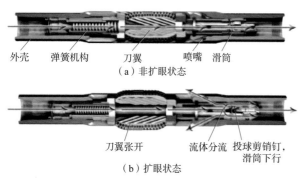

（a）非扩眼状态

（b）扩眼状态

图 4-3-1　Rhino XS Reamer 系列随钻扩眼器结构示意图

停泵，弹簧机构推动扩眼器刀翼下行并沿本体槽缩回[5]。Rhino XS Reamer 系列随钻扩眼器非扩眼状态与扩眼状态对比情况如图 4-3-1 所示。

2. 现场扩眼作业

1）扩眼器测试

（1）地面测试。组合 BHA 时，扩眼器刀翼上缠绕适量胶带，下至转盘面以下，开泵，匀速提排量，稳定排量 1~5min，关泵，提扩眼器至转盘面以上。检查扩眼器并确认刀翼未张开、胶带未崩落后再入井。

（2）下钻到底后的测试。下钻到底后，低转速上提下放钻具，记录并对比悬重、摩阻和扭矩变化情况，若无太大变化，表明扩眼器没有被意外激活，可进行后续操作。

2）扩眼器激活及判断

（1）Rhino XS Reamer 系列随钻扩眼器采用投球激活，激活前要合理选择投球位置。原则如下：确定扩眼器进入新地层，出管鞋 10~15m，以便留足验证扩眼器是否被激活的领眼口袋长度，并且投球的位置要进入新地层约 9m，要方便现场坐卡瓦。

（2）投球前，缓慢开泵，开小转速（30r/min），并上下活动 5m，记录泵压、悬重、摩阻、扭矩。

（3）投球后，接顶驱开泵送球 75% 钻具内容积，停泵静止，使球自由坐落到滑筒上。后续再开泵，30r/min 低转速下逐渐提排量，并下放钻具约 1m，观察各扭矩、悬重、钻压变化情况。

（4）扩眼器激活后，可观察到明显的压降，转动时扭矩增加。

3）扩眼钻进

（1）扩眼器激活后，先造型 1~2m，然后按计划钻进。由现场工程师配合进行钻井参数调整。停止钻进时要先停泵再停转，恢复钻进时先开转盘再开泵。

（2）每倒扩完一柱可选择进行正划一柱处理，注意匀速缓慢下放，观察到钻压升高应立即停止，谨防钻出新井眼。

3. 现场应用

1）在塔里木库车山前盐层段扩眼中的应用

塔里木库车山前盐层段钻井存在易卡钻、下套管易遇阻、小间隙循环摩阻大等盐层钻固井问题，考虑盐岩强度低、可钻性强等特征，主动采用扩眼技术，增大环空间隙，减少钻固井复杂。同时从蠕变速率、井眼清洁、居中度等方面论证分析，确定最优扩眼尺寸为 $10\frac{1}{2}$in（266.7mm）。另外，为减少钻进黏滑和钻具振动，且保证较高的机械钻速，确定扩眼方式为随钻扩眼。应用随钻扩眼技术后，环空间隙由 17.5mm 增加至 30.2mm，增强了钻固井作业安全性的同时增大了水泥环厚度；降低了抑制盐层蠕变的钻井液密度 0.02g/cm³ 左右，同时固井循环摩阻下降 2~3MPa，降低了钻固井漏失风险；扩眼后直接下套管，节约反复划眼通井时间 3~4d。

（1）扩眼的技术优势（表 4-3-1）。

①增大环空空间：间隙由 17.5mm 可以扩大到 30.2mm，增强钻井及固井作业安全，另

外可增大水泥环的厚度，有利于提高固井质量和保证水泥环的密封性。

②降低井底环空当量循环密度（ECD）：采用扩眼技术后，钻进时钻井液密度降低0.03g/cm³，显著降低钻井及固井中漏失风险。

③节约通井时间：扩眼后可以直接下套管，节约划眼、通井时间3~4d。

表4-3-1 扩眼技术应用前后效果对比

项目	扩眼前	扩眼后
环空间隙 /mm	17.5	30.2
中完钻井液密度 /（g/cm³）	2.37（克深 17 井）	2.35（克深 17 井）
固井环空返速 /（m/s）	0.6~0.8	1~1.2
固井井底 ECD/（g/cm³）	2.45	2.42
下套管摩阻	10~20tf（博孜 3-K2 井）	过提大于 100tf，下压大于 60tf（克深 1002 井）
通井时间 /d	8~10	4~5

（2）在库车山前盐层段扩眼中的应用效果。2021年，随钻扩眼技术在大北4井等16口井的盐层段进行应用（表4-3-2），中完期间平均单井减少钻井液漏失87m³，同返速下固井井底环空当量循环密度降低0.05g/cm³，同排量下固井井底环空当量循环密度降低0.1g/cm³左右。

表4-3-2 2021年度扩眼器部分井应用情况

井号	扩眼尺寸 /in	扩眼井段 /m
博孜 3-K2 井	9 $\frac{1}{2}$~10 $\frac{1}{2}$	4528.5~6170.2
大北 1701X 井	9 $\frac{1}{2}$~10 $\frac{1}{2}$	6056~6566
大北 4 井	13 $\frac{1}{8}$~14 $\frac{1}{2}$	4833~6541
克深 8-15 井	9 $\frac{1}{2}$~10 $\frac{1}{2}$	6675~6860.5
学探 1 井	12 $\frac{1}{4}$~14	5283~5373
克深 10-2 井	9 $\frac{1}{2}$~10 $\frac{1}{2}$	5212~6511.8
博孜 1801 井	9 $\frac{1}{2}$~10 $\frac{1}{2}$	6673~6741
克深 2-2-H1 井	9 $\frac{1}{2}$~10 $\frac{1}{2}$	5461~6134
博孜 10 井	9 $\frac{1}{2}$~10 $\frac{1}{2}$	7125~7160

2）在超深盐下大斜度井钻井中的应用

超深盐下大斜度井钻井中，为增大环空几何空间，延长盐层蠕变安全时间，探索采用"旋转导向＋随钻扩眼"组合盐层定向工艺，以减少盐层的蠕变时间，为安全钻进提供保障。从工具原理出发评估定向扩眼工艺可行性，优选"旋转导向＋同心扩眼器"工具组合，在博孜3-K2井现场首次试验，通过扩眼，也有效增大了环空几何空间，延长了盐层蠕变安全时间，确保井眼光滑平整，减少下套管阻卡，已推广至克深10-2等井。

3）在新疆南缘地区的应用

为解决新疆南缘窄间隙的固井难题，在南缘呼探1井首次应用随钻扩眼工艺，其四

开采用双心钻头 + 微弯螺杆组合，实现井径由 241mm 扩至 260mm。随后引进"垂钻 + 犀牛扩眼器"随钻扩眼工艺，在乐探 1 井、天安 1 井和呼 6 井五开钻进中完善随钻扩眼工艺（表 4-3-3）。

天安 1 井五开 ϕ241.3mm 井眼 5650~7263m 井段地层倾角 30°，应用"双心钻头 + 螺杆"随钻扩眼技术井斜难控制；试验"垂钻 + 犀牛扩眼器"随钻扩眼工艺，入井两次进尺 286m，井斜由 4.95° 降至 1° 以内。

呼 6 井五开 ϕ241.3mm 井眼 5466~6339m 应用"垂钻 + 犀牛扩眼器"随钻扩眼工艺，进尺 873m，机械钻速 2.35m/h，井斜控制在 1° 以内。犀牛扩眼器扩出井径规则，起下钻顺利，但扭矩波动大，钻具易疲劳、扩眼成本较高。

表 4-3-3　新疆南缘随钻扩眼技术应用统计

序号	井号	井眼尺寸 /mm	地层	扩眼井段 /m	扩眼进尺 /m	平均机械钻速 /（m/h）	扩眼工具
1	呼探 1 井	241.3 扩至 260	紫泥泉子组、东沟组、连木沁组	3858~5426	—	0.9	双心钻头 + 微弯螺杆
2	乐探 1 井	190.5 扩至 205	呼图壁河组、清水河组	5746~6900	1154	1.25	进口双心钻头 + 大扭矩螺杆
3	天安 1 井	241.3 扩至 260	呼图壁河组、清水河组、头屯河组、西山窑组	5704~7263	1550.2	1.30	双心钻头 + 进口螺杆、PDC 钻头 +POWER-V 工具 + 犀牛扩眼器
4	呼 6 井	241.3 扩至 260	连木沁组、胜金口组、呼图壁河组、清水河组	5466~6339	873	2.35	PDC 钻头 +POWER-V 工具 + 犀牛扩眼器

二、微扩眼技术

1. 微扩眼器工作原理

微扩眼器是一种微偏心扩眼器，可接到钻柱中实现随钻微扩眼。工具具有上、下两组螺旋扩眼刀翼，下刀翼组负责钻进期间的随钻扩眼或下钻过程中的正划眼，上刀翼组负责起钻过程中的倒划眼，图 4-3-2 所示。工具的主要作用是降低定向井中的狗腿严重度，清除井下的微狗腿、小台阶，在膨胀性的页岩地层和具有蠕变性的盐膏层、软泥盐层、煤层等井段扩出直径略微大于钻头理论直径的井眼，可减少常规钻井过程中的划眼作业时间，并确保起下钻、电测、下套管、下膨胀封隔器等作业安全顺利。此外，该工具还具有清除定向井中盐屑床和有效控制水平井、大位移井 ECD 的作用。

图 4-3-2　微偏心扩眼器

2. 现场应用

（1）双鱼 X133 井。在西南油气田双鱼 X133 井 9 $\frac{1}{2}$in（241.3mm）井眼雷口坡组—飞

仙关组进行钻后扩眼，应用后起下钻通畅、无阻卡，电测平均井径 262.1mm，井眼扩大率 8.2%，与邻井双探 7 井（距离 4.2km，平均井径 248.89mm，扩大率 3.15%）相比，环空增大 13.2mm。

（2）鹰探 1 井。西南油气田鹰探 1 井 7 $\frac{1}{2}$in 井眼 5538.63~5900m 和 6097~6151m 盐膏层段发生缩径，前后 15 趟钻频繁遇到阻卡，邻井曾发生套管卡死（距井底 500m），被迫提前固井。对缩径段进行扩眼作业，井斜角 18°~20°，进尺 415.37m，扩眼时间 24h，扩眼速度 17.3m/h，应用后起下钻、电测作业通畅，无阻卡。扩眼段平均井径 198.7mm，扩大率 4.3%，扩眼前平均井径 195.6mm，井径扩大率 2.7%；缩径段（5550~5850m）平均井径由 193.79mm 扩大到 196.77mm。

（3）隆华 1 井。隆华 1 井为华北油田河套盆地临河坳陷兴隆构造带风险探井，设计井深 7500m，五开井身结构。邻井曾因膏泥岩缩径多次诱发卡钻事故，2021 年完井电测阻卡井次占比高达 33%；三开 13 $\frac{1}{8}$in（333.4mm）井眼随钻扩眼 1 井次，地层为乌兰图克组和五原组，应用井段 2028~5030m，单趟进尺 3002m，平均机械钻速 20m/h，平均井眼扩大率 4.38%，应用后起下钻通畅，未发生钻具阻卡，套管环空间隙增大 23.5%，水泥环胶结良好，固井合格率 100%，优质率 99.15%，同比未扩眼井段提高 10.68%。

第四节　平衡压力和精细控压固井技术

一、压力平衡法固井技术

固井设计与施工应遵循平衡压力设计原则，即固井全过程中环空液柱压力始终大于地层孔隙压力、小于地层漏失和破裂压力，合理确定水泥浆密度、环空液柱结构和固井施工参数。

1. 压力平衡法固井设计原则

（1）掌握井下情况，进行针对性设计与现场施工。

①准确全面掌握井下情况，确定已发生或可能发生的漏失类型、漏失层位和漏失压力；

②确保套管安全下到位并顺利实现开泵循环；

③避免在注替过程中发生漏失并实现预期封固的目标。

按照上述准则，分不同情况和作业环节针对性进行固井设计、固井准备、下套管和注水泥作业。

（2）坚持平衡压力固井设计原则。

为防止固井中水泥浆漏失，保证返至设计位置，应遵循平衡压力设计原则，即固井全过程中环空液柱压力始终大于地层孔隙压力、小于地层漏失和破裂压力。核实完钻时的地层漏失压力、破裂压力，掌握安全密度窗口，以地层承压能力为依据，合理确定水泥浆密度、环空液柱结构和固井施工参数。

（3）水泥浆密度设计及选择。

孔隙性地层固井时水泥浆密度宜比同井使用的钻井液密度高 0.24g/cm³ 以上，裂缝性地层固井时水泥浆密度不宜超过同井段钻井液密度的 $0.12g/cm^3$。漏失井和异常高压井应根据地层破裂压力和平衡压力原则设计水泥浆密度。封固井底至产层顶部以上 200m 井段一般不应使用低密度水泥浆。封固低压漏失层时，宜采用低密度高强度防漏水泥浆，要求外掺减轻剂、堵漏纤维的技术指标满足安全施工要求。

（4）根据具体井况针对性进行方案选择。

漏失井固井工艺和措施随井下漏失情况不同而变化（或正注反挤或分级固井），水泥浆体系也因井况而异（或低密度或双凝体系）。由于漏失性地层在固井过程中存在诸多不可预见的因素（大漏或不漏），在压稳地层的同时，灵活控制（限制）顶替排量和顶替压力以达到替净的目的，一直是固井施工过程中十分重要的应变环节。由于漏失性地层固井时既要求防止水泥浆低返，同时全井封固段固井质量也必须得到保证，从而使得固井难度增大。

2. 固井中防漏主要措施

防止低压易漏井固井漏失和提高固井质量是一项系统工程，主要从固井前井眼准备、水泥浆体系选择、合适的固井工艺以及注替技术 4 个方面进行综合防治。

1）防漏固井技术

（1）提高地层承压能力。提高地层承压能力是解决固井井漏问题的重要手段。地层承压能力测试是指固井前按环空全浆柱当量水泥浆密度进行试漏试验，根据环空钻井液密度和井眼垂深，确定井口憋压值。若地层不能承受所要求的当量密度，可对地层进行先期堵漏，直至地层承压能力满足固井要求。

（2）防止激动压力过大。控制下套管速度，防止下放速度过快造成激动压力过大压漏地层。一般井套管下放速度应不超过 0.46m/s，在低压易漏井段，下放速度应降至 0.25~0.3m/s。堵漏后的井，由于钻井液黏度高、切力大，应采取中途开泵循环的方式，具体下放速度根据地层承压能力和钻井液性能计算确定。

泵入的排量不均衡，开泵过猛，容易产生较大的激动压力（通常为 2.0~5.0MPa）。因此控制激动压力就要求开泵缓慢，平稳操作，施工连续。

（3）调整钻井液性能。钻井液具有良好的流变性，钻井液的黏度低，流变性好，静结构强度低，有利于顶替效率的提高，也有利于降低替浆时的摩阻。对于有的井由于井眼条件差，井壁失稳，或为了携带岩屑等方面的限制。在此种条件下，钻井液性能在固井前不能充分调整。必要时可以单独配制 $20m^3$ 左右流动性好、密度适当、塑性黏度和动切力低的钻井液，在固井前泵入井筒内，作为注前置液前的预冲洗液，以提高顶替效率，也可以降低固井施工时的环空摩阻，达到防漏的效果。

2）防漏水泥浆体系

（1）低密度水泥浆体系。采用低密度水泥浆固井，降低环空浆柱液柱压力，实现近平衡压力固井是解决低压易漏井固井漏失最有效、最简便的方法。

（2）防漏水泥浆。防漏水泥浆具有防漏和水泥石增韧的功能，外加剂主要由特种纤维、降失水剂、调凝剂、分散剂等组成。防漏作用机理源于不同尺寸、不同种类纤维自身所具有的搭桥成网和级配不同固相颗粒的填充特性。

3. 固井前地层承压能力试验

固井作业是一次性工程，隐蔽性、系统性工程。固井主要流程在井下，施工时未知因素多、风险大。下完套管和固井过程中如果发生井漏，处理余地都非常小，往往许多钻井堵漏中行之有效的技术措施都不能使用，从而导致固井失败，固井质量达不到要求。对已知存在漏失风险的井应做地层的承压能力试验，不能抱侥幸心理，不能把风险留到下步施工作业。采用先期堵漏方法提高地层的承压能力必须做扎实，并且承压能力要有足够余量。

1）静态试验法

根据固井施工设计，计算出施工时环空增加的最大压力，然后附加 1~2MPa 作为关封井器后的憋压值。如果井口压力过大，可能会造成上层套管鞋处发生漏失，也可在井内注入一定量的加重钻井液，来降低井口加压的值。是否采用关井憋压的方法进行承压试验，应通过计算套管鞋处当量压力系数来决定，在不能采用井口憋压的方法，可采用加重钻井液的方法。

2）动态试验法

根据固井施工设计，计算出施工时环空增加的最大压力，并转换成当量密度。将钻井液密度加大并要求高于最大当量密度 $0.01{\sim}0.02g/cm^3$，以固井时的排量循环，不漏的条件下方可进行下套管作业。

如果以上条件不具备，也可以通过加大循环排量来做地层动态承压。不过用此种方法做地层承压试验，固井时发生漏失的可能性比全井加重钻井液的可能性大得多。

承压堵漏成功后，应采取短提下、通井、划眼、开停泵、试钻进等措施验证确实不漏，再进行下步作业。宁可在承压堵漏上多花费人力物力和时间，也一定要把地层的承压能力做扎实，否则固井中可能发生漏失的风险就大。

4. 提高地层承压能力的技术

地层的漏失压力主要取决于地层特性，但也可以通过人为的办法来封堵近井筒的漏失，增大钻井液进入漏失层的阻力来提高地层的承压能力，达到防止井漏的目的，如可通过向钻井液中预加堵漏材料随钻堵漏。堵漏材料在压差作用下进入漏层，封堵近井筒漏失通道，提高地层承压能力，起到防漏的作用。只要选择好与地层各级致漏裂缝相匹配的刚性架桥粒子系列以及与之相匹配的填充粒子系列，并具有必要的浓度，保持必要的正压差，即可达到对裂缝的及时充填封堵。各类桥塞粒子进入裂缝并在其中架桥后逐级充填，直致将此裂缝完全"填死"，所形成的"填塞段"具有很高的抗压强度和很低的渗透率。

5. 下套管过程中开泵及循环的要求

（1）下套管过程中，根据具体固井情况，可进行分段循环，为套管下至设计位置，顺利开通泵创造条件，以防止井漏。如在塔里木油田深井超深井固井积累的经验是，为保证套管下至设计位置，一次开泵成功，下套管过程中分别在 3000m、4000m 和 5000m 处，小排量顶通一次，最大程度地破坏钻井液的静切力。

（2）套管下至设计位置后，必须坚持低泵冲小排量顶通，持续 30min 后，确认泵压无异常变化和井下无漏失后再将排量逐渐提高到固井设计要求。根据井下条件，一个循环周后升至固井施工排量，生产套管固井必须循环洗井 2 周以上，方可进行固井作业。

（3）固井注替过程中，施工参数要根据环空流体上返速度与作业时排量、压力进行实时调整。

二、精细控压压力平衡法固井技术

受套管层次限制，深井超深井同井段有可能存在高低压互存、喷漏同存（表 4-4-1），前期采用常规固井作业，施工安全密度窗口窄（0.02~0.05g/cm³）。固井前一般采取承压堵漏措施，通常要求提升地层承压能力 6~8MPa，存在堵漏浆消耗量大、耗时长、承压能力难以提高等难题，而且下套管、固井过程极易发生井下复漏，施工摩阻大、泵压高，施工排量受限，顶替效率低（表 4-4-2），顶替及候凝过程中易发生气窜，压稳与防漏难以兼顾。采用正注反挤措施，水泥返高和固井质量难以保证[6]。

表 4-4-1　川西地区部分完钻井固井封固段油气显示与漏层统计

井号	尾管尺寸 /mm	裸眼段长 /m	油气显示数量	漏层数量
龙岗 70 井	114.3	859	10	2
双探 3 井	177.8	3535	35	3
双鱼 001-1 井	177.8	3233	12	2
双探 7 井	177.8	3610	8	5
双探 8 井	177.8	3629	23	2

表 4-4-2　龙岗 70 井 ϕ 114.3mm 尾管固井泵压模拟

工况	套管下到位			固井施工结束		
钻井液安全密度窗口 /（g/cm³）	2.08~2.12					
施工排量 /（L/s）	7	9	11	7	8	9
栖霞组漏层动态当量密度 /（g/cm³）	2.161	2.185	2.238	2.172	2.183	2.197
吴家坪气侵段动态当量密度 /（g/cm³）	2.142	2.153	2.202	2.143	2.148	2.156
泵压 /MPa	18.5	22.8	28.7	20.23	21.92	25.63
顶替效率 /%	—	—	—	82.58	87.24	90.12

为此，以提高窄安全密度窗口地层固井质量为目标，以确保井筒完整性为宗旨，形成了以环空动态当量密度控制为核心的全过程精细控压压力平衡法固井工艺技术。自 2017 年在四川盆地龙岗 70 井首次成功应用以来，该技术在复杂深井多井次开展推广应用，固井质量得到显著改善。

1. 精细控压压力平衡法固井技术原理

精细控压固井压力平衡方法以环空动态当量密度精细控制为核心，精确计算环空循环压耗，固井全过程始终维持环空压力大于地层孔隙压力（压稳气层），低于地层漏失压力

（防漏），确保窄安全密度窗口地层不溢不漏。

采用精细控压平衡法设计浆柱结构时，静液柱压力略低于地层孔隙压力，同时注水泥时通过控制井口环空回压再加上流体流动摩阻，实现压稳防漏以平衡地层压力。

2. 精细控压压力平衡法固井设计

1）安全密度窗口确定

精确的安全密度窗口是开展精细控压压力平衡法固井设计、确保施工成功的基本条件，通过不断实践和验证，形成了一套适用于现场施工的安全密度窗口确定方法，能够指导精细控压压力平衡法固井设计。

（1）窗口下限：以实钻过程中钻井液密度与油气水显示为主要依据，同时参考钻井地质设计提供的预测地层压力系数，确定真实地层压力系数值为窗口下限，确保压稳地层。

（2）窗口上限：通过计算实钻静液柱压力与钻进排量下的循环摩阻，求得地层漏失压力以了解地层承压能力，取定为窗口上限。必要时可通过动承压方法验证是否具备按设计排量实施固井作业的井筒条件。如窗口上限过低，不允许按施工排量施工的要求，需在下套管前进行承压堵漏以提高地层承压能力。

2）浆柱结构设计

精细控压固井压力平衡技术以环空压力剖面控制为核心，在降低原钻井液密度的条件下，模拟不同浆柱结构的环空压力分布及水泥浆顶替效率，形成具备梯级密度差的浆柱结构，同时施加井口回压，达到环空压力剖面精细控制与提高顶替效率的双重目的。

精细控压压力平衡法固井水泥浆设计主要依据为地层压力、地层流体、地层温度、井型以及固井施工工艺。水泥浆密度与水泥浆量的确定应该参考地层孔隙压力、地层漏失压力、地层漏失压力以及地层承压能力试验值。水泥浆组成、体系、密度、返深以及注水泥施工顶替流速范围的设计流程如图4-4-1所示。

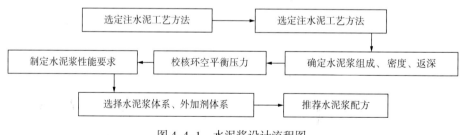

图4-4-1　水泥浆设计流程图

3）施工参数优化设计

以兼顾压稳防漏与提高顶替效率为目标，在前述固井水泥浆柱优化设计的基础上，模拟不同施工排量、施工压力与井口控压值大小的定量关系，精确设计合理的固井施工参数与井口控压值，确保固井全过程精准控压，满足环空动态当量密度处于安全密度窗口内，同时提高固井施工排量，保证顶替效率达到90%以上。

在此基础上，根据流变学计算公式及确定的地层安全密度窗口，分析固井井漏及压稳风险，最终确定满足平衡压力固井的最优排量范围及施工全过程中的环空控压值。

3. 全过程环空动态压力实时控制

通过实时监测与分析尾管固井套管下入、水泥注替、起钻以及水泥候凝等阶段的环空压力情况，采用精细控压回压补偿装置施加不同井口回压，自动节流控制装置实时调整井底动态压力，实现全过程压力平衡法固井，达到不溢不漏的目的[7]。

1）精细控压压力平衡法固井装备

一般情况下，窄安全密度窗口地层在前期钻井过程中会采用精细控压钻井技术，同时配备专业的精细控压设备。因此，固井时可以直接采用钻井所用的精细控压设备，其主要核心装置包括旋转防喷器、精细控压节流管汇以及回压泵。受工程条件、设备上的限制，精细控压系统地面设备的安装与一般地面钻井装置类似。

2）套管下入阶段井口压力控制

套管下放过程中产生的激动压力可能会造成压漏薄弱层位，造成井下复杂，增加固井难度，故确定套管下放中的激动压力，对于保证下套管作业安全具有重要意义。近年来，国内外学者就套管下入激动压力计算分别提出了井内波动压力计算动态分析方法和稳态法。实践表明，稳态法现场可操作性强，与动态法相比更有利于安全施工，但计算结果较保守。综合考虑钻井液触变性、黏滞力和套管柱下入惯性动能等影响因素，构建下套管激动压力相关数学模型，精确计算下套管过程环空激动压力。

基于下套管激动压力模拟结果，优化指导钻井液密度和性能调整、套管下放速度以及井口压力控制，确保了下套管过程中井筒压力平稳，试验井下套管均未发生井漏。其中，由于套管尺寸比钻具更大，套管进入裸眼段后，激动压力增加，更易引发井漏风险。因此，当套管下至上层套管鞋处，如有必要则需循环降低钻井液密度，结合井口的精细控压，达到井筒动压力与地层溢流及漏失压力平衡。套管下入阶段，井口控压值取决于所降低的钻井液密度与套管下放时产生的激动压力。

3）水泥注替阶段井口压力控制

精细控压压力平衡法固井注水泥过程要求通过环空控制一定回压，保证目标层位置当量密度达到控制要求，所施加环空回压要求满足如下关系：

$$G_{\text{p goal}} + \Delta G_{\text{S}} \leqslant \frac{p_{\text{h}} + p_{\text{ka}} + p_{\text{fa}}}{0.00981 H_{\text{v goal}}} \leqslant G_{\text{f goal}} - \Delta G_{\text{S}} \qquad （4-4-1）$$

$$p_{\text{ka}} = 0.00981 \left(G_{\text{p goal}} + \Delta G - \text{ECD}_{\text{goal}} \right) H_{\text{v goal}} \qquad （4-4-2）$$

$$\text{ECD}_{\text{goal}} = \frac{p_{\text{h}} + p_{\text{fa}}}{0.00981 H_{\text{v goal}}} \qquad （4-4-3）$$

式中　$G_{\text{p goal}}$——目标位置地层压力控制当量密度，g/cm³；

　　　ΔG_{S}——控压过程安全密度附加值或安全余量，g/cm³；

　　　p_{h}——井筒内钻井液静液柱压力，MPa；

　　　p_{ka}——井口精细控压压力，MPa；

p_{fa}——环控循环压耗，MPa；

$H_{v\,goal}$——目标位置垂深，m；

$G_{f\,goal}$——目标位置破裂压力控制当量密度，g/cm³。

随着隔离液与水泥浆等固井流体相继返到环空，导致环空静液柱压力与循环压耗逐渐增加，为保持井底压力相对恒定，必须保持排量稳定，同步减小井口控压值，开、停泵时做到操作平稳，并按照不同排量对应的控压值精准调整。

4）起钻阶段井口压力控制

尾管固井起钻阶段，由于钻井液密度的降低，导致水泥浆注替结束后环空静液柱压力小于地层流体压力，以及起钻的抽吸作用也会减小井底动压力，因此井口控压值大小主要由环空流体的静液柱压力以及抽吸压力共同确定。起钻上行过程中，控压值大小应考虑克服附加抽吸压力。

现场实际操作中，起钻过程要平稳，严格控制起钻速度，坐卡时及时调整井口回压，确保压稳地层。

5）候凝阶段井口压力控制

注水泥完成后水泥浆在候凝期间会发生失重，失重后环空静液柱压力降低，但由于此时水泥浆胶凝强度还不足以防止气体窜流，因此候凝期间需在井口环空控制一定回压，补偿环空压力的降低。水泥浆的失重规律与水泥浆外加剂体系类型、井筒环空尺寸、温度压力均存在一定的相关性，候凝期间环空控压压力计算如下：

$$p_{ka} = 0.00981 \left(G_{p\,goal} + \Delta G_{p} - \text{ESD}_{goal} \right) H_{v\,goal} \qquad (4\text{-}4\text{-}4)$$

$$\text{ESD}_{goal} = \frac{p_{h} - \Delta p_{weigh\,loss}(t)}{0.00981 H_{v\,goal}} \qquad (4\text{-}4\text{-}5)$$

式中　p_{ka}——井口控压值，MPa；

$G_{p\,goal}$——关注点地层压力当量密度，g/cm³；

ΔG_{p}——控压过程地层压力安全值，g/cm³；

$H_{v\,goal}$——关注点垂深，m；

$\Delta p_{weigh\,loss}$——水泥浆失重压差随时间变化函数，MPa；

ESD_{goal}——目标位置实际环空静压当量密度，g/cm³。

为防止水泥浆失重发生环空压力低于地层压力而造成地层流体窜入环空，通常做法是注水泥结束后在水泥浆失重初期，即实施井口环空憋压以弥补失重。然而，水泥浆失重是一个渐变过程，对应环空压力按相关规律逐渐下降。因此，初期环空回压过大可能造成地层漏失，应逐步增加环空回压。同时，为防止增加回压不及时，导致地层流体窜入环空，需进行环空水泥浆失重压力模拟计算，确定候凝全过程憋压时间及回压值。

4. 应用效果

2017 年至 2022 年，精细控压固井技术在川渝地区应用 120 多口井，最窄密度窗口

$0.02g/cm^3$，最长封固段 4500m，固井质量合格率 91.7%，较前期提高 45.8%。在塔里木库车山前盐层应用 11 口井，优质率 52.5%，合格率 81.6%，负压验窜合格率达 100%。

5. 双探 101 井应用实例

双探 101 井实钻井身结构如图 4-4-2 所示。四开 ϕ241.3mm 井段采用精细控压钻井钻至 7633m 中完，下入 ϕ177.8mm 尾管封固 3950~7633m 井段。纵向上茅口组油气显示活跃、吴家坪组溢漏同存，安全压力窗口当量密度为 $0.06g/cm^3$，属于窄安全密度窗口地层。

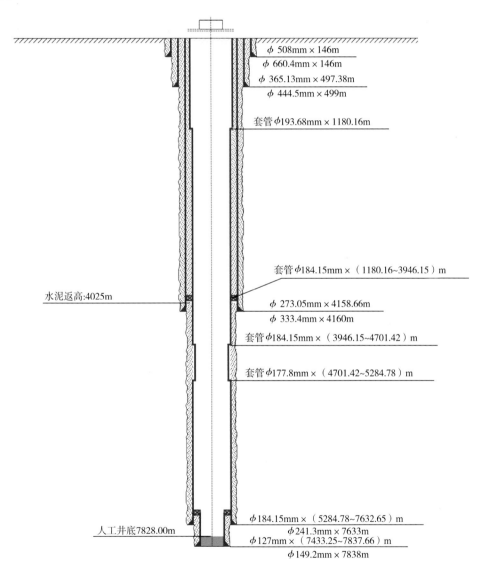

图 4-4-2 双探 101 井实钻井身结构图

根据实钻中油、气、水显示以及地层承压能力试验确定施工安全密度窗口，见表 4-4-3。其中，地层承压试验的具体做法是下光钻具至井底后在钻井液密度 $1.94g/cm^3$ 条件下，以 28~30L/s 排量以及环空控压 1.0~1.5MPa 循环，检验地层承压能力。

表 4-4-3　部分关注点窗口情况表

井深 /m	地层压力当量密度 /（g/cm³）	承压试验当量密度 /（g/cm³）	安全密度窗口 /（g/cm³）
6738.54	1.940	2.007	0.067
7301.50	1.940	2.005	0.065
7601.00	1.940	2.004	0.064

尾管下入到位后降低钻井液密度，为设计浆柱结构创造条件，见表 4-4-4。具体做法：尾管到位后，小排量顶通并循环正常，在压稳前提下调整钻井液密度至 1.90g/cm³；隔离液密度为 1.95g/cm³；综合考虑裸眼段长及油、气、水显示等，设计三凝浆柱结构。缓凝采用加重加砂防窜水泥浆体系，密度 2.00g/cm³，封固 3950~4300m 井段；中凝、快干采用韧性防窜水泥浆体系，水泥浆密度 1.90g/cm³，分别封固 4300~6500m 和 6500~7633m 井段，浆柱结构及压力情况如图 4-4-3 所示。

表 4-4-4　固井工作液浆柱结构设计

井号	钻井液密度 /（g/cm³）		隔离液密度 /（g/cm³）	水泥浆密度 /（g/cm³）		
	钻井时	固井时		缓凝	中凝	快干
双探 101	1.94	1.90	1.95	2.00	1.90	1.90

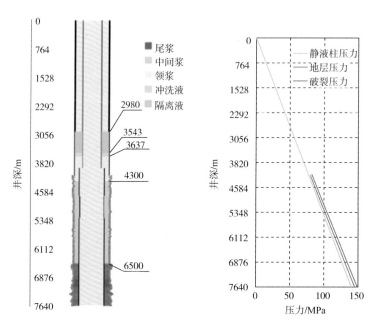

图 4-4-3　浆柱结构示意图

通过软件模拟，为保证顶替效率，固井排量需高于 17L/s。在此排量要求基础上，结合安全密度窗口及浆柱结构优化固井施工参数与井口控压值。最终确定顶替排量为 1.2~1.3m³/min；下套管、注水泥浆、替浆、起钻全过程实时精细控压 0~4.5MPa，确保关注点的井筒压力均有效控制在压力窗口内，如图 4-4-4 所示。

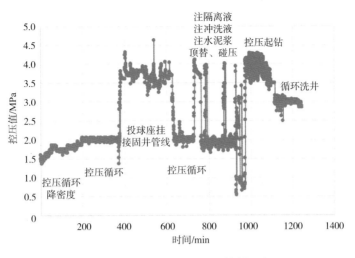

图 4-4-4　各施工环节井口控制压力

双探 101 井 ϕ 177.8mm 尾管固井施工顺利，采用 CBL/VDL 固井质量综合评价测井，测井解释结果显示：水泥胶结优良井段占比 75.3%，水泥胶结中等井段占比 19.3%，水泥胶结差井段占比 5.4%。全井段固井水泥胶结合格率 94.6%。

第五节　复杂地质和井眼条件下提高顶替效率的措施

一、井眼准备要求

井眼准备主要包括井身质量、井深核实、通井、承压、压稳、钻井液性能要求等。

（1）井身质量应符合设计标准。凡全角变化率超过标准的井，应采取措施处理，以利于套管下至设计井深。

（2）完钻时，必须明确井深。井深一律以恢复悬重后（或无钻压情况下）的方式计算；下套管前应校核钻具长度，再次核实井眼深度。

（3）下套管前必须进行通井作业，对阻、卡井段应认真划眼。最后一趟通井钻具组合的最大外径和刚度应不小于原钻具组合。对于深井、大斜度井和水平井，通井距离钻头最近的一个扶正器外径欠尺寸必须在 1~3mm 范围（相较于钻头尺寸），通井钻具组合的刚度应不低于下入套管的刚度。特殊情况下，扶正器外径欠尺寸超过 3mm 或不带扶正器通井时，必须按程序审批。

（4）长裸眼井通井，应针对易垮塌段附近的"糖葫芦"井眼，充分携砂，以防止"大肚子"堆集大量掉块及岩屑后期形成砂桥。

（5）当存在蠕变地层时（如膏盐层、塑性泥岩等），必须充分掌握地层蠕变及通井钻具通过规律，并采取相应措施，满足下套管要求。对区域地层蠕变规律认识不足及单井地层蠕变规律掌握不清时，必须测地层蠕变，且观测时间应不低于下套管安全作业时间。

（6）固井前应结合实钻情况及固井目的先进行承压试验，承压能力应满足固井施工要求，具体承压值应根据固井施工过程环空薄弱层位受到的最大压力确定，承压不满足要求的井必须进行堵漏作业，直到满足施工要求。对于不具备承压试验条件及承压能力无法满足固井要求的井，能堵尽堵，提高承压能力；无法承压堵漏的应提供一个可用的窗口值（漏失压力）溢漏同存时，要认真分析压稳情况，谨慎提高钻井液密度。

（7）下套管前必须压稳油气层，根据井下状况和油气藏条件将油气上窜速度控制在安全范围内，一般情况下油气上窜速度应小于 15m/h。钻井液密度不能平衡地层压力或油气上窜速度不满足要求时，可适当加重钻井液或采用随钻封堵材料，并通过短起下钻进行验证，确保压稳油气层。当地层漏失压力和孔隙压力差值很小容易发生井漏时，应考虑调整或改进工艺予以解决。

（8）下套管前最后一趟通井到底时，必须大排量循环钻井液两周，做到井底无沉砂。对于斜井段和水平井段，可采取分段循环的办法，充分清洗岩屑床，并调整钻井液性能满足下套管要求。对于水泥浆密度与钻井液密度差值在 0.3g/cm³ 以上，以及井筒承压能力允许的井，可采用模拟水泥浆密度及切力的重稠浆携砂来净化井眼。

二、钻井液准备具体要求

（1）增加钻井液的流动性。下套管前，需要对钻井液流动性进行调整，避免高黏切钻井液引发开泵困难、替浆泵压高等情况发生。

（2）强化滤饼质量及滤饼润滑性。

（3）提高钻井液体系抗高温稳定性。防止钻井液在下套管过程中由于高温静止时间过长而引发稠化、固化等性能突变；作业井深超过 5000m 或井温超过 110℃的井，下套管前必须对钻井液进行高温老化试验，若老化后出现明显稠化现象，必须调整钻井液性能，在满足下套管施工条件后，才能进行下一步施工（老化试验要求：至少按井底温度做 16h 静止老化，特殊情况可延长老化时间）。

（4）油层回接固井最后一趟起钻前，应在底部替入性能稳定的优质井浆 1000m。

（5）强化井筒清洁能力。下套管前根据井筒情况，必须使用纤维或稠浆充分携砂洗井。在经过堵漏作业或加有随堵材料的钻井液必须清除堵漏材料，彻底清洁钻井液，裸眼段必须仔细划眼，清除井壁黏附堵漏材料，并对钻井液罐进行清理。

（6）全力做好水泥浆稠化试验及隔离液相容性试验。若井筒钻井液与水泥浆污染严重，可配制加重钻井液作为保护浆，保护浆中应控制钻井液浆材料的加入，仅添加主要处理剂。新配保护浆前必须掏净钻井液罐，确认后方可配制保护浆。

（7）细化裸眼封闭钻井液性能控制。封闭钻井液必须要完全封闭裸眼井段，封闭钻井液性能应依据封闭井段的特征进行调整。

三、前置液具体要求

前置液设计内容主要包括配方及性能、使用数量和使用方法等。设计前置液的密度和用量时，应考虑平衡压力固井及井下安全的需要，满足提高顶替效率及提高固井质量的要求。

1. 前置液设计依据

（1）油气井类型、性能指标及流变参数。

（2）注水泥设计中水泥浆类型、性能指标及流变参数。

（3）确定顶替流态。

（4）井深、井温（井口、井底循环温度、井底静止温度）、地层孔隙压力、地层破裂压力、地层漏失压力、地层承压能力试验值。

（5）注水泥设计确定的平衡压力计算条件。

（6）井壁稳定性。根据实际情况优选隔离液，在易漏、易垮井段以及长裸眼井，严禁采用清水或配浆水作为隔离液。

（7）使用量：在不造成油气侵及垮塌的原则下，一般占环空高度 300~500m 或接触时间不低于 10min。对于某些裸眼容积小，或井径严重不规则的井，可采用多倍环空容积的前置液，采用油基钻井液钻井或水基钻井液中混油时，应进一步增大洗油型冲洗剂和前置液用量。

2. 冲洗液性能要求

冲洗液流变性应接近牛顿流体，对滤饼具有较强的浸透力，冲刷井壁、套管壁效果好。在循环温度条件下，经过 10h 老化试验，性能变化应不超过 10%。

3. 隔离液性能要求

（1）隔离液密度应介于钻井液与水泥浆之间。

（2）应具有良好的悬浮顶替效果，动塑比应介于钻井液与水泥浆之间。

（3）与钻井液、水泥浆具有良好的相容性，不影响水泥浆滤失量、稠化时间。

（4）隔离液滤失量可控，在井底循环温度、压差 6.9MPa 条件下，30min 滤失量应低于 250mL。

（5）不影响水泥环的胶结强度。

（6）隔离液高温条件下上下密度差应不大于 0.03g/cm^3。

（7）不腐蚀套管。

四、安放套管扶正器

（1）在套管上加扶正器是为保证套管在井眼内的居中度、防止套管黏卡、有助于套管的顺利下入、提高固井质量的有效措施，在所有固井工程中应坚持使用。

（2）套管扶正器类型的选用可根据井眼的类型、井段特性进行。在上层套管内、井斜超过 85° 井段、增降斜井段可选用刚性扶正器或刚性螺旋扶正器，其余井段选用弹性扶正器。

（3）套管扶正器安装间距计算。可用计算图表、专用计算机软件获得。套管扶正器安装位置的确定，要根据井眼类型、井段特性、井斜、方位变化、井径以及理论间距综合确定。

（4）严格按固井设计安装套管扶正器，弹性扶正器加在接箍上，刚性扶正器装在套管本体上。

（5）特殊部位扶正器安放推荐间距。最下部 10 根套管每 2~3 根套管加 1 只，油层、气层、水层及顶底以外 3 根套管，每根套管加 1 只；全角变化率较大，井斜较大的井段，每 1~2 根套管加 1 只，或按专门软件计算的间距加装。分级箍上下 2 根套管、尾管悬挂器下面 2 根套管每根加 1 只。尾管悬挂器下面的 2 根套管，最好使用刚性螺旋扶正器。套管头以下 2 根套管各加 1 只扶正器，大井径段上下 40~50m，每 2 根套管加 1 只。

（6）在距套管外螺纹端 1m 处做好扶正器标记，便于井口操作人员识别并安放扶正器；注意弹性扶正器上的箭头标记。

（7）盐层和特别小间隙固井不加扶正器或在井下情况准许的情况下加柔性和强度满足要求的弹性扶正器（如整体性弹性扶正器）。

五、下套管及循环处理钻井液

（1）下套管作业按设计要求分段循环钻井液，裸眼段分段循环钻井液时应活动套管。

（2）应用专业软件计算，并结合实际井眼情况确定套管扶正器类型及安放位置。大斜度井段根据具体情况使用刚性扶正器或组合使用弹性与刚性扶正器，应选择下入阻力小的强制复位型浮箍（浮鞋）。根据井下具体情况使用漂浮接箍帮助长水平段井套管顺利下入。

（3）下放到底后应缓慢开泵，防止压漏地层，逐步将排量提至固井设计排量，循环钻井液应不少于 2 周，清洗干净井内沉砂及下套管刮下的滤饼，钻井液进出口密度差不大于 $0.02g/cm^3$，产层固井还应将气测值降到 5% 以内（排尽后效）。

（4）注水泥前应以不小于钻进时的最大环空返速至少循环 2 周。固井施工前，钻井液主要性能推荐要求如下：①钻井液密度低于 $1.30g/cm^3$ 时，屈服值应小于 5Pa，塑性黏度应在 10~20mPa·s 之间；②钻井液密度在 1.30~1.80g/cm^3 范围内，屈服值应小于 12Pa，塑性黏度应在 15~30mPa·s 之间；③钻井液密度高于 $1.80g/cm^3$ 时，屈服值应小于 20Pa，塑性黏度应在 25~80mPa·s 之间。

六、随钻扩眼

随钻扩眼技术可减少起下钻次数，效率高，在深井超深井、小间隙井和复杂井况中得到了广泛应用。随钻扩眼工具作为扩眼工具的一种，比常规固定翼式扩眼工具优势大，对提高顶替效率效果显著。详见本章第三节。

第六节　特殊工艺固井技术

一、尾管固井

1. 概述

尾管固井是一种工程经济效益较高、注水泥环空阻力较低且有利于改善套管柱轴向设计和再钻进水力条件的固井方法，常常应用于深井超深井固井作业。但尾管固井也存在一些不足之处：尾管与上层套管重叠处水泥环薄弱，封固质量较差，易成为气窜通道；尾管工具易出现故障，如中心管刺漏，密封套不严或无法耐高温等；施工风险大，可能会发生"插旗杆"等恶性固井事故，造成巨大经济损失；尾管与上层套管重叠段环空间隙小，易造成憋堵，导致井漏。尾管固井中未延伸到井口的套管称为尾管。按照不同的作用一般将尾管分为以下4类：

（1）生产尾管（采油尾管）。作完井尾管，可节约套管，增大产能。

（2）技术尾管（钻进尾管）。加深技术套管，可节约套管，改变钻井液密度，留有回接可能，不改变钻进程序，具有一定机动性。

（3）保护尾管。用来修复套管，只需很短的一段套管，但要求很好的悬挂和注水泥质量。

（4）回接尾管。回接到井口作完井套管，可提高油气井质量，增加耐内压、外挤能力，具有完井作业的机动性[8]。

2. 尾管固井施工流程

最常用的尾管悬挂器是液压式尾管悬挂器，随着高压气井固井增多，膨胀式尾管悬挂器以良好的密封性能得到应用。使用液压式尾管悬挂器固井施工时，套管串结构与送入钻杆串结构为：引鞋 +1 根套管 + 浮箍 +1 根套管 + 浮箍 +1 根套管 + 球座短节（含托篮）+ 尾管串 + 尾管悬挂器 + 反螺纹接头 + 送入钻杆 + 钻杆水泥头。其施工流程如图 4-6-1 所示。

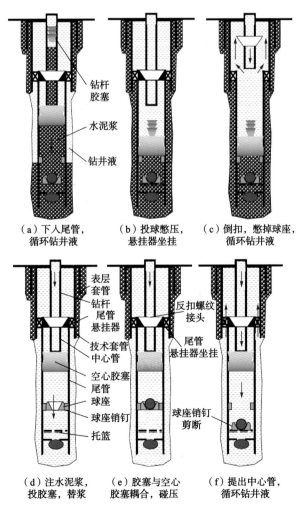

（a）下入尾管，循环钻井液

（b）投球憋压，悬挂器坐挂

（c）倒扣，憋掉球座，循环钻井液

（d）注水泥浆，投胶塞，替浆

（e）胶塞与空心胶塞耦合，碰压

（f）提出中心管，循环钻井液

图 4-6-1 尾管施工流程

（1）按作业规程，用钻杆下入尾管到设计位置。下入过程按规定灌好钻井液，控制好尾管下放速度，防止下入速度过快，产生较大激动压力压漏地层。在上层套管内下入时每下放一个立柱，速度应均匀，时间不短于 1.0~1.5min。进入裸眼井段每下放一立柱时间不短于 1.5~3.0min。

（2）尾管坐挂。尾管下送到设计井深后，开泵循环正常后，投球坐挂，然后对尾管头加压 30~50kN 旋转转盘进行倒扣，观察转盘扭矩并记录旋转圈数，如旋转圈数已超过反螺纹接头螺纹圈数且转盘扭矩降低则试提中心管，如悬重减少基本等于空钻杆浮重，证明倒扣成功（对于 ϕ127.00mm 尾管，由于重量轻，悬重减小不明显，可通过比较提中心管前后泵压变化判断是否坐挂成功），再下放钻柱 80~100kN 于悬挂处，憋压剪断球座销钉。

（3）固井前循环钻井液。一般需要循环 2~4 周，减少含砂量，控制好进出口的密度差，不超过气井固井标准规定（0.03g/cm³）。循环时首先以小排量循环，置换出裸眼段触变性较强的钻井液，再逐渐增大排量至固井施工时的最大排量。

（4）注水泥浆及顶替水泥浆。尾管固井注水泥浆前一般要先泵入一定量的前置液，然后水泥车批混水泥浆通过与水泥头相连的高压管汇注入井内，再释放胶塞，替浆至碰压。碰压后需要放回压检查有无回流。

（5）拆井口起钻循环。套管固井碰压以后固井施工作业即结束，但尾管固井由于其特殊性，碰压以后需要起钻循环返回喇叭口以上部分或全部水泥浆，再起出全部钻具。

（6）关井候凝。循环洗井结束后，需要关井憋压候凝弥补水泥浆失重造成的压力损失，防止环空气窜，候凝时间一般为 24~48h，实际候凝时间可根据水泥浆喇叭口强度决定。

3. 尾管固井技术难点

（1）常规尾管作业，尾管坐挂后，如果是非旋转固井悬挂器，尾管不能活动。

（2）尾管作业普遍情况是间隙小和水泥量少。通过钻杆注替水泥，循环摩阻较大，泵压较高。

（3）只能是单塞替浆，不易保持喇叭口及尾管鞋处环空水泥质量，某些情况不能使用胶塞，这样更易造成接触污染。

（4）小间隙及悬挂结构造成局部环空过水面积小，要求水泥浆应有更高的清洁度。

（5）小间隙固井，为防止水泥浆失水桥堵，水泥浆滤失量控制要求严格。

（6）注替水泥结束后，为保证送入钻具的安全起出，要求冲洗多余部分水泥浆（当返高超过尾管坐挂时）。因此设计尾管注水泥浆应有较长的稠化时间，但又不允许造成过低的早期强度。

4. 技术要点

（1）做好固井前的井眼准备，为固井施工作业提供良好的井眼条件，提高低压漏失层地层承压能力，调整钻井液性能，降低钻井液黏切，有利于提高环空顶替效率。

（2）要有防窜防漏措施。合理设计环空浆柱结构及注替排量，实现平衡压力固井施工结束后，为防止水泥浆失重无法压稳气层，应合理设计井口憋压值，若因漏失造成水泥返高不够，要有挤注水泥的准备。

（3）要重视水泥浆的特殊试验，如陈化试验、温差稠化试验、水泥强度试验、停泵安全试验等。

（4）随着井深增加，钻井液中处理剂种类增加，钻井液与水泥浆的化学不兼容性大大增加了尾管固井难度，做好相容性试验，可以提高固井施工安全系数。

（5）固井前应检查回压阀是否有问题及尾管悬挂器密封性能，避免固井施工结束后水泥浆回落，或者是水泥浆注替过程中发生"小循环"。

（6）严格控制水泥浆失水量。由于尾管固井环空间隙小，一旦失水过多，可能形成环空桥堵，导致失重，引发气窜；另外，失水会引起水泥浆中降失水剂、缓凝剂有效含量降低，使得水泥浆稠度上升，稠化时间也受到影响，因此一般要求水泥浆控制在 50mL 以内。

（7）现场使用的大样水泥灰最好是来自同一厂家、同一类型、同一批次产品，否则会因水泥灰类型差异造成水泥浆性能不稳定，例如稠化时间出现波动等。

（8）泵注水泥浆时，时刻监测水泥浆密度，保证入井水泥浆密度均匀，减小密度波动，尽量避免水泥浆密度超过设计值 0.02g/cm³ 以上，对水泥浆需求量较小的 $\phi127.00$mm 尾管固井，可以采用批混橇，保证入井密度与设计值一致。

（9）当地层不漏失，尾管的浮箍、浮鞋可靠，应设计足够量的附加水泥。这样既可满足接触时间要求，又可保证喇叭口处水泥环质量，提高尾管环空水泥环质量。

（10）特殊长尾管注水泥，并有漏失层（不能承受过高液柱压力的薄弱地层），可用两次注水泥。第一次采用正规的尾管注水泥方法，水泥浆返到漏失层，但不封固漏失层。第二次用标准挤水泥封隔器下至距喇叭口上 20~30m 处，进行挤水泥使重叠段尾管充满水泥。

（11）科学合量设计前置液体系是保证尾管固井施工安全的重要环节。

5. 尾管回接固井工艺

当需要时可采用回接尾管技术将井内的尾管接到上部井眼内。或者采用回接套管将井内的尾管回接到井口。进行回接的原因为：（1）当上层套管被磨损、挤毁或腐蚀；（2）尾管重叠段封固质量不合格引起了油、气、水窜；（3）为满足生产而需要进行回接固井。

"注水泥后插入回接法"回接固井工艺流程（图 4-6-2）为：尾管固井作业→候凝→下带刮刀钻头的钻具清洗回接筒内壁→按下套管作业规程下回接套管→将插入头试插入回接筒→试压→将插入头提出回接筒 1~2m →循环钻井液→注隔离液→注水泥浆→释放胶塞→替钻井液碰压→下放套管使插入头插入回接筒→下压 5~10tf →放回压候凝。"先插入后注水泥回接法"回接固井工艺流程（图 4-6-3）：尾管固井作业→候凝→下带刮刀钻头的钻具清洗回接筒内壁→按下套管作业规程下回接套管→将插入头试插入回接筒→下压 5~10tf →试压→打开分级箍→循环钻井液→注隔离液→注水泥浆→释放关闭塞→替钻井液碰压→放回压候凝。

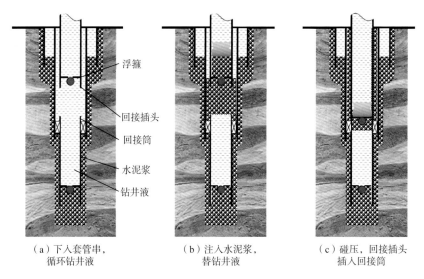

（a）下入套管串，循环钻井液　　（b）注入水泥浆，替钻井液　　（c）碰压，回接插头插入回接筒

图 4-6-2 "注水泥后插入回接法"回接固井工艺流程

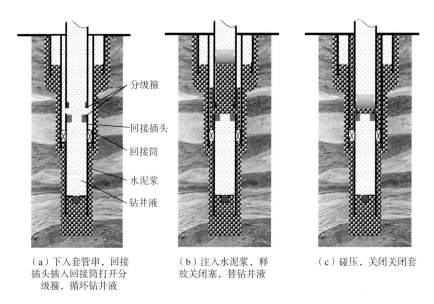

（a）下入套管串，回接插头插入回接筒打开分级箍，循环钻井液　　（b）注入水泥浆，释放关闭塞，替钻井液　　（c）碰压，关闭关闭套

图 4-6-3 "先插入后注水泥回接法"回接固井工艺流程

尾管回接固井注意事项：

（1）悬挂器与回接装置为同一厂家的产品，要求配套。

（2）原有悬挂器回接筒必须完好无损。

（3）回接前要对回接筒进行铣锥清洗和修整。

（4）校核好回接筒深度，调整好井口高度，方可下套管。

（5）回接管柱下部加入适量刚性扶正器，确保套管居中，顺利下入。

（6）插入后，进行密封试压试验 3~5MPa，确认插入后，上提循环正常后方可固井。上提时其导向头不能提出回接筒。

（7）碰压后，下放管柱并下压 5~10tf，坐死回接插头。尾管回接固井中，曾发生过中途憋高压、"灌香肠"事故。分析原因可能是管柱内由于水泥浆柱重量使管柱伸长，回接插头循环孔关闭所至。所以应急的方法是憋压上提，压力下降后再继续施工。

6. 高压、酸性天然气井尾管固井技术要求

（1）尾管悬挂器应坐挂在无磨损的外层套管本体上，下入尾管前应对悬挂器坐挂点上下各 50m 内刮壁应不少于 3 次，并对钻杆进行通径。

（2）检查尾管悬挂器规格型号是否与设计相符，回接筒和插入头、球座短节、憋压球、钻杆胶塞、套管胶塞是否齐全、配套。同时检查钻杆胶塞能否通过送入钻具和中心管，并核实钻杆胶塞是否与水泥头匹配。

（3）尾管悬挂器卡瓦悬挂处的最小流道面积不小于重叠段最小环隙面积的 60%。

（4）下尾管过程中遇阻或中途循环，循环压力不应超过坐挂压力的 80%。尾管出上层套管鞋前宜开泵循环一次。

（5）尾管固井替浆结束后应先将钻具上提至安全位置再进行循环，冲洗多余水泥浆，同时保持上下活动和转动钻具。

（6）尾管回接前，应采用与回接筒尺寸匹配的专用喇叭口铣锥、回接筒铣柱，修整喇叭口和回接筒，同时校核深度。

7. 尾管固井复杂情况及处理

尾管固井工艺对尾管悬挂器的要求是"下得去、挂得住、密封严、倒得开、提得出"。其复杂情况主要包括以下几种。

1）下尾管中途遇阻

下尾管中途遇阻一般分两种情况，一种是在上层套管内遇阻，另一种是在裸眼段遇阻。如果在上层套管内遇阻，一般是由于尾管悬挂器的卡瓦提前坐挂引起的，在裸眼段遇阻除悬挂器原因外还可能是地层的原因。

尾管悬挂器（液压式）的卡瓦提前坐封的原因有：（1）对于液压尾管悬挂器由于尾管遇阻，开泵循环泵压超过悬挂器坐封销钉剪切压力，造成尾管悬挂器的卡瓦提前坐封；（2）下尾管速度太快，也可能造成卡瓦提前坐挂而遇阻；（3）尾管悬挂器本体锥体本位外径设计太大，如上层套管内壁不干净、稍有变形或井眼缩径，就可能引起下尾管中途遇阻。

防止尾管悬挂器的卡瓦提前坐挂的技术措施有：（1）如果下尾管遇阻，需要循环钻井液，控制开泵循环泵压不超过悬挂器坐挂销钉剪切压力；（2）控制下尾管速度，一般一根套管下放时间不少于 30s，一个立柱下放时间不少于 60s；（3）在尾管悬挂器本体锥体上下各加一个外径大于锥体的刚性扶正器；（4）适当提高悬挂器的坐挂剪钉压力。

尾管悬挂器的卡瓦提前坐挂的处理方法是：一般液压尾管都带有复位弹簧，上提尾管使其复位，后慢慢下尾管，并注意指重表悬重变化。

2）尾管悬挂器坐挂不上

尾管悬挂器坐挂不上是指在尾管悬挂器不能有效地将尾管重量悬挂在上层套管上。

尾管悬挂器坐挂不上的原因有：（1）上层套管内壁没有刮壁不干净、套管内壁磨损严

重，或套管壁厚小强度低，或坐挂位置正好处于接箍等原因可能造成悬挂不上；（2）悬挂器本身设计缺陷，如坐挂卡瓦锥度设计不当，不能实现自锁，尾管悬挂器坐封液压缸设计间隙不合适，造成活塞不能有效上行等；（3）尾管悬挂器坐挂卡瓦在下尾管过程中被损坏；（4）悬挂重量大，悬挂器本体发生变形，活塞上行阻力大；（5）钻井液固相含量高，性能不稳定，造成坐挂液压缸堵塞。

防止尾管悬挂器坐挂不上的技术措施有：（1）下尾管前对上层套管内壁刮壁，尤其是钻井周期长或老井侧钻的井；（2）选择合理的坐挂位置，应避开套管内壁磨损严重和套管接箍等位置；（3）控制尾管下放速度，防止尾管悬挂器坐挂卡瓦在下尾管过程中被损坏；（4）合理的尾管悬挂器坐挂液压缸设计间隙，并在地面做拉伸试压坐挂试验；（5）提高钻井液稳定性能，并设计合理的液压缸防堵塞结构；（6）悬挂器一经坐挂不宜再上提解挂，重新坐挂；（7）液压尾管悬挂器下部的浮鞋应设计有旁通孔，万一坐挂不上可以坐井底倒扣完成固井施工。

尾管悬挂器坐挂不上的处理方法有：（1）尾管悬挂器在设计压力不能有效坐挂，首先要校对悬挂器坐挂位置，如坐挂位置处于套管内壁磨损严重和套管接箍等位置，应放压，改变坐挂位置，重新憋压坐挂；（2）如果尾管悬挂器在设计压力不能有效坐挂，应采取逐步升高坐挂压力的方式反复尝试坐挂，不可盲目升压，以免一次将坐挂球座打通；（3）如坐挂球座已经打通还没有坐挂成功，可采用大排量循环钻井液的方法坐挂尾管悬挂器；（4）如最终悬挂器坐挂不上，且下部尾管重量不是很大，可选择坐井底倒扣注水泥方式固井，否则，只好提套管。

3）尾管悬挂器密封失效

尾管悬挂器密封失效是指尾管悬挂器中心管与密封芯子之间的密封件失去密封能力，造成尾管注水泥"短路"。

尾管悬挂器密封失效的原因有：（1）密封芯中密封圈在组装时损坏；（2）密封圈不耐高温；（3）在判断是否已经倒开扣时上下提中心管造成密封圈损坏。

防止尾管悬挂器密封失效的技术措施有：（1）精心组装密封圈，防止在组装时发生反转或损坏；（2）提高中心管的光洁度，防止在倒扣或判断是否倒开扣时造成密封圈损坏；（3）尾管悬挂器入井前必须进行密封性能试压；（4）密封圈要耐高温。

尾管悬挂器密封失效后的处理方法：一般只能将送放工具提出，在尾管内下封隔器注水泥。

4）尾管悬挂器倒不开、提不出

尾管悬挂器倒不开、提不出是指尾管下到井底后，悬挂器倒扣装置和尾管连接的反扣部位倒不开扣，或者倒开后无法提出送放工具，造成悬挂器无法脱手。

尾管悬挂器倒不开的原因有：（1）倒扣时，倒扣螺母处受力，造成倒扣困难；（2）倒扣螺母处有脏物，造成粘扣；（3）倒扣螺母设计强度低，在下尾管时已经变形；（4）井斜角大，且井眼狗腿度大，倒扣时倒扣扭矩无法正常传到井底。

防止尾管悬挂器倒不开的技术措施有：尾管悬挂器在入井前要进行严格仔细的检查。

尾管悬挂器倒不开的处理方法有：如倒扣时反转严重，应仔细计算中和点，保证倒扣螺母处不受力，并减少倒扣摩阻；在增加倒扣扭矩时，注意一次倒扣的圈数不要超过钻杆的允许的抗扭强度，防止钻杆扭断；如判断倒扣已经成功，则通过适当迅速上提下放的方法，使悬挂器脱手。

二、分级固井

分级固井工艺把通过地面控制可以打开和关闭的分接箍（或分级箍）连接于套管中的一定位置，在固井时使注水泥作业分成二级或三级完成。由于以下几种原因可能需要采用分级注水泥方法[8]：

（1）环空封固段长，地层薄弱无法承受水泥浆柱产生的静液柱压力。

（2）上部某层需要有不受钻井液污染的水泥封固（高密度、高强度）。

（3）上下有封隔层，但中间不需要水泥封隔。

（4）下部气层活跃，为防止较长水泥浆柱失重引起环空气窜。

（5）一次注入水泥浆量大，增加施工时间，也增加水泥浆体系设计难度。

由于分级箍的不同和使用方法的不同，分级固井工艺可以分为多种类型，按施工方式可分为："非连续打开方式""连续打开方式""连续式注水泥方式"。按注水泥次数分为双级注水泥工艺和三级注水泥工艺，四级注水泥工艺也可以实施，但很少采用。

1. 分级箍安放位置的确定原则

（1）根据油层、气层、水层及漏失层位置和完井方法来确定分级箍安放位置。

（2）应根据地层破裂压力梯度，按平衡压力固井要求将分级箍安放在地层稳定、井径规则的裸眼井段或上层套管内。

（3）多组油气层间距较大时，分级箍宜安放在上部主力油气层底界以下不少于60m。

（4）对于易漏地层，分级箍距漏失层顶部不少于50m。

（5）对于管外封隔器与分级箍组合使用或只用第二级注水泥的特殊井，按井下实际情况来确定安放位置。

（6）机械式分级箍下入位置上下100m以内井斜应小于25°。

2. 工艺流程

1）非连续打开式双级注水泥工艺流程（机械式分级箍）

（1）将分级箍按设计位置连接于套管串中，按作业规程下入套管串，然后开泵循环钻井液，接着依次注入前置液、水泥浆。

（2）释放一级碰压塞，替浆碰压，再放回压检查回压阀是否工作正常。

（3）释放重力塞，憋压打开循环孔。

（4）循环钻井液，待一级水泥浆初凝后，再依次注入前置液、水泥浆，再释放二级碰压塞，替钻井液。

（5）碰压，关闭循环孔，再放回压检查循环孔关闭情况，候凝，如图4-6-4所示。

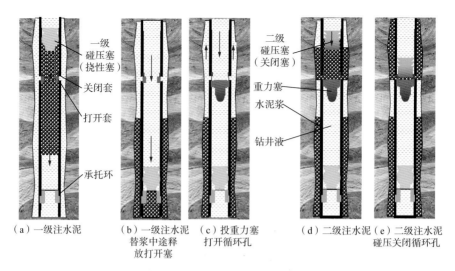

图 4-6-4 非连续打开式双级注水泥工艺流程图

2）连续打开式双级注水泥工艺流程（机械式分级箍，用打开塞）

（1）将分级箍按设计位置连接于套管串中，按作业规程下入套管串，然后开泵循环钻井液，接着依次注入前置液、水泥浆。

（2）释放一级碰压塞，替钻井液（分级箍以下管内容积），再释放打开塞。

（3）替钻井液（分级箍以上套管内容积），打开循环孔。

（4）循环钻井液，然后依次注入前置液、水泥浆，再释放二级碰压塞，替钻井液。

（5）碰压，关闭循环孔，再放回压检查循环孔关闭情况，候凝，如图 4-6-5 所示。

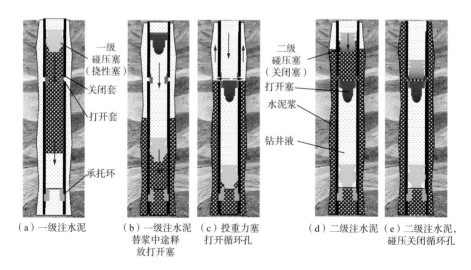

图 4-6-5 机械式分级箍用打开塞连续打开式双级注水泥工艺流程

3）连续打开式双级注水泥工艺流程（机械式分级箍，用重力塞）

（1）将分级箍按设计位置连接于套管串中，按作业规程下入套管串，然后开泵循环钻井液，接着依次注入前置液、水泥浆。

（2）释放一级碰压塞，替钻井液，当剩余替浆时间稍大于重力塞下落时间时释放重力塞。

（3）替钻井液，碰压，憋压打开循环孔。

（4）循环钻井液，然后依次注入前置液、水泥浆，再释放二级碰压塞，替钻井液。

（5）碰压，关闭循环孔，再放回压检查循环孔关闭情况，候凝，如图4-6-6所示。

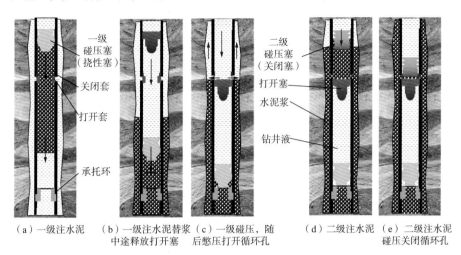

（a）一级注水泥　（b）一级注水泥替浆（c）一级碰压，随　（d）二级注水泥　（e）二级注水泥
　　　　　　　　　　中途释放打开塞　后憋压打开循环孔　　　　　　　　　碰压关闭循环孔

图4-6-6　机械式分级箍用重力塞连续打开式双级注水泥工艺流程

4）连续打开式双级注水泥工艺流程（压差式分级箍）

（1）将分级箍按设计位置连接于套管串中，按作业规程下入套管串，然后开泵循环钻井液，接着依次注入前置液、水泥浆。

（2）释放一级碰压塞，替钻井液，当剩余替浆时间稍大于重力塞下落时间时释放重力塞。

（3）替钻井液，碰压，憋压（压力可根据需要调整）打开循环孔。

（4）循环钻井液，然后依次注入前置液、水泥浆，再释放二级碰压塞，替钻井液。

（5）碰压，关闭循环孔，再放回压检查循环孔关闭情况，候凝，如图4-6-7所示。

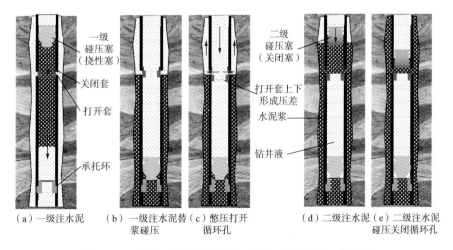

（a）一级注水泥　（b）一级注水泥替（c）憋压打开　（d）二级注水泥（e）二级注水泥
　　　　　　　　　　浆碰压　　　　　循环孔　　　　　　　　　碰压关闭循环孔

图4-6-7　压差式分级箍连续打开式双级注水泥工艺流程

5）双级连续注水泥工艺流程（机械式分级箍）

（1）将分级箍按设计位置连接于套管串中，按作业规程下入套管串，然后开泵循环钻

井液，接着依次注入前置液、水泥浆。

（2）释放一级碰压塞，替钻井液（分级箍以下套管内容积），释放打开塞，依次注入前置液、水泥浆。

（3）释放二级碰压塞，替钻井液，打开塞打开循环孔，水泥浆进入环空。

（4）替浆，碰压，关闭循环孔，再放回压检查循环孔关闭情况，候凝，如图4-6-8所示。

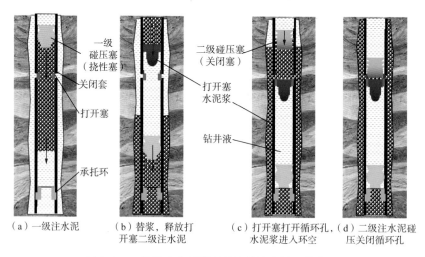

（a）一级注水泥　（b）替浆，释放打　（c）打开塞打开循环孔，（d）二级注水泥碰
　　　　　　　　开塞二级注水泥　　水泥浆进入环空　　压关闭循环孔

图4-6-8　机械式分级箍双级连续注水泥工艺流程

6）双级连续注水泥工艺流程（压差式分级箍）

（1）将分级箍按设计位置连接于套管串中，按作业规程下入套管串，然后开泵循环钻井液，接着依次注入前置液、水泥浆。

（2）释放一级碰压塞，替钻井液（分级箍以下套管内容积减去 0.5m³），释放隔离塞，注入水泥浆。

（3）释放二级碰压塞，替钻井液，一级碰压塞碰压，憋压打开循环孔，水泥浆进入环空。

（4）替浆，碰压，关闭循环孔，再放回压检查循环孔关闭情况，候凝，如图4-6-9所示。

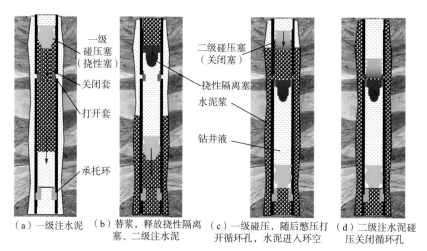

（a）一级注水泥　（b）替浆，释放挠性隔离　（c）一级碰压，随后憋压打　（d）二级注水泥碰
　　　　　　　　塞、二级注水泥　　开循环孔，水泥进入环空　　压关闭循环孔

图4-6-9　压差式分级箍双级连续注水泥工艺流程示意图

最后一级固井可以在第二级固井完后的任何时间内进行，投放打开塞（比第二级使用的打开塞大）通过重力使其坐到顶部分级箍上，打开旁通口，按常规方法进行注水泥施工，采用特殊的关闭塞关闭分级箍。

3. 技术要点

（1）依据井下条件，选择分级注水泥类型。一般情况下尽可能采用正规的非连续式分级注水泥方法。而且，若条件允许，第一级返深最好距分级箍位置保持150~200m。一级碰压后，从井口放压确认浮鞋浮箍工作可靠，水泥不回流，方可投入打开塞，否则应推迟分级箍注水泥孔眼的打开。

（2）根据井况确定分级箍的安放位置，分级箍首先应放在井径规则、井壁稳定且井斜不大的井段，防止循环孔处地层被冲垮，造成环空堵塞。

（3）关闭塞的关闭压力：二级注水泥关闭塞碰压后，其压力值应当达到15~20MPa（不包括管内外静液柱压差和流动阻力），因此实施关闭套关闭成功，将形成施工的最大井口压力。在设计分级注水泥施工要计算最大压力，其压力值在注水泥井口工作压力的允许范围内，否则应提高二级顶替钻井液密度来降低最大压力，同时应校核井薄弱段套管抗拉强度，增加20MPa压力值所附加的轴向力，其抗拉安全系数不应低于1.5。

（4）分级箍入井前要认真检查，保证正常使用，同时检查打开塞、关闭塞及胶塞尺寸是否与分级箍配套。

（5）第一级水泥浆稠化时间一定要大于施工时间与重力塞下行时间之和，防止一级水泥面超过分级箍后，当二级循环孔打开时，出现环空堵塞。

（6）第一级水泥浆计量应准确，水泥面不超过分级箍时，要严格控制好领浆的稠化时间，以及打开分级箍循环孔时，冲洗隔离液不与水泥浆发生接触污染。

（7）第一级注完水泥碰压后井口泄压，当水泥浆不回流时证实下部浮箍浮鞋工作可靠，再投入打开塞。当二级循环孔打开时，应立即循环钻井液，保证二级环空畅通，待第一级水泥浆凝固后，再进行第二级固井。

4. 高压、酸性天然气井分级固井技术要求

（1）生产套管固井不应使用分级箍，需要分段注水泥时，可采用尾管悬挂再回接的方式。

（2）技术套管采用分级固井方式时，分级箍安放位置应避开复杂井段。选择地层致密、井斜及全角变化率小、井径扩大率不大于12%的裸眼井段或上层套管内作为分级箍安放位置。

（3）采用分级固井时，原则上不留自由段。若存在自由段，一二级之间的自由套管段必须避开储层段、油（气、水）层段、断层发育井段、特殊岩性段。一级固井水泥浆在气层顶部以上有效封隔段不少于200m，二级固井水泥浆应返出地面。

（4）分级箍本体的机械强度不低于连接套管的机械强度，钻塞后内通径不小于套管内通径，分级箍开孔压力不宜过低且能适度调节。

5. 分级固井复杂情况及处理

1）分级箍打不开

分级箍打不开是指一级固井结束后，不能顺利打开分级箍的二级固井循环孔，造成二级固井无法正常进行。

造成分级箍不能顺利打开的可能原因有：（1）非连续式分级箍打开塞与打开塞座密封不严，无法施加压力，造成无法打开分级箍；（2）分级箍本身加工质量和设计有缺陷，分级箍在重力作用下本体变形或分级箍本体与打开套配合间隙过小，造成分级箍打开套下行阻力大，无法打开分级箍；（3）一级固井水泥浆性能设计不当，如稠化时间短，返到分级箍以上时水泥浆已经稠化，或是水泥浆与钻井液相容性差，造成分级箍处的水泥浆胶凝，无法顺利打开分级箍；（4）一级固井后发生环空堵塞，造成分级箍无法打开；（5）分级箍放置位置不合适，井斜角与狗腿度大，打开塞未坐牢，造成分级箍无法打开；（6）井口连接分级箍时打钳位置不对，分级箍内外套发生微变形。

防止分级箍打不开的技术措施有：（1）禁止在分级箍本体上打钳，防止分级箍本体变形；（2）选择质量好、设计合理的分级箍产品；（3）尽可能设计水泥浆不要返到分级箍以上位置，如一级固井水泥浆必须返到分级箍以上，其稠化时间要附加重力塞的下落时间，且选用性能良好的固井隔离液防止分级箍处的水泥浆胶凝；（4）双级固井前要充分循环处理钻井液，确保井眼稳定；（5）选择合适的分级箍放置位置，对于常规的机械打开式分级箍，其井斜角一般不要大于25°；（6）对于大斜度井采用液压式分级箍。

分级箍打不开的处理方法有：（1）如果水泥浆没有返到分级箍，在套管内下入小钻具，下压分级箍的打开套，靠机械式打开分级箍；（2）如果水泥浆已经返到分级箍以上，先测声幅，在水泥浆面以上50m左右射孔，建立循环，进行二级固井；（3）如果分级箍以上没有特殊地层且没有高压地层，可下入专用工具关闭分级箍，再钻开内套，进行试压，如满足下次开钻要求或油气生产测试要求，可从井口反注水泥浆固井。

2）分级箍关闭不上

分级箍关闭不上是指在二级固井后，关闭塞不能顺利关闭分级箍的二级固井循环孔，造成分级箍处密封不严。

造成分级箍不能顺利关闭的可能原因有：（1）管内外静压差大，造成关闭分级箍压力高；（2）分级箍本身加工质量和设计有缺陷，分级箍在重力作用下本体变形或分级箍本体与关闭套配合间隙过小，造成分级箍关闭套下行阻力大，无法关闭分级箍；（3）连接分级箍打钳位置不对，分级箍本体发生微变形，造成分级箍无法关闭；（4）第一次施加的关闭压力不够，再施加关闭压力时，关闭塞与塞座密封不严。

防止分级箍关不住的技术措施有：（1）禁止在分级箍本体上打钳，防止分级箍本体变形；（2）提高分级箍本身加工质量，设计合理的关闭套配合间隙；（3）采用重浆替浆，尽可能减少管内外压差，减少最终关闭压力值；（4）在双级固井二级固井投关闭塞后尾随 0.5~1.0m³ 水泥浆，若分级箍不能正常关闭，提高分级箍关闭套密封能力；（5）提高第一次关闭压力。

分级箍关不住的处理方法有：（1）继续增加关闭压力试关闭分级箍；（2）如果高压下仍然关闭不上，关井候凝；（3）对于分级箍没有关闭的井，在下钻钻分级箍附件时注意用钻具尝试关闭分级箍关闭套。

三、内插法固井

对于表层或技术套管固井，由于替浆量大，为了节省替浆时间，减少水泥浆与钻井液在管内混浆，内插法固井得到广泛应用。内插法固井工艺是将下部连接有浮箍插头的小直径钻杆插入套管的插座式浮箍（或插座式浮鞋），与环空建立循环，水泥浆可通过钻杆水眼注到井底。这一技术可以避免因为水泥浆量设计误差而出现多注或少注水泥的情况发生，保证水泥浆能返到地面，从而减小因附加水泥量过大而造成的浪费和环境污染[8]。

内插法固井工艺套管结构为：插入式浮鞋＋套管串（引鞋＋1根套管＋插入式浮箍＋套管串）。钻杆串结构为：插头＋钻杆扶正器＋钻杆串（可适当接入钻铤，以增加钻具对插入座的下压力）。

1. 内插法注水泥工艺流程

内插法注水泥工艺流程如图4-6-10所示。

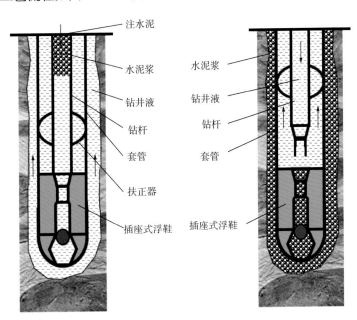

（a）下入钻杆，插头插入插座，注入水泥　　　（b）替浆结束，起钻循环

图4-6-10　内插法注水泥工艺流程

（1）将装有带钻杆插入接头浮鞋或浮箍的套管柱下到预定位置，坐在套管卡瓦上；将钻杆底部装有插入短节的钻杆下入套管内，直到距插入座约1m为止。通过钻杆沟通循环，观察到从钻杆与套管之间环形空间返出钻井液为止，停泵、下放钻杆，使插入短节插入插入座内并形成密封。再重新开泵沟通循环，此时应观察到由导管与套管之间环形空间内返出钻井液。

（2）注入前置液，起到冲洗井壁、稀释钻井液、隔离钻井液与水泥浆的目的。

（3）通过钻杆注入水泥浆，水泥浆量设计应依据环空容积而定，并根据漏失情况进行一定附加。

（4）替钻井液，合理设计替量，防止"替空"，管内留 $0.5m^3$ 水泥塞。

（5）碰压后，放回压，检查回压阀是否倒流，若有回流则继续替少量钻井液或清水，再检查。

（6）如无回流，则上提钻杆循环返出多余水泥浆，以受污染水泥浆返出井口为止。

（7）起出井下全部钻具，卸钻杆扶正器、插头，冲洗、保存。

（8）关井候凝，等待水泥浆抗压强度达到 3.5MPa 以上或设计要求时，可转入钻插座及水泥塞工序。

2. 技术要点

（1）在环空容积不明确的情况下，只要井口返出的水泥浆与钻井液混浆情况不严重，即可停止泵注水泥，替完钻杆内水泥浆完成碰压。

（2）如果在水泥浆返出地面前发现井漏，应停止泵入，替掉钻杆内水泥浆，从而防止大量水泥浆泵入破裂地层。

（3）必须注意防止套管内（套管与钻杆间）外（套管与井眼间）环空压差过大，挤毁套管，对套管加压可防止压差过大。

（4）内管注水泥的顶替排量受机泵能力和井眼条件限制，难以达到紊流顶替钻井液，可通过科学设计前置液用量、密度、流变性等，调整钻井液性能及增加水泥浆体积提高顶替效率。

3. 内插法固井过程中工具失效

（1）严格检查浮鞋、浮箍（含插座）、内插头及密封垫质量；内管注水泥器属易钻材质，易损坏，宜轻装轻放勿碰撞；工具使用前做好检查、保养和校核，确保井下工具、附件安全可靠。

（2）在下套管和固井前做好通井工作，充分循环处理钻井液，确保井内无沉砂与井眼稳定再下套管和注水泥，同时尽力减少阀球或阀座被冲刷的时间。

（3）做好钻井液净化工作，在下套管和下钻过程中，严禁有棕绳、棉纱、药品袋等杂物进入井口和钻具内，否则将造成关闭失灵。

（4）当插入头下到离浮箍（插座）5~8m 时先开泵循环，冲洗浮箍上的沉砂，然后慢慢插入，否则可能会破坏内件，造成密封失灵。

（5）接方钻杆开泵顶通井内钻井液并观察套管内是否有钻井液返出，若有则必须增加中心插入管压力保证插入座和中心插入管接触处密封可靠。

（6）设计合理的水泥浆稠化时间，保证稠化时间大于注水泥施工 60min 左右为宜。在既保证固井施工安全又不改变水泥浆原有性能的前提下，优化水泥浆外加剂、分散剂与早强剂的配比，使水泥浆的稠化时间在原有的基础上进一步缩短，减少憋压候凝时间。

第五章　深井固井材料及水泥浆体系

深井超深井高温高压复杂的地质环境以及后期恶劣的运行工况，储气库长周期强注强采的特殊生产特点，对固井水泥浆体系和水泥环密封完整性提出更高的要求。外加剂和外掺料应具有良好的耐高温性能，水泥浆的失水量、流变性、沉降稳定性、防窜性能等施工性能应满足高温深井的固井要求，水泥石长期抗压强度在高温高压及储气库强注强采的条件下性能稳定，水泥环力学性能应满足长期密封完整性的要求。通过研发耐高温外加剂和外掺料，基于紧密堆积的水泥浆设计方法，形成了抗高温水泥浆、隔离液及特种水泥体系（韧性水泥体系，自愈合水泥），较好满足了高温深井及储气库固井的要求，并为运行中水泥环的密封完整性提供了支撑。

第一节　深井固井水泥浆体系设计原理及要求

一、深井固井面临的挑战及对水泥浆体系的要求

随浅层资源的不断减少，勘探开发方向逐渐从浅层、中深层转向深层、超深层。国内几大油气区，如塔里木盆地、准噶尔盆地、川渝地区、松辽盆地，深层勘探开发井深一般为4500~8000m，井温一般为150~240℃，压力在100MPa以上。在深层油气井勘探开发不同阶段（如钻完井、压裂、试采、生产等），井筒内流体（钻井液、完井液、压裂液、环空保护液等）密度变化，将造成井筒内液柱压力大幅变化，加之投产后的井筒温度变化的影响，对水泥环密封完整性提出更高的要求。在高温、高压和钻完井及生产期间井筒温度、压力变化的情况下，对固井外加剂和外掺料、水泥浆和隔离液性能提出更高要求：外加剂和外掺料应具有良好的耐高温性能；水泥浆的失水性能、流变性能、沉降稳定性、防窜性能等施工性能应满足高温深井的固井要求；水泥石长期抗压强度在高温下稳定，其力学性能应满足长期密封完整性的要求。

通过研发抗高温外加剂和外掺料，基于紧密堆积的水泥浆设计方法，形成了隔离液体系、高温大温差水泥浆、高强度韧性水泥、自愈合水泥等，从而满足了深井固井技术要求，保证了高温深井水泥环长期密封完整性。

二、深井固井水泥浆体系设计原理

1. 深井固井水泥浆体系的性能要求

深井超深井固井水泥浆体系设计原则是解决高温及超高温下水泥浆稠化时间满足施工安全的要求、水泥浆失水量可控制在较低范围内、沉降稳定性满足设计要求、流变性能满足作

业安全的要求、水泥石抗压强度高且不衰退等5方面的问题，因此，深井超深井固井水泥浆体系设计关键在于开发适用于高温及超高温下的降失水剂、缓凝剂、稳定剂、分散剂以及强度防衰退材料，使水泥浆稠化时间易调、失水量可控、沉降稳定性好、流变性能优良、水泥石早期强度发展快，超高温下水泥石长期抗压强度高且不衰退，能保证长期的环空密封。

2. 深井固井水泥浆体系的技术思路

鉴于此，深井超深井固井水泥浆体系设计思路主要为：（1）高温缓凝剂提高水泥浆体系的高温调凝性能，使体系稠化时间满足深井超深井作业安全的要求；（2）采用具有合适分子量高温聚合物降失水剂，不同加量下对水泥浆流变性能和高温稳定性影响较小，同时与缓凝剂存在吸附平衡，从而保障高温超高温条件下水泥浆失水量控制在较低范围内；（3）采用抗高温耐盐分散剂，不仅可明显改善水泥浆高温流变性能，而且可缓解其他聚羧酸类外加剂引起的异常胶凝现象，同时，改善水泥浆和水泥石微观结构致密性，提高其力学强度；（4）使用高温稳定剂，利用聚合物热增黏悬浮特性以及无机物耐高温悬浮稳定特性的协同作用，提高超高温水泥浆体系的沉降稳定性能；（5）超高温水泥石防衰退材料有效诱导耐高温晶相生成，优化超高温水泥石晶相结构和改善水泥石微观结构致密性，提高超高温水泥石力学强度和保障其长期力学稳定性能；（6）利用高温聚合物外加剂间协同增效作用，可弥补单剂存在的问题，保障超高温水泥浆体系施工性能满足深井超深井固井要求；（7）依据紧密堆积设计方法，从颗粒级配最优化的角度进一步提高超高温水泥浆体系沉降稳定性、控失水能力、水泥石微观结构完整致密性以及力学强度；（8）通过上述超高温固井关键外加剂产品优选和合理使用，显著提高高温水泥浆体系的耐温性能，确保深井超深井超高温水泥浆固井作业安全和保障井筒有效密封，进而延长油气井使用寿命。

3. 深井固井水泥浆体系现场应用中的特殊要求

深井超深井尤其是高压气井固井要以水泥环长期有效密封为目标，实现苛刻服役条件下固井的水泥环界面密封完整性、水泥石本体结构完整性，核心是材料的先进稳定和匹配复杂苛刻条件的工艺配套。除按井下情况要求进行水泥浆体系及性能的设计外，还要重点考虑落实现场应用中的中3个稳定性：

（1）施工过程的材料稳定性。包括重点是在温度变化、含盐量、密度高低对水泥浆体系稳定性的要求，以及水泥浆体系的相容性、流变性以及抗压强度等。

（2）支撑质量的井眼稳定性。包括清洁井眼，防止漏失及防止油、气、水窜入等工艺参数优化，保证窄密度窗口安全固井的精细平衡压力固井技术等。

（3）保障生产的长期稳定性。套管居中度、有效胶结、水泥石强度、韧性和防腐蚀等。

第二节　固井隔离液

一、隔离液主要外加剂

1. 抗高温冲洗剂

抗高温冲洗剂由有机溶剂、非离子表面活性剂、阴离子表面活性剂、螯合剂和稳定剂等组成。利用有机溶剂和表面活性剂等成分，达到对钻井液强力渗透、增溶、乳化和螯合的复合效果，在短时间内将附着在井壁和套管界面上油膜成分冲洗净，使界面"油润湿"变成"水润湿"状态，有利于提高水泥石的界面胶结力。可通过润湿反转、接触角、冲洗效率等方法定性或定量评价冲洗效果。

2. 抗高温悬浮剂

悬浮剂 YA-S1 是一种具有独特层状结构的无机盐矿物，层状结构使其具有高度的亲水性，在水介质中高度分散，内部电荷发生变化，层间结合力变小，层状集合体变得易于拆散，而形成层面带负电荷、端面带正电荷的微粒薄片。YA-S1 的适用温度范围为 30~140℃，加量一般为水量的 0.8%~2.0%。

高温悬浮剂 YA-S3 是一种线性非离子型聚合物。遇水后，吸水基团（羟基、酰胺基等）开始作用，分子间形成松散但悬浮力很强的网状结构。它与 YA-S1 复配，可以有效地增强颗粒间的内摩擦力及吸附力，形成较稳定的悬浮体系。高温悬浮剂 YA-S3 的适用温度范围为 30~180℃，加量一般为水量的 1.0%~3.0%。

高温悬浮剂 CB-040S 在水泥浆中，高温环境下形成结构力较强的网状结构，具有低浓度、高黏度的特性，具备较好的悬浮稳定能力。

3. 抗污染剂

通过钻井液处理剂对水泥浆的污染机理分析，从螯合作用、电荷中和作用等角度出发，开发了隔离液抗污染剂 PA-1L，对钻井液和水泥浆均具有分散作用，可很好地分散污染体系，防止污染现象的发生。

4. 加重材料

表 5-2-1 是现场常用的惰性加重材料的技术指标。

表 5-2-1 惰性加重材料技术指标

序号	类型	外观	密度 / (g/cm³)	细度 /μm	吸附水量 / (L/kg)
1	重晶石粉	白色粉末	4.3~4.6	97% 粒径小于 75μm 80% 粒径小于 45μm	0.2003
2	钛铁矿粉	黑色细粒	4.4~4.5	97% 粒径小于 75μm 80% 粒径小于 45μm	0.0110
3	赤铁矿粉	黑色粉末	4.8~5.2	97% 粒径小于 75μm 85% 粒径小于 45μm	0.0192
4	微锰	棕红色粉末	4.8~4.9	平均粒径为 5μm	—

其中，微锰是一种密度 4.8~4.9g/cm³ 的新型加重材料，主要成分为氧化锰，Mn_3O_4 含量不小于 90%。微锰颗粒为球形，大部分粒径集中在 0.5~1.0μm 范围内。使用微锰可以配制出密度 2.4~2.5g/cm³ 的隔离液。由于粒径极小，水分子运动产生的范德华力即可使其悬浮。因此，除了干混使用外，微锰也可以湿混使用。

此外，加重材料 WA-2S 为灰白色粉末，密度 4.11~4.26g/cm³，是由不规则形状材料复配而成，其主体为不规则形状的棱形材料。由于不规则形状的棱形材料在高速下可以提高对界面的摩擦力，替代传统的球形加重材料，增强冲洗隔离液体系对井下环空界面剪应力，提高冲刷和顶替能力。

二、隔离液体系综合性能及现场应用

1. 抗高温冲洗隔离液体系综合性能

1）冲洗效果评价

采用六速旋转黏度计法将抗高温冲洗隔离液体系对水基钻井液和油基钻井液冲洗效果进行评价。

（1）水基钻井液冲洗效率评价。采用六速旋转黏度计法将密度为 1.70g/cm³ 的抗高温冲洗隔离液体系对密度为 1.60g/cm³ 的水基钻井液冲洗效果进行了评价。抗高温冲洗隔离液体系基础配方为：清水 +1.5% 悬浮剂 YA–S1+1.2% 高温悬浮剂 YA–S3+6.0% 冲洗剂 YA–2L+ 加重材料 WA–2S+1.0% 抗污染剂 PA–1L+0.2% 消泡剂 XA–1L。抗高温冲洗隔离液体系室内和现场试验效果表明，水基钻井液的冲洗效果良好，可在较短时间内达到较高的冲洗效率。

（2）油基钻井液冲洗效率评价。采用六速旋转黏度计法，评价 1.95g/cm³ 的抗高温冲洗隔离液体系对 1.80g/cm³ 的油基钻井液冲洗效果。抗高温冲洗隔离液体系基础配方为：清水 +2.0% 悬浮剂 YA–S1+2.5% 高温悬浮剂 YA–S3+8.0% 冲洗剂 YA–2L+ 加重材料 WA–2S+1.0% 抗污染剂 PA–1L+0.2% 消泡剂 XA–1L。室内采用油基钻井液浸泡黏度计外筒，采用驱油前置液对油基钻井液冲洗 2min 后，再用清水冲洗 1min，旋转黏度计筒壁上基本冲洗干净，冲洗效率基本上达到 100%，表明抗高温冲洗隔离液体系对油基钻井液的冲洗效果良好。

2）高温稳定性评价

对于加重隔离液体系来说，较为重要的评价指标就是体系的热稳定性，如果稳定性不好，隔离液就会出现分层现象。抗高温冲洗隔离液体系的悬浮稳定性实验数据见表 5-2-2。各密度点的隔离液在室温静止 48h、93℃下静止 2h 后，上下无密度差；150℃和 180℃下静止 2h 后沉降稳定性小于 0.02g/cm³。实验结果表明，该隔离液体系具有良好的悬浮稳定性，在环空不会发生固相颗粒沉降堆积影响固井施工。

表 5-2-2　悬浮稳定性实验数据表　　　　　　　　单位：g/cm³

序号	室温静止 48h		93℃下静止 2h		150℃下静止 2h		180℃下静止 2h	
	上部	下部	上部	下部	上部	下部	上部	下部
1	1.05	1.05	1.05	1.05	1.05	1.05	1.05	1.05
2	1.10	1.10	1.10	1.10	1.10	1.10	1.10	1.10
3	1.20	1.20	1.20	1.20	1.20	1.20	1.20	1.20
4	1.30	1.30	1.30	1.30	1.30	1.30	1.29	1.31
5	1.40	1.40	1.40	1.40	1.39	1.41	1.39	1.41

序号	室温静止 48h		93℃下静止 2h		150℃下静止 2h		180℃下静止 2h	
	上部	下部	上部	下部	上部	下部	上部	下部
6	1.50	1.50	1.50	1.50	1.49	1.51	1.49	1.51
7	1.60	1.60	1.60	1.60	1.60	1.60	1.60	1.60
8	1.70	1.70	1.70	1.70	1.70	1.70	1.70	1.70

3）相容性评价

实验选用的是密度为 1.40g/cm³ 的有机硅类钻井液，实验水泥浆配方为：G 级水泥 +35%
硅粉 +5% 微硅 +0.2% 分散剂 +3% 降失水剂 FA-2L+1.5% 缓凝剂 HA-2L+ 水，密度为 1.90g/cm³。
按照 GB/T 19139，将隔离液与水泥浆、钻井液按一定体积比例混合，搅拌充分后，在不同
温度条件下养护一段时间，评价隔离液与水泥浆和现场钻井液的相容性，该隔离液与水泥
浆、钻井液有非常良好的相容性，二者之间任意接触不产生明显增稠和絮凝现象，有利于
提高顶替效率和改善水泥环胶结质量。

2. 抗高温高密度驱油型隔离液体系

抗高温高密度驱油型隔离液体系基本组成为冲洗剂 CB-010L、悬浮稳定剂 CB-040S、
稀释剂 CB-021L 和惰性加重材料。为评价高密度驱油型隔离液体系的性能，以现场使用的
密度 4.8g/cm³ 的赤铁矿作为惰性加重剂，配制出密度为 2.0~2.5g/cm³ 的高密度驱油型隔离液。

1）隔离液驱油效果评价

选择 3 个不同区块现场油基钻井液测试隔离液的驱油效果，区块按序号标记。采用旋
转黏度计的旋转外筒进行油膜清除效率评价，结果见表 5-2-3。当黏度计外筒旋转速度为
100~200r/min、旋转接触时间为 6~10min 时，驱油型隔离液对 3 个不同区块的油基钻井液
油膜的冲洗效率均在 90% 以上。

表 5-2-3　对不同区块油基钻井液的清除效率评价（90℃）

序号	隔离液密度 /（g/cm³）	外筒转速 /（r/min）	接触时间 /min	清除效率 /%
1	2.0	200	6	94
		100	9	90
2	2.3	200	7	95
		100	10	92
3	2.45	200	6	91
		100	8	90

2）高温稳定性评价

用密度 2.40g/cm³ 的隔离液，在高温高压稠化仪中经不同温度养护后，冷却至 90℃测
试隔离液的流变性能变化。在 90~160℃ 范围内，随温度逐步升高，隔离液的塑性黏度和
屈服值略有降低。表明悬浮稳定剂在 160℃ 的高温下仍然有效，隔离液满足深井超深井固
井的耐高温需求。

3）相容性评价

用密度 2.15g/cm³ 的驱油型隔离液、密度 2.20g/cm³ 的水泥浆和取自现场密度为 2.10g/cm³ 的油基钻井液，分别在常温和 90℃ 温度下进行隔离液与钻井液、水泥浆的相容性评价。隔离液配方为：水 +8% 冲洗剂 SB-010L+5% 稀释剂 SB-021L+2.5% 缓凝剂 RB-200L+4% 悬浮稳定剂 SB-040S+255% 加重材料；水泥浆配方为：G 级水泥 +35% 硅粉 +60% 加重材料 +4% 降失水剂 FB-200L（AF）+3% 缓凝剂 RB-200L+50% 水；养护条件：室温 × 常压 ×120min，90℃ × 常压 ×120min。

实验数据显示，各种流体混合后的低温流动度均较大，流动性能较好，但高温下的流动性能却出现了明显的变化。当水泥浆与油基钻井液按体积比 50∶50 混合后，混浆的高温流动度最低，为 11cm。这表明混浆因絮凝增稠而基本失去流动性。当水泥浆、油基钻井液和驱油型隔离液分别按不同体积比混合后，混浆的高温流动性能得到很大的改善，最低为 18cm。这表明即使含有 5%~10% 体积的驱油型隔离液可提高混浆的流动性。

3. 现场应用

抗高温冲洗隔离液体系在塔里木油田、西南油气田、吉林油田及长庆油田等复杂油气井现场推广应用 200 多井次。高密度驱油型隔离液体系已在塔里木油田和川渝地区的高温高压天然气井固井应用 200 多井次。为提高复杂井眼条件下顶替效率，改善界面胶结提供了技术支撑。

第三节　抗高温水泥浆体系

一、抗高温固井外加剂

普通外加剂产品耐高温性能差，在高温高压以及水泥浆的碱性环境下易分解、絮凝，导致水泥浆性能变差，严重影响固井施工安全。开发高性能抗高温外加剂一直是国内外固井外加剂研究的重点方向。目前，高温深井固井用抗高温降失水剂主要为 2- 丙烯酰胺 -2- 甲基丙磺酸（AMPS）及乙烯类衍生物与不饱和酰胺、不饱和羧酸、不饱和酯、不饱和腈等的二元或多元共聚物，其抗温抗盐性能优良，部分耐温可达 230℃。

高温深井固井所用的抗高温缓凝剂主要为羟基羧酸盐类、有机磷酸盐类、AMPS 聚合物缓凝剂，使用温度均可达 200℃。其中，羟基羧酸盐类缓凝剂种类较多，但该类缓凝剂稠化时间随加量的变化较为敏感、分散性强，可能会导致水泥浆综合性能调节困难，应用受到限制；合成的有机磷酸盐及 AMPS 共聚物缓凝剂的稠化时间易调节、浆体沉降稳定性较好。近年来，合成的有机磷酸盐及 AMPS 共聚物缓凝剂成为国内外研究的重点。

1. 抗高温降失水剂

1）抗高温水泥浆降失水剂 FA-1L（FA-1S）

（1）降失水剂 FA-1L（FA-1S）设计思路。高温下水泥浆失水量变大的原因之一是，随着温度升高，降失水剂分子链对水泥颗粒的吸附能力下降。FA-1L 聚合物分子链中引入了对水泥颗粒具有良好吸附能力的官能团和抗高温基团，提高了降失水剂的耐温能力和高温下控制水泥浆的失水能力。

（2）降失水剂 FA-1L 性能特点。FA-1L 的适用温度范围为 30~210℃。FA-1L 在淡水水泥浆中加量一般为 2%~5%（占水泥量），含盐水泥浆中加量一般为 4%~6%，均可将水泥浆的失水量控制在 100mL 以内。FA-1L 在低温下缓凝作用较弱，水泥浆流变性易调节，水泥石强度发展良好，24h 抗压强度一般可达到 20MPa 以上。

（3）降失水剂 FA-1L 降失水性能。90℃条件下，随着 FA-1L 加量的增大，水泥浆的失水量逐渐降低。当 FA-1L 加量为 1.5% 时可将水泥浆的失水量控制在 150mL 以内；加量为 2% 时可将水泥浆的失水量控制在 100mL 以内；加量为 3% 时可将水泥浆的失水量控制在 50mL 以内。

（4）降失水剂 FA-1L 抗温性能。不同温度条件下，水泥浆的失水量随实验温度的升高逐渐增大，通过增大 FA-1L 的加量可以降低高温下水泥浆的失水量。当 FA-1L 加量为 5% 时，在 180℃条件下，水泥浆的失水量可以控制在 100mL 以内。

（5）降失水剂 FA-1L 抗盐性能。由于盐溶液是一种强电解质溶液，在不同的温度和浓度下，会使水泥浆产生分散、闪凝和缓凝等不同效应，导致水泥浆的失水量控制困难、稠化时间不易调节等问题。NaCl 浓度为 18% 时，FA-1L 加量为 4%；NaCl 浓度为 36% 时，FA-1L 加量为 6%，水灰比均为 0.44。随着实验温度的升高，含盐水泥浆的失水量逐渐增大，但仍能将半饱和盐水水泥浆和饱和盐水水泥浆的失水量控制在 100mL 以内，表明 FA-1L 具有良好的抗盐性能。

（6）降失水剂 FA-1S 抗温性能。根据不同区块固井要求以及现场混配环境不同，需采用粉体降失水剂，因此，将降失水剂 FA-1L 通过特殊干燥工艺制备成粉体化产品 FA-1S，并对其性能进行了评价。不同降失水剂 FA-1S 加量的水泥浆失水量随实验温度的变化情况见表 5-3-1。水泥浆配方为：G 级水泥 +25% 硅粉 +15% 高温增强材料 BA-2S+5% 微硅 +X% 降失水剂 FA-1S+6% 缓凝剂 HA-2L+0.5% 分散剂 SA-1S+1.5% 高温悬浮剂 YA-S2+Y% 稳定剂 KA-3L+ 水，水泥浆密度为 1.88g/cm^3。水泥浆的失水量随实验温度的升高逐渐增大，通过增大 FA-1S 的加量可以降低高温下水泥浆的失水量。当 FA-1S 加量为 2% 时，配合 4% 高温稳定剂 KA-3L，在 210℃条件下，水泥浆的失水量可以控制在 100mL 以内，表明 FA-1S 具有良好的抗高温性能。

表 5-3-1　160~210℃范围内不同降失水剂及稳定剂加量变化对水泥浆失水量影响评价

降失水剂 FA-1S 加量 /%	稳定剂 KA-3L 加量 /%	温度 /℃	失水量 /mL
1.5	0	160	45
1.5	0	180	64
2.0	4	200	66
2.0	4	210	88

2）抗高温水泥浆降失水剂 FA-2L

（1）降失水剂 FA-2L 设计思路。以 AMPS 为主单体提高聚合物的耐盐性；主链上引入了双羧基基团，提高了高温下降失水剂分子对水泥粒子的吸附能力，从而提高了降失水剂在高温条件下对水泥浆失水的控制能力；此外，降失水剂分子主链引入了不易水解的链刚性基团单体，提高了分子链的化学稳定性；通过优化聚合工艺，得到具有最佳的分子量和分子量分布的降失水剂聚合物。

（2）降失水剂 FA-2L 性能特点。FA-2L 降失水剂的适用温度范围为 90~200℃，在淡水水泥浆中加量一般为 2%~5%，含盐水泥浆中加量一般为 4%~6%，均可将水泥浆的失水量控制在 100mL 以内。高温下水泥石强度发展良好，24h 抗压强度一般可达到 20MPa以上。此外，该降失水剂还具有一定的分散作用，增大掺量不会使水泥浆增稠。但是，FA-2L 在低温下的缓凝作用较强，不建议在低于 90℃条件下使用。

（3）降失水剂 FA-2L 抗温性能。当 FA-2L 加量为 6% 时，在 180℃条件下，水泥浆的失水量可以控制在 100mL 以内，表明 FA-2L 具有良好的抗高温性能。

（4）降失水剂 FA-2L 抗盐性能。不同温度下，加量为 4% 的 FA-2L 半饱和盐水水泥浆和加量为 6% 的 FA-2L 饱和盐水水泥浆，均能使水泥浆的失水量控制在 100mL 以内。

3）抗高温水泥浆降失水剂 FB-200L

抗高温降失水剂 FB-200L 系列化产品包括 FB-200L（AF）（防冻型）、FB-230L（分散型）和 GB-200L（防窜型）。

（1）抗高温降失水剂设计思路。通过引入磺酸盐基团、刚性侧链基团和具有羧基、酰胺基等强吸附基团的单体，选择合理的单体配比及聚合工艺，并控制降失水剂分子量的大小及分布，开发了以 AMPS 为主的多元共聚物合成降失水剂。该降失水剂在高温下稳定，具有良好的失水控制能力。

（2）降失水剂 FB-200L 降失水性能。当降失水剂掺量达到 3%，水泥浆的失水量可以控制在 100mL 以内。

（3）防窜型降失水剂 GB-200L 性能。GB-200L 为防窜型高温降失水剂，根据窜流机理，通过分子结构设计，在耐高温聚合物分子结构中引入可形成物理交联点的疏水功能侧基和化学交联点的交联单体，使聚合物既有形成触变结构的物理交联点，又有提黏降失水功能的化学交联点，从而形成了兼具防窜和降失水功能的聚合物防气窜剂。

（4）分散型降失水剂 FB-230L 性能。FB-230L 为分散型低黏降失水剂，在聚合中额外引入含长侧链的单体提升聚合物的分散性能，同时具有良好的控制失水能力，使其适用于紧密堆积的高固相含量的高密度 / 低密度水泥浆体系中。

（5）降失水剂 FB-230L 的抗高温性能。室内研究了含降失水剂 FB-230L 的水泥浆在不同温度下的失水控制能力。水泥浆配方为：G 级水泥 +35% 硅粉 +5% 降失水剂FB-230L+5% 缓凝剂 +40% 水。实验结果如图 5-3-1 所示。在 90~230℃（BHCT）[❶] 下，

---

❶ BHCT—Bottom Hole Circulating Temperature，井底循环温度。

含 FB-230L 的水泥浆的失水量均可控制在 50mL 以内。

2. 抗高温缓凝剂

1）抗高温水泥浆缓凝剂 HA-2L

（1）缓凝剂 HA-2L 设计思路。以抗盐、耐温基团和双缓凝基团为主，在分子结构中引入一种带有屏蔽基团的两性离子单体，该阳离子基团和水泥颗粒表面的阳离子产生相斥作用力，避免了由于高分子链的缠结及强吸附而造成水泥浆异常胶凝现象；同时，分

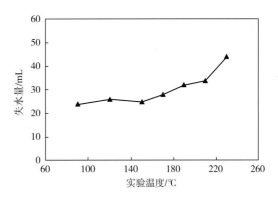

图 5-3-1 超高温降失水剂在 90~230℃控制失水能力评价

子间和分子内能形成稳定的缔合结构，能部分"包裹"缓凝性基团，并且较大的屏蔽基团使得双缓凝基团在高温下的强烈稀释作用减弱，一定程度上提高浆体的稳定性。

此外，该缓凝剂在低温下双缓凝基团被部分"包埋"在缔合结构中，高温条件下由于分子热运动剧烈，缓凝基团释放出来，由部分吸附变为全吸附在水泥颗粒表面上，提高了其高温缓凝作用，并且该吸附作用与以往缓凝剂的"沉淀"和"毒化"机理不同，该吸附状态是可以解析的，低温下又表现为部分吸附，解决了高温稠化时间长与低温强度发展缓慢的矛盾。

（2）缓凝剂 HA-2L 的性能特点。HA-2L 缓凝剂在不同温度下的稠化性能见表 5-3-2。水泥浆配方为：G 级水泥 +35% 硅粉 +4% 降失水剂 FA-2L+X% 缓凝剂 HA-2L+0.6% 分散剂 SA-1S+48.3% 水。缓凝剂 HA-2L 具有很好的耐高温性能，在 70~200℃ 范围内能有效地调节水泥浆的稠化时间，且过渡时间短；在 130~180℃ 范围内，缓凝剂 HA-2L 的加量对稠化时间不敏感，便于水泥浆稠化时间调节。

表 5-3-2　缓凝剂 HA-2L 的缓凝性能评价

编号	HA-2L 加量 /%	测试条件	稠化时间 /min	过渡时间 /min
1	0.2	70℃×40MPa	337	9
2	0.5	90℃×45MPa	353	8
3	1.0	110℃×55MPa	301	7
4	1.5	120℃×60MPa	283	8
5	2.0	130℃×65MPa	326	6
6	2.5	130℃×65MPa	397	6
7	2.5	140℃×70MPa	356	5
8	2.5	150℃×75MPa	313	3
9	2.5	160℃×75MPa	292	2
10	3.0	160℃×75MPa	360	3
11	3.0	170℃×80MPa	309	2
12	3.5	180℃×80MPa	315	2
13	4.0	200℃×90MPa	303	2

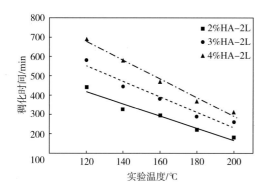

图 5-3-2 不同 HA-2L 加量下水泥浆稠化时间与温度的关系

（3）缓凝剂 HA-2L 的高温缓凝性能。HA-2L 在 120~200℃ 范围内对温度的敏感性如图 5-3-2 所示，缓凝剂 HA-2L 对温度敏感性较小，且具有良好的耐温性能，在循环温度为 200℃ 时仍具有良好的缓凝性能。在相同 HA-2L 加量下，水泥浆稠化时间随着温度变化且具有良好的线性关系；在同一温度下，水泥浆的稠化时间随缓凝剂 HA-2L 加量的增大而延长，也基本呈线性关系。

180℃ 高温下，水泥浆稠化过程中没有出现"鼓包"和"闪凝"等异常现象；水泥浆初始稠度约为 20Bc，具有良好的流动性能；稠化曲线过渡时间很短，呈"直角"稠化，有利于防止环空油、气、水窜，可以满足高温深井的固井施工要求。

2）抗高温水泥浆缓凝剂 RB-320L

（1）抗高温缓凝剂 RB-320L 设计思路。根据水泥高温水化特性和高温缓凝剂作用机理，开发了相应的高温缓凝剂。在聚合物分子中引入耐高温性能的刚性基团、体积位阻较大的基团和双羧基等基团，提升聚合物的热稳定性、化学稳定性和缓凝能力；同时，根据水泥颗粒表面电荷的特性，优化单体配比调节聚合物的吸附能力，防止其与降失水剂形成竞争吸附，改善缓凝剂与降失水剂配伍性。

（2）抗高温缓凝剂 RB-320L 缓凝能力评价。不同温度下超高温缓凝剂 RB-320L 在水泥浆中的缓凝性能评价结果如图 5-3-3 所示。水泥浆配方为：G 级水泥 +35% 硅粉 +5% 降失水剂 FB-230L+ 缓凝剂 RB-320L+40%~45% 水。随着温度的升高，水泥浆稠化时间随之减少，没有出现异常"倒挂"现象；随着缓凝剂掺量增加，稠化时间正常延长。同时，高温缓凝剂 RB-320L 还具有适用温度范围广（120~230℃）的特点。

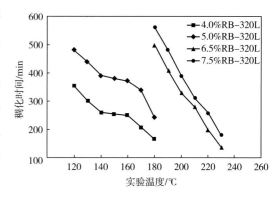

图 5-3-3 超高温缓凝剂在不同掺量不同温度下的稠化时间对比

3. 抗高温胶乳

通过优化苯乙烯与丁二烯配比，并引入少量含羧基单体，采用乳液聚合工艺可得到丁苯聚合物乳液 TB-880L。这种材料是以较小的球状聚合物颗粒通过乳化剂稳定在连续相中，其粒径一般在 0.05~0.2μm 范围内。胶乳 TB-880L 在高温下稳定性好，耐温可达 250℃，具有很好的防窜和失水控制能力，同时又可以改善水泥石的力学性能。其作用原理为：胶乳颗粒在水泥浆中有良好的分散性，经过微滤失后胶乳形成连续的非渗透膜，有效阻止了气窜发生并进一步降低水泥浆向地层的滤失。纳米级的胶乳颗粒填充在水泥石水化产物空隙中，一方面利用紧密堆积原理提高了水泥石密实度，另一方面纳米颗粒影响水化产物晶相生长，有效改善了水泥石的微观结构性能。

4. 抗高温悬浮剂

1）抗高温悬浮剂 KA-3L 及 YA-S2

（1）设计思路。KA-3L 的分子主链上引入了磺酸基团、双羧基、酰胺基、环状刚性基团等，具有良好的耐高温性能。合成聚合物高温稳定剂 KA-3L 配合黏土矿物类抗高温悬浮剂 YA-S2，可使常规密度水泥浆在 210℃条件下的沉降稳定性低于 0.05g/cm³。

（2）耐温悬浮性能。160~210℃温度范围内的水泥浆沉降稳定性评价结果见表 5-3-3。水泥浆配方 A 为：G 级水泥 +25% 硅粉 +15% 高温增强材料 BA-2S+5% 微硅 +2% 降失水剂 FA-1S+6% 缓凝剂 HA-2L+0.5% 分散剂 SA-1S+1.5% 高温悬浮剂 YA-S2+ 水；水泥浆配方 B 为：G 级水泥 +25% 硅粉 +15% 高温增强材料 BA-2S+5% 微硅 +2% 降失水剂 FA-1S+6% 缓凝剂 HA-2L+0.5% 分散剂 SA-1S+1.5% 高温悬浮剂 YA-S2+4% 稳定剂 KA-3L+ 水；水泥浆密度均为 1.88g/cm³。当温度在 160~180℃时，通过掺加高温悬浮稳定剂 YA-S2，可将水泥浆沉降稳定性控制在 0.02~0.03g/cm³；当温度在 190~210℃时，通过高温悬浮稳定剂 YA-S2 和高温稳定剂 KA-3L 复配，可控制水泥浆的沉降稳定性在 0.03g/cm³ 以内。

表 5-3-3　水泥浆配方 A 及配方 B 在 160~210℃高温范围内的沉降稳定性

配方	温度 /℃	沉降稳定性 / (g/cm³)
A	160	0.02
	170	0.02
	180	0.03
B	190	0.03
	200	0.03
	210	0.04

2）抗高温悬浮剂 JB-300S

（1）设计思路。基于电荷相互作用原理，设计和合成了含有正电荷和负电荷的两性聚合物水泥浆高温稳定剂 JB-300S，配制的水泥浆具有不增稠、零游离液、低失水以及浆体稳定等特点。

（2）耐温悬浮性能。该聚合物悬浮剂区别于通过增黏方式提高浆体稳定性聚合物或生物大分子类悬浮剂，具有低增黏或不增黏以及抗盐等特点。在高温下不易降解，悬浮效果好。悬浮剂对含盐 10%~18% 的高密度水泥浆（2.50g/cm³）在 160℃高温条件下具有较好的悬浮作用，并改善了水泥浆的流变性。

5. 水泥石防高温强度衰退材料

一般油气井服役周期长达十数年甚至数十年，在服役周期内须保证水泥石力学强度、胶结性能和层间封隔效果，这就要求水泥石高温下具有良好的长期强度稳定性。一般认为井底温度超过 110℃时，水泥石强度易发生衰退，主要原因是在温度高于 110℃的高

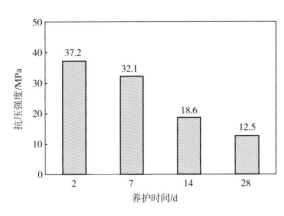

图 5-3-4　某井现场配方水泥石 28d 强度养护（170℃，硅粉掺量 35%，细度 200 目）实验结果

温环境下，水化产物发生晶相转变，由结构致密的 C—S—H 转化为疏松多孔的 α-C_2SH。常用的解决办法是通过在油井水泥中掺入 35%~40% 的硅粉来抑制高温（ ≥ 110℃）强度衰退。国外对硅粉作为耐高温稳定材料的作用机理进行了研究，认为加入 35%~40%（占水泥质量分数）的硅粉，可使得钙硅比（C/S）降低至 1.0 左右，防止水泥水化产物在温度高于 110℃ 时转化为 α-C_2SH，转而形成低钙的雪硅钙石（$C_5S_6H_6$）和硬硅钙石（C_6S_6H）等，从而确保水泥石保持较高的强度和较低的渗透率。但是，室内研究结果表明，在 170℃ 及以上的高温环境下，只添加 35% 的普通硅粉的水泥石 7d 以内的强度衰退较小，但 28d 长期强度发生较大衰退，实验结果如图 5-3-4 所示。

200℃ 下硅粉掺量、粒径对水泥石长期抗压强度的影响见表 5-3-4。水泥浆配方为：G 级水泥 + 硅粉 +5% 防窜降失水剂 GB-200L+5% 缓凝剂 +40% 水。实验结果表明，在 200℃ 高温条件下，无论采用 500 目、800 目和 1250 目细硅粉，不同配比水泥石的 28d 长期强度仍发生明显衰退。说明仅通过调节硅粉掺量和粒径难以满足水泥石在 200℃ 高温条件下长期强度稳定要求。需要研发新型防衰退材料来抑制 200℃ 高温条件下强度衰退。

表 5-3-4　硅粉水泥石 200℃长期强度数据

编号	硅粉掺量配比（占水泥质量）	7d 强度 /MPa	28d 强度 /MPa	强度衰退率 /%
1	60% 硅粉（500 目）	40.9	22.9	44.0
2	23.3% 硅粉（200 目）+46.6% 硅粉（500 目）	46.9	24.8	47.1
3	20% 硅粉（200 目）+20% 硅粉（500 目）+20% 硅粉（800 目）	36.4	12.5	65.7
4	20% 硅粉（200 目）+40% 硅粉（800 目）	33.8	13.2	60.9
5	20% 硅粉（200 目）+20% 硅粉（800 目）	45.5	8.8	80.7
6	30% 硅粉（800 目）+30% 硅粉（1250 目）	42.8	13.3	68.9
7	20% 硅粉（200 目）+40% 硅粉（1250 目）	51.5	16.9	67.2

1）110~150℃水泥石防高温强度衰退材料

选用 3 种纯度 95%，粒径分别为 300 目、200 目和 100 目的硅粉样品，考察水泥石在高温下长期强度发展情况。硅粉掺量为 35%，并加入 5% 的降失水剂、悬浮剂和适量的高温缓凝剂（确保浆体稠化时间大于水泥石养护的升温时间），配制成水灰比为 0.44 的水泥浆，然后将水泥浆在高温高压养护釜中按程序升温至实验温度，养护 2d、7d、14d 和 28d，测试的水泥石强度结果如图 5-3-5 所示。实验结果表明，加入 100 目硅粉的水泥石长期强度发展稍差，呈衰退趋势；加入 200 目和 300 目硅粉的水泥石长期强度发展较好，呈增长趋势。110~150℃高温条件下，掺量 35%、纯度 95%、200 目以上较细硅粉有利于水泥石长期强度稳定。

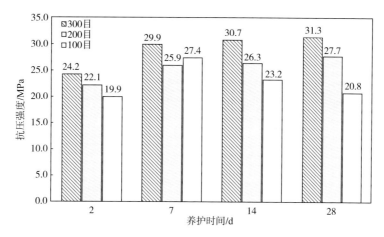

图 5-3-5　不同细度硅粉对水泥石长期强度影响（150℃，硅粉掺量 35%）

2）150~170℃水泥石防高温强度衰退材料

在 170℃下考察了硅粉的掺量和细度对水泥石长期强度影响。当硅粉细度为 200 目，硅粉掺量为 35% 和 45% 时，水泥石强度测试结果如图 5-3-6 所示。实验结果表明，170℃条件下，掺加 35% 的 200 目硅粉水泥石强度衰退幅度较大，28d 水泥石强度相比 7d 水泥石强度下降 31.2%；掺加 45% 的 200 目硅粉水泥石强度衰退较小，长期强度相对稳定。

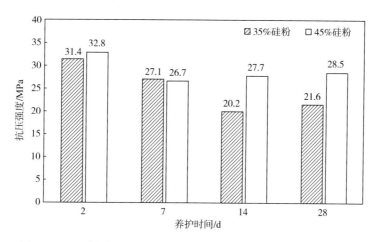

图 5-3-6　硅粉掺量对水泥石长期强度影响（170℃，细度 200 目）

当硅粉掺量为 45% 时，硅粉细度分别为 300 目、200 目和 100 目，水泥石强度测试结果如图 5-3-7 所示。实验结果表明，加入 100 目硅粉水泥石 28d 强度相比 7d 水泥石强度衰退 33.9%；加入 200 目和 300 目硅粉的水泥石长期强度相对稳定。因此，170℃高温环境下，掺加 45%、200 目及以上较细硅粉有利于水泥石长期强度稳定。

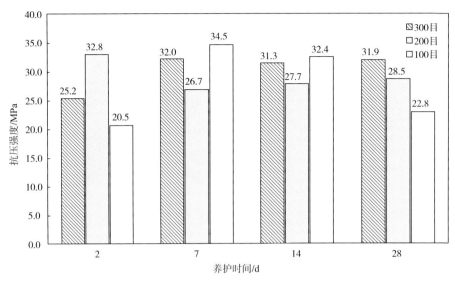

图 5-3-7 硅粉细度对水泥石长期强度影响（170℃，掺量45%）

对含硅粉水泥石水化产物进行 X 射线衍射分析，结果表明，掺加 35% 硅粉水泥石水化 28d 后硅粉（α–石英）衍射峰消失，完全参与水化反应，表明 35% 硅粉掺量不足，导致水泥石长期强度衰退。

3）170~190℃水泥石防高温强度衰退材料

在 190℃下采用 200 目硅粉，掺量分别为 45%、60% 和 80%，对水泥石的强度测试结果如图 5-3-8 所示。190℃下，200 目硅粉掺量 45%~80% 的水泥石强度均发生大幅衰退幅度，仅靠调节 200 目硅粉掺量难以满足水泥石长期强度稳定要求。

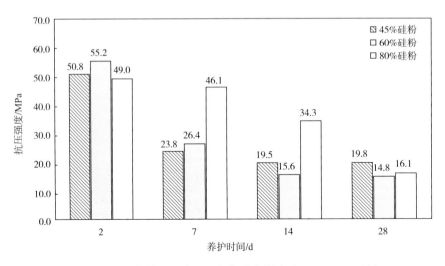

图 5-3-8 硅粉掺量对水泥石长期强度影响（190℃，200目）

采用 500 目细硅粉，掺量分别为 50%、55% 和 60%，对水泥石的强度测试结果如图 5-3-9 所示。掺 60% 的 500 目细硅粉水泥石 28d 强度保持稳定。因此，190℃高温环境下，掺加 60% 的细硅粉（500 目）可以确保水泥石长期强度稳定。

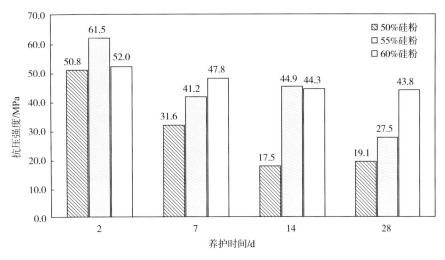

图 5-3-9　细硅粉掺量对水泥石长期强度影响（190℃，500 目）

4）200℃水泥石防高温强度衰退材料

实验结果表明，在 1250 目硅粉与 150 目硅粉复配（占水泥量的 60%）基础上，额外掺加 10% 新型含铝元素的抗衰退材料的水泥石 28d 强度均没有发生衰退（图 5-3-10）。当 1250 目硅粉与 150 目硅粉的质量比为 1∶2 时，水泥石 2d 强度（42MPa）与 28d 强度（40.8MPa）基本持平；当 1250 目硅粉与 150 目硅粉质量比为 1∶2 和 1∶1 时，水泥石 28d 强度相比 2d 强度呈增长趋势，水泥石长期强度保持稳定，说明掺加 10% 的新型抗衰退材料可以有效解决长期强度衰退问题。

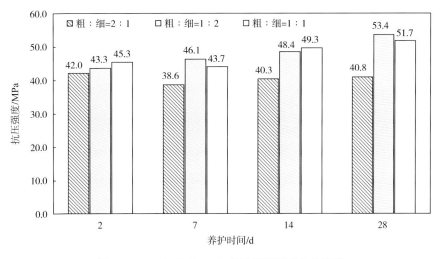

图 5-3-10　水泥石 200℃高温长期强度实验结果

5）超 200℃以上水泥石强度防衰退材料

（1）高温水泥石防衰退材料 BA-3S 设计思路。通过大量室内实验，优选出了含铝、镁等元素的硅酸盐与磷酸盐类材料，通过优化配比形成了高温增强材料 BA-2S 及防衰退材料 BA-3S，该材料在高温下与水泥水化产物发生反应，生成高温下有胶结能力的晶相，有效提高了水泥石的高温稳定性；同时，在高温条件下，采用增韧剂 NA-1S 实现对高温水泥石降脆增韧改造，增韧剂 NA-1S 中的无机晶须类材料可增强水泥石韧性。

（2）高温水泥石防衰退材料 BA-3S 性能评价。水泥石在 230℃和 250℃条件下高温水泥石抗压强度评价结果见表 5-3-5。水泥浆配方 A 为：G 级水泥 +30% 硅粉 +20% 高温增强材料 BA-2S+2% 降失水剂 FA-1S+6% 缓凝剂 HA-2L+0.5% 分散剂 SA-1S+1.5% 高温悬浮剂 YA-S2+4% 稳定剂 KA-3L+3% 增韧剂 NA-1S+ 水；水泥浆配方 B 为：配方 A+10% 防衰退材料 BA-3S；水泥浆密度均为 1.88g/cm^3。水泥浆配方 A 通过采用硅粉配合高温增强材料 BA-2S，水泥石 7d 抗压强度可以达到 30MPa 以上，但 28d 抗压强度大幅衰减，230℃条件下 28d 抗压强度衰退率 48.7%，250℃条件下 28d 抗压强度衰退率为 58.0%。水泥浆配方 B 在配方 A 的基础上添加 10% 防衰退材料 BA-3S 后，在 230℃和 250℃超高温条件下，水泥石 7d 抗压强度均能达到 45MPa 以上，且 28d 抗压强度均未出现衰退。

表 5-3-5　水泥浆配方 A 及配方 B 在 230℃及 250℃下的 7d 及 28d 水泥石抗压强度

配方	养护温度 /℃	7d 抗压强度 /MPa	28d 抗压强度 /MPa
A	230	38.8	19.9
A	250	31.4	13.2
B	230	47.8	50.4
B	250	55.4	56.1

对配方 A 及配方 B 水泥石 230℃养护 28d 后，对内部微观结构进行了扫描电镜测试。从测试结果可以看出，配方 A 高温养护后水泥石内部结构较为疏松，配方 B 水泥石内部结构致密，结合水泥石抗压强度数据，可以证实防衰退材料 BA-3S 可以保持高温条件下水泥石内部结构致密性，防止水泥石发生高温强度衰退。

二、抗高温水泥浆体系设计

抗高温水泥浆体系设计要兼顾水泥浆施工性能，长封固段大温差早期强度发展和水泥石长期密封完整性等要求。利用抗高温降失水剂、抗高温缓凝剂、抗高温悬浮剂等外加剂配制水泥浆，保证水泥浆在高温环境下保持良好的施工综合性能；通过优选抗高温外掺料，改变水泥水化产物组成，优化水泥石晶相结构，从而抑制水泥石高温长期强度衰退，提高水泥石长期密封性能。同时，通过紧密堆积技术对水泥浆配方的合理优化，可进一步改善水泥浆浆体施工性能和水泥石力学性能。依托上述抗高温固井外加剂、外掺料，形成多套水泥浆体系，以适应深井超深井不同复杂工况的固井需求。

1. 抗高温水泥浆体系常规性能评价

160~210℃范围内水泥浆综合性能见表 5-3-6。抗高温水泥浆综合性能良好，失水量控制在 45~100mL，水泥浆稠化时间满足施工要求，稠化过渡时间短，呈"直角"稠化，高温及超高温条件下 2d 抗压强度均高于 40MPa，满足固井施工要求。

基础配方：G 级水泥 +30% 硅粉 +20% 高温增强材料 BA-2S+2% 降失水剂 FA-1S+1.5% 高温悬浮剂 YA-S2+0.5% 分散剂 SA-1S+3% 增韧剂 NA-1S+0.2% 消泡剂 XA-1L+ 水，水泥浆密度为 1.88g/cm³。配方 1：基础配方 +3% 缓凝剂 HA-2L；配方 2：基础配方 +3.5% 缓凝剂 HA-2L；配方 3：基础配方 +4.0% 缓凝剂 HA-2L；配方 4：基础配方 +5.0% 缓凝剂 HA-2L+4.0% 稳定剂 KA-3L；配方 5：基础配方 +6.0% 缓凝剂 HA-2L+4.0% 稳定剂 KA-3L+10% 防衰退材料 BA-3S；配方 6：基础配方 +7.0% 缓凝剂 HA-2L+4.0% 稳定剂 KA-3L+10% 防衰退材料 BA-3S。

表 5-3-6 抗高温水泥浆体系在 160~210℃ 条件下综合性能评价

配方号	密度 /（g/cm³）	循环温度 /℃	失水量 /mL	稠化时间 /min	过渡时间 /min	2d 抗压强度 /MPa
1	1.88	160	45	398	2	45.2
2	1.88	170	58	309	1	44.5
3	1.88	180	66	298	1	47.3
4	1.88	190	58	325	1	41.8
5	1.88	200	66	317	1	40.2
6	1.88	210	88	312	1	42.2

注："2d 抗压强度"养护温度为表中循环温度除以 0.9 系数所得温度。

利用抗高温降失水剂 GB-200L、抗高温缓凝剂 RB-200L、抗高温悬浮剂等外加剂配制水泥浆，保证水泥浆在高温环境下保持良好的施工综合性能。水泥浆体系适应温度为 130~220℃，常规密度水泥浆稠化时间可调、流动性良好、浆体稳定性好、无游离液、失水可控、强度发展快，综合性能满足高温深井固井施工要求。常规密度高温水泥浆体系综合性能评价结果见表 5-3-7。水泥浆配方为：G 级水泥 +35%~60% 硅粉 +6% 高温降失水剂 FB-200L（AF）+0.5% 减阻剂 DB-210L+3%~8% 高温缓凝剂 RB-320L+2% 悬浮剂 +55% 水。

表 5-3-7 常规密度高温水泥浆体系综合性能评价结果

实验温度 /℃	130	150	170	190	200	210	220
流动度 /cm	24	24	24	25	23	25	25
稠化时间 /min	305	322	301	317	371	340	336
失水量 /mL	32	38	58	62	58	56	62
游离液 /%	0	0	0	0	0	0	0
24h 抗压强度 /MPa	18.2	20.6	19.5	18.6	22.8	35.1	37.1
48h 抗压强度 /MPa	21.5	23.9	21.4	22.8	32.9	46.7	42.8
密度差 /（g/cm³）	0.02	0.02	0.02	0.03	0.02	0.03	0.03

2. 高温水泥浆体系在大温差条件下的适应性评价

（1）以缓凝剂 HA-2L 为主剂的抗高温水泥浆体系在大温差条件下的适应性。

在不同井底循环温度条件下，水泥浆顶部静止温度分别为 90℃、70℃ 和 30℃ 下的强度发展情况见表5-3-8。在不同的循环温度条件下，稠化时间大于300min的水泥浆在对应的井底静止温度下养护24h后，抗压强度均大于20MPa。在不同顶部温度条件下养护，水泥石具有良好的早期强度。如井底循环温度为190℃、稠化时间为296min的水泥浆，在顶部温度为30℃下养护2d后，水泥石已有强度，养护3d后达到12.6MPa，能够满足长封固段大温差固井的施工要求。含盐量为8%的水泥石强度发展和淡水水泥石基本一致，但含盐量为15%的水泥浆在低温下的强度发展比淡水水泥浆慢，但3d后强度大于3.5MPa，能够满足固井要求。加入缓凝剂HA-2L的水泥浆体系可以满足温差为50~130℃的长封固段大温差固井作业，并且在大温差条件下水泥石强度发展快，没有出现超缓凝或长期不凝的现象，对水泥石后期强度发展无不良影响。

表5-3-8 大温差下水泥石的强度发展情况

编号	循环温度/℃	24h顶部抗压强度/MPa	强度/MPa					
			90℃		60℃		30℃	
			48h	72h	48h	72h	48h	72h
1	150	26.4	17.2	25.2	12.8	21.8	4.8	16.9
2	160	27.8	16.5	22.8	8.4	19.4	2.6	14.4
3	190	29.6	10.4	21.4	4.2	18.6	1.2	12.6

（2）以缓凝剂HA-3S/HA-4S为主剂的高温水泥浆体系在大温差条件下的适应性。

含降失水剂FA-2L及缓凝剂HA-3S和HA-4S的水泥浆体系在不同温度下水泥石顶部与底部强度发展情况见表5-3-9。循环温度为140~180℃时，水泥浆稠化时间在320~380min之间，温差为80℃时，水泥石48h顶部抗压强度均在15MPa以上，水泥石的早期强度较高，不会出现超缓凝问题，满足现场固井施工要求。

表5-3-9 以降失水剂FA-2L及缓凝剂HA-3S和HA-4S为主剂的水泥浆大温差适应性评价

循环温度/℃	静止温度/℃	稠化时间/min	48h顶部抗压强度/MPa	48h底部抗压强度/MPa
140	170	362	20.3	28.9
150	180	326	21.0	30.2
160	190	385	18.2	31.0
170	200	359	16.5	30.8
180	210	322	17.6	32.5

注：顶部抗压强度为静止温度减去80℃养护48h测得，底部抗压强度为静止温度条件下养护48h测得。

（3）以缓凝剂RB-320L为主剂的高温水泥浆体系在大温差条件下的适应性。

该水泥浆体系适用温度范围为70~180℃。大温差固井水泥浆体系综合性能评价结果见表5-3-10。实验结果表明，顶部温度低于循环温度50℃时，48h抗压强度大于3.5MPa，大温差条件下顶部强度发展快。水泥浆配方为：G级水泥+35%硅粉+5%降失水剂FB-200L（AF）+1.1%~3.3%缓凝剂RB-320L+53%水。

表 5-3-10　常规密度大温差水泥浆体系综合性能评价结果

温度 /℃	110	120	130	140	150	150	160	180
稠化时间 /min	264	341	270	289	320	344	370	388
24h 抗压强度 /MPa	17.9	18.6	23	24.5	26.5	25.4	26.5	27.5
顶部温度 /℃	80	70	80	90	100	100	120	130
48h 顶部强度 /MPa	12	8	4.1	7.8	9	8.6	7.2	7.5
72h 顶部强度 /MPa	15	12.4	10	13.5	14	15.2	13.8	14.2
沉降稳定性 / (g/cm³)	0.01	0.02	0.02	0.02	0.02	0.02	0.02	0.03

三、抗高温胶乳水泥浆体系设计

耐高温胶乳水泥浆体系，以抗高温胶乳防窜剂 TB-880L 为主剂，具有良好的防窜和失水控制性能，可有效改善水泥浆的流变性能、浆体沉降稳定性能和水泥石力学性能，改善水泥石与套管和井壁的胶结质量，同时又具有一定的防腐蚀功能。

1. 抗高温胶乳水泥浆防窜性能评价

以胶乳水泥为主体的非渗透性水泥浆体系，在国外固井工程中取得了良好的防气窜效果。其基本原理就是经微滤失后胶乳在水泥中形成非渗透膜。小粒径乳胶颗粒填充于水泥颗粒间的空隙，堵塞通道，降低渗透率，有效防止气侵；同时，在压差和水泥水化的作用下形成的致密乳胶膜网络，能够阻止气体在环空中上窜。

根据 Sabins 理论，水泥浆的防气窜性能可以通过参数"过渡时间"来预测，该时间越短防气窜性能越好。进行胶乳水泥浆体系在 180℃ 的静胶凝强度发展试验，水泥浆体系过渡时间较短（为 8min），有助于防止气窜的发生，表明胶乳水泥浆在高温下具有良好的防气窜性能。

2. 抗高温胶乳力学性能评价

胶乳中含有部分羧基基团，能够改善水泥石与套管和井壁的胶结质量。较大掺量的胶乳能够改善凝固后的水泥石的弹性、耐冲击性等力学性能。不含胶乳的水泥浆和胶乳水泥浆形成的水泥石力学性能评价结果见表 5-3-11。胶乳水泥浆配方：G 级水泥 +35% 硅粉 +12% 胶乳 +5.5% 缓凝剂 RB-320L+1.5% 分散剂 +40% 水；不含胶乳水泥浆配方：G 级水泥 +35% 硅粉 +59.5% 水。实验结果表明，在相同温度下，含 12% 胶乳的水泥石抗压强度较不加胶乳水泥石抗压强度降低 11%~28%，杨氏模量降低 27.6%~39.9%。

表 5-3-11　胶乳水泥浆和不含胶乳的水泥浆形成的水泥石力学性能评价结果（高压养护 7d）

温度 /℃	不含胶乳的水泥浆		胶乳水泥浆	
	抗压强度 /MPa	杨氏模量 /GPa	抗压强度 /MPa	杨氏模量 /GPa
130	48.6	8.19	37.7	5.79
140	41.9	8.36	37.2	6.05
150	39.6	8.40	28.2	5.05

3. 胶乳水泥浆综合性能评价

胶乳水泥浆的综合性能见表 5-3-12，胶乳水泥浆稠化时间可调，失水量可以降到 50mL 以内，体系稳定，沉降稳定性小于 $0.03g/cm^3$，水泥石 24h 抗压强度大于 14MPa。

表 5-3-12　胶乳水泥浆综合性能

温度（BHCT）/℃	110	120	140	160	180
压力 /MPa	60	70	70	70	70
密度 /（g/cm³）	1.86	1.86	1.86	1.86	1.86
稠化时间 /min	359	405	397	474	383
失水量 /mL	10	12	25	25	30
游离液 /%	0.1	0.1	0	0	0
沉降稳定性 /（g/cm³）	0.02	0.02	0.02	0.03	0.03
24h 抗压强度 /MPa	22	23	22	23	22

四、抗高温水泥浆体系现场应用

1. 抗高温大温差水泥浆体系在双探 3 井 ϕ177.8mm+ϕ193.68mm 尾管固井中的应用

双探 3 井为西南油气田在川西北地区的一口重点探井，三开采用 ϕ241.3mm 钻头钻至井深 7403m，ϕ177.8mm+ϕ193.68mm 尾管下至 7402m，钻井液密度 1.98g/cm³。该井具有以下固井难点：（1）井深、温度高，井底温度为 155℃；（2）井下条件复杂，钻井液密度为 1.98g/cm³，排量为 1.2m³/min 循环，存在间歇性漏失，漏失速率为 1m³/h，固井安全密度窗口窄；（3）气层、水层显示活跃，静止 60h，上窜速度为 20.5m/h；（4）一次封固段长，达到 3946m（3456~7403m），上下温差 80℃，水泥浆顶部强度发展较慢。固井采用 FA-2L 抗高温大温差韧性水泥浆体系及配套技术。

领浆配方及性能：G 级水泥 + 硅粉 + 高温增强材料 + 膨胀增韧材料 + 铁矿粉 + 分散剂 + 稳定剂 + 降失水剂 + 缓凝剂 + 水。水泥浆密度为 1.98g/cm³，失水量为 50mL，稠化时间为 478min，70℃下 72h 抗压强度为 16.8MPa。

中间浆配方 1 及性能：G 级水泥 + 硅粉 + 高温增强材料 + 膨胀增韧材料 + 铁矿粉 + 分散剂 + 稳定剂 + 降失水剂 + 缓凝剂 + 水。水泥浆密度为 2.01g/cm³，稠化时间为 252min，水泥石抗压强度为 24.2MPa/24h。

中间浆配方 2 及性能：G 级水泥 + 硅粉 + 高温增强材料 + 膨胀增韧材料 + 铁矿粉 + 分散剂 + 稳定剂 + 降失水剂 + 缓凝剂 + 水，水泥浆密度为 1.98g/cm³；稠化时间为为 249min，水泥石抗压强度为 28.5MPa/24h。

尾浆配方及性能：G 级水泥 + 硅粉 + 高温增强材料 + 膨胀增韧材料 + 铁矿粉 + 分散剂 + 稳定剂 + 降失水剂 + 缓凝剂 + 水，水泥浆密度为 1.92g/cm³，失水量为 50mL；稠化时间为 182min，155℃下 48h 抗压强度为 36.5MPa。

现场固井施工顺利，固井合格率为 82.4%，优质率为 41.4%。

2. 抗高温水泥浆体系在克深 21 井 ϕ 127.0mm 尾管固井中的应用

克深 21 井是塔里木油田公司部署在库车坳陷的一口预探井，五开采用 ϕ 149.2mm 钻头钻至井深 8098m，为中国石油当时陆上最深直井，ϕ 127.0mm 尾管下至 8098m，钻井液密度为 1.90g/cm³。该井具有以下固井难点：（1）井底静止温度 176.6℃，对水泥浆抗高温性能及稳定性要求较高；（2）高温对水泥石长期强度稳定性要求高；（3）井深、环空间隙小且储层裂缝发育，窄安全密度窗口条件下套管和固井施工过程中易发生漏失，保证安全施工困难。

领浆配方及性能：G 级水泥 +60% 硅粉（500 目）+10% 铁矿粉 +15% 微锰 +4% 防气窜剂 GB-200L+5.5% 高温缓凝剂 RB-320L+4.5% 分散剂 DB-210L+2% 悬浮剂 JB-300S+60% 水。水泥浆密度为 1.96g/cm³，失水量为 42mL；160℃稠化时间为 516min；沉降稳定性为 0.02g/cm³；顶部 142℃下 24h 抗压强度为 15.6MPa。

尾浆配方及性能：G 级水泥 +60% 硅粉（500 目）+10% 铁矿粉 +15% 微锰 +4% 防气窜剂 GB-200L+2% 高温缓凝剂 RB-320L+4.5% 分散剂 DB-210L+2% 悬浮剂 JB-300S+60% 水。水泥浆密度为 1.96g/cm³，失水量为 36mL；稠化时间为 288min；沉降稳定性为 0.02g/cm³；160℃下 48h 抗压强度为 39.5MPa。

固井施工过程顺利，固井段固井合格率 100%，优质率 46.9%，负压验窜合格。

第四节　高强度韧性水泥

一、韧性水泥增韧机理

1. 结晶基质塑化增韧

氢氧化钙属于三方晶系，其晶体结构为层状，为彼此联结的 $[Ca(OH)_6]^{3-}$ 八面体。结构层内为离子键，结构层之间为分子键。氢氧化钙的上述层状结构决定了它的片状形态，在电子显微镜下，$Ca(OH)_2$ 为六角形片状晶体，各晶面较为平整光滑。在油井水泥中掺入增韧材料胶乳时，在水泥水化产物氢氧化钙六方片状结构晶体的表面镶嵌着一定量的胶乳粒。

2. 凝胶相基质塑化增韧

凝胶相基质塑化主要发生在水泥水化形成 C—S—H 凝胶的过程中，加入的增韧材料胶乳微粒子直接参与 C—S—H 凝胶连生—聚并—交叉—成网过程，胶乳粒子与 C—S—H 凝胶相混交融合形成一个有机整体，起到"软化" C—S—H 凝胶相结构力的作用，达到水泥石降脆增韧的目的。

3. 粒间充填增韧

油井水泥石水化硅酸钙凝胶所形成的网状结构及其内部夹杂的氢氧化钙等结晶相，可作为整个水泥石的骨架支撑结构。在受到外力作用时，骨架支撑结构是受力体和力的传递介质。当骨架支撑结构受力超过一定程度时，将发生结构破坏，从而导致整个水泥石结构的破坏。由于骨架支撑结构内含有大量的空隙及孔洞，骨架支撑结构既作为受力体，也可充当力的传递介质。如果在空隙及孔洞内充填弹性介质或变形粒子，当外力传递到这些充填粒子时，外力将受到有效的缓冲作用，减缓对骨架支撑结构的破坏。

4. 粒间搭桥增韧

在水泥浆中加入一定比例的长短纤维，由于纤维对负荷的传递，水泥石内部缺陷的应力集中减小，纤维在水泥石晶体间有"搭桥"作用，纤维与水泥水化物之间紧密粘结，以"拉筋"作用改善油井水泥石力学形变能力。改善纤维水泥力学性能主要取决于基体的物理性质和纤维与水泥之间的粘结强度。当基体水泥确定后，纤维与水泥之间的粘结强度就成为决定硬化后水泥石性能的主要因素。

5. 颗粒阻裂增韧

利用混凝土材料在受外力作用时裂缝扩展受阻及绕行原理来设计固井水泥浆体系，可提高水泥石的抗冲击能力。当混凝土受外力作用时，原生裂缝或后期作用所产生的裂缝会扩展。当裂缝完全扩展时，将导致混凝土的破坏。但当裂缝扩展至骨料而受阻时，裂缝要继续扩展必须穿越或绕过骨料，从而抑制了裂缝发展，在一定程度上增加了混凝土的抗冲击能力。因此，在油井水泥中添加一定量的粗颗粒，使水泥石在受破坏时裂缝绕颗粒而行，或者裂缝穿越颗粒时消耗一定能量，有助于降低水泥石脆性，提高水泥石的抗冲击能力。

二、韧性水泥浆体系的设计思路与性能要求

1. 韧性水泥浆体系的设计思路

（1）要降低水泥石的杨氏模量、提高水泥石的泊松比，就必须在水泥中掺入比水泥石弹性模量更低、泊松比更高的材料。

（2）所选材料必须要有合适的形状及粒径分布，如果亲水性差，则需要进行表面亲水处理。

（3）依据紧密堆积原理，优选其他配套外掺料及外加剂，在保证水泥石具有适宜强度的前提下，具有较低的杨氏模量和较高的泊松比。

在水泥浆中掺入微硅，可利用其比表面相对较小、本身化学活性高的矿物活性，部分能够与水泥水化产物中的碱性物质发生胶凝反应，有利于保持浆体的稳定性及提高水泥浆体系的整体性能。同时，在水泥浆中掺入增韧材料，并均匀分散在浆体中，随着水泥石强度发展，韧性材料在水泥石内部形成桥接并抑制了缝隙的发展从而达到增强水泥石的弹性、提高抗冲击韧性、降低水泥石渗透率的目的。

2. 韧性水泥浆体系的性能要求

水泥浆性能指标要求参照《油气藏型储气库固井技术规范》（油勘〔2022〕387号）执行，其他密度水泥石指标要求可参考相邻密度的水泥石。通过优选材料、紧密堆积及韧性改造，水泥石可在一定程度内实现较常规水泥石更高的抗压强度，此种情况下韧性水泥的杨氏模量较《油气藏型储气库固井技术规范》（油勘〔2022〕387号）要求相应比例提

高（抗压强度每增加 1MPa，杨氏模量可相应增加 0.12GPa）。

3. 韧性水泥的评价方法

（1）水泥浆按照 GB/T 19139 所述方法制备；水泥石测试样品按照 SY/T 6466 所述方法制备。

（2）水泥石力学性能指标主要包括抗压强度、抗拉强度、杨氏模量、气体渗透率和线性膨胀率。

（3）抗压强度、气体渗透率按照 GB/T 19139 所述方法进行检测，线性膨胀率按照 GB/T 33293 所述方法检测。

三、韧性水泥浆体系

1. 韧性水泥浆体系 A

1）增韧材料

（1）胶乳 TA-1L。胶乳耐盐达饱和，耐温 0~200℃，且与外加剂的配伍性好。胶乳水泥浆中橡胶粒子间及与水泥颗粒之间形成立体空间网架结构及架桥连接，提高了水泥石抗压强度以及抗渗阻力，可减少油、气、水窜。胶乳中橡胶粒子堵塞和充填于水泥颗粒之间，降低了水泥石的渗透率，增大了气体进入水泥石的阻力。如表 5-4-1 所示，随着胶乳加量的增加，水泥石抗压强度得到明显提高。

表 5-4-1　胶乳水泥浆常规性能

实验温度 /℃	干混材料 /%			水泥浆性能			
	G 级水泥	胶乳 TA-1L	微硅	密度 /（g/cm³）	流动度 /cm	7d 抗压强度 /MPa	杨氏模量 /GPa
80	100	4	2	1.90	22	38.8	9.43
	100	8	2	1.90	21	40.5	9.18
	100	12	2	1.90	20	41.8	8.77
	100	16	2	1.90	19	36.9	8.72

（2）增韧材料 TA-1S。增韧材料 TA-1S 是一种白色粉体材料，水溶性与再分散性强，适应温度范围为 0~200℃，具有较突出的粘结强度，可提高水泥石的柔韧性，对改善水泥浆的黏附性、抗拉强度、防水性具有显著效果。

表 5-4-2 为不同增韧材料 TA-1S 加量对水泥石强度的影响。随着增韧材料 TA-1S 加量增加，水泥石抗压强度是先增加后减小，当增韧材料 TA-1S 加量占纯水泥的 6% 时，水泥石抗压强度最高。由于水泥石内部存在一定的孔隙，当增韧材料 TA-1S 加量在 6% 以内时，乳胶粒子的掺入充填在孔隙处，形成桥接并抑制了缝隙的发展，有效保持了水泥石的完整性。当增韧材料 TA-1S 加量过大时，乳胶粒子降低了水泥石内部胶凝材料之间的接触面积，从而减弱了水泥石内部的结构力，导致水泥石抗压强度降低。

表5-4-2 不同增韧材料TA-1S加量对水泥石强度影响

实验温度 /℃	干混材料 /%			水泥浆性能			
	G级水泥	胶乳 TA-1L	微硅	密度 / （g/cm³）	流动度 / cm	7d 抗压强度 / MPa	杨氏模量 / GPa
80	100	4	2	1.90	22	36.2	9.45
	100	6	2	1.90	21	42.2	8.92
	100	8	2	1.90	20	34.4	8.84
	100	10	2	1.90	19	32.5	8.79

（3）增韧材料EA-1S。增韧材料EA-1S是一种白色无味的颗粒状材料，温度使用范围为0~150℃，具有较强的亲水性，在水泥浆中的分散性强，可均匀分散在水泥浆中，且与水泥石基体具有较强的黏结强度，可明显提高水泥石韧性。

表5-4-3为不同EA-1S加量对水泥石强度的影响。当增韧材料加量占纯水泥的6%时，水泥石抗压强度最高；当加量超过6%时，水泥石抗压强度下降。

表5-4-3 不同EA-1S加量对水泥石强度影响

实验温度 /℃	干混材料 /%			水泥浆性能			
	G级水泥	胶乳 TA-1L	微硅	密度 / （g/cm³）	流动度 / cm	7d 抗压强度 / MPa	杨氏模量 / GPa
80	100	4	2	1.90	21	36.65	7.61
	100	6	2	1.90	20	34.30	6.74
	100	8	2	1.90	19.5	29.50	6.28
	100	10	2	1.90	19.5	27.25	5.65

2）韧性水泥浆体系 A-1 的性能评价

（1）胶乳湿混韧性水泥浆。将胶乳湿混在配浆水中，然后与水泥干灰混拌，形成胶乳水泥浆体系，主要介绍胶乳低密度水泥浆和胶乳常规密度水泥浆。低密度水泥浆配方为：G级水泥 +8% 微硅 +12% 硅粉 +10% 玻璃微珠 +0.8% 高温稳定剂 YA-S2+12% 胶乳 TA-1L+1.8% 胶乳调节剂 TA-1LT+3% 降失水剂 FA-2L+0.8% 分散剂 SA-1S+1.67% 缓凝剂 HA-1L+0.2% 消泡剂 XA-1L+0.3% 抑泡剂 XA-2L+61.1% 水；常规密度水泥浆配方为：G级水泥 +30% 硅粉 +5% 微硅 +8% 胶乳 TA-1L+1.2% 胶乳调节剂 TA-1LT+2% 降失水剂 FA-2L+0.5% 分散剂 SA-1S+0.2% 消泡剂 XA-1L+0.3% 抑泡剂 XA-2L+41.5% 水。低密度韧性水泥浆和常规密度韧性水泥浆综合性能良好，24h 水泥石抗压强度大于 14MPa，7d 水泥石抗压强度大于 35MPa，7d 杨氏模量为 3~8GPa，见表5-4-4。

表5-4-4 胶乳增韧水泥浆体系性能

性能	胶乳低密度水泥浆 （稠化实验条件：110℃ ×60MPa×55min）	胶乳常规密度水泥浆 （稠化实验条件：110℃ ×60MPa×55min）
密度 / (g/cm³)	1.55	1.90
失水量 /mL	38	34

续表

性能		胶乳低密度水泥浆 （稠化实验条件：110℃×60MPa×55min）	胶乳常规密度水泥浆 （稠化实验条件：110℃×60MPa×55min）
游离液量 /%		0	0
沉降稳定性 /（g/cm³）		0	0
稠化时间（70Bc）/min		270	124
抗压强度 /MPa	24h	17.3	35.2
	48h	28.8	38.4
	7d	37.4	48.3
7d 杨氏模量 /GPa		4.7	7.3
7d 抗拉强度 /MPa		1.8	2.4
7d 气体渗透率 /mD		0.012	0.003
7d 线性膨胀率 /%		0.03	0.09

（2）水泥石微观分析。在水泥浆体系中掺入一定量胶乳 TA-1L，使胶乳粒子在水泥水化过程中与水泥水化凝胶相互融合形成连续三维空间网状结构的有机结合体，因此胶乳水泥石结构致密，具有低渗透率的特点。胶乳粒子具有低杨氏模量特性，可有效卸载水泥石应力集中，防止产生微裂纹；水泥水化凝胶硬化后具有高强度特性，对外载作用力具有很好的承载能力，对保障水泥环密封完整性具有良好作用。

3）韧性水泥浆体系 A-2 的性能评价

（1）粉体干混韧性水泥浆。胶乳水泥浆体系主要用于湿混，为了降低环保压力，现场应用更方便，提高工作效率，开发干混增韧材料的韧性水泥浆体系十分必要。在水泥干灰中掺入粉体增韧材料 TA-1S、粉体增韧材料 EA-1S，形成粉体增韧材料韧性水泥浆体系，具体性能见表 5-4-5。

低密度韧性水泥浆配方：G 级水泥 +12% 增强材料 BA-1S+2% 微硅 +1.5% 降失水剂 FA-1S+1% 分散剂 SA-1S+2% 早强剂 AA-1S+8% 增韧材料 EA-3S+34% 空心玻璃微珠 +0.12% 缓凝剂 HA-1L+73% 水。水泥浆体系综合性能良好，24h 水泥石抗压强度大于10MPa，7d 水泥石抗压强度大于 30MPa，7d 杨氏模量小于 4GPa。

常规密度韧性水泥浆配方：G 级水泥 +20% 高温增强材料 BA-2S+1% 膨胀增韧材料EA-3S+4% 防窜增韧材料 TA-1S+5% 增韧材料 EA-1S+3% 微硅 +1.5% 分散剂 SA-1S+2.5% 降失水剂 FA-1S+1.7% 缓凝剂 HA-1L+0.2% 消泡剂 XA-1L+0.2% 抑泡剂 XA-2L+53% 水。水泥浆体系综合性能良好，24h 水泥石抗压强度大于 14MPa，7d 水泥石抗压强度大于35MPa，7d 杨氏模量小于 7GPa。

高密度韧性水泥浆配方：G 级水泥 +20% 高温增强材料 BA-2S+12% 膨胀增韧材料EA-3S+100% 铁矿粉（6.05g/cm³）+1.5% 稳定剂 KA-3S+1.1% 分散剂 SA-1S+3.2% 降失水剂 FA-2L+1.5% 缓凝剂 HA-2L+67% 水 +0.5% 消泡剂 XA-1L+0.5% 抑泡剂 XA-2L。水泥浆体系综合性能良好，24h 水泥石抗压强度大于 20MPa，7d 水泥石抗压强度大于 40MPa，7d杨氏模量小于 7GPa。

表 5-4-5　粉体增韧水泥浆体系性能

稠化实验条件		59℃×43MPa×30min	63℃×45MPa×35min	104℃×103MPa×50min
水泥浆类型		低密度水泥浆	常规密度水泥浆	高密度水泥浆
水泥浆性能	密度/(g/cm³)	1.35	1.90	2.30
	失水量/mL	28	30	38
	游离液量/%	—	0	0
	密度差/(g/cm³)	0	—	—
	初始稠度/Bc	24	20	27.00
	稠化时间（70Bc）/min	166	175	194
	抗压强度/MPa　24h	13.4	19.4	26.8
	抗压强度/MPa　48h	25.6	29.7	34.4
	抗压强度/MPa　7d	31.7	38.8	45.7
	7d杨氏模量/GPa	4.9	7.3	8.0
	7d抗拉强度/MPa	1.3	2.6	1.75
	7d气体渗透率/mD	0.018	0.005	0.007
	7d线性膨胀率/%	0.07	0.08	0.06

（2）水泥石微观分析。在水泥浆体系中掺入一定量的增韧材料 TA-1S、增韧材料 EA-1S，能够达到改善水泥石力学性能的目的。由于增韧材料 TA-1S 和增韧材料 EA-1S 是一种有机高分子材料，粒径小、表面亲水性好、自身具有一定弹性，与水泥石基相容性好，提高了水泥石的密实性和弹性。从扫描电镜和渗透率结果可知，紧密堆积方法可有效提高水泥石的堆积密实度，降低水泥石的渗透率。

2. 韧性水泥浆体系 B

1）增韧防窜材料 GB-300S

GB-300S 高分子聚合物颗粒可填充水泥颗粒间的空隙，堵塞通道，降低渗透率，有效防止气侵；同时在压差和水泥水化的作用下，聚合物颗粒在水泥颗粒间逐渐聚结，形成抑制渗透的聚合物薄膜，从而可阻止气体在环空的上窜。GB-300S 增韧防窜剂耐温能力可达285℃，颗粒粒径为 7μm 左右。表 5-4-6 为掺有 GB-300S 增韧防窜剂的水泥石杨氏模量评价结果，随着 GB-300S 增韧防窜剂掺量的增加，水泥石杨氏模量逐渐降低，峰值强度也逐渐降低，且杨氏模量降低率和峰值强度降低率接近。

表 5-4-6　掺有 GB-300S 增韧防窜剂的水泥石杨氏模量评价结果

序号	GB-300S掺量/%	围压10MPa下性能			
		杨氏模量/GPa	杨氏模量降低率/%	峰值强度/MPa	峰值强度降低率/%
1	0.0	9.46	0.00	75.69	0.00
2	4.5	8.96	5.29	75.26	0.56
3	7.5	8.31	12.16	66.61	11.9
4	15.0	7.44	21.35	58.49	22.7

2）水泥石的结构表征

利用扫描电镜对经过 80℃养护 6h 的净浆水泥石和掺有 GB-300S 的水泥石进行了微观表面形貌成像分析。试验结果表明，净浆水泥石存在明显的孔洞和缝隙，大量硅酸盐凝胶呈无定形形态分布，而掺有 GB-300S 的水泥石形成的硅酸盐凝胶排列更加紧凑，水泥石更加致密，没有明显的缝隙和孔洞，有利于降低水泥石渗透率。

3）水泥石力学性能评价

目前常用测定水泥石杨氏模量的方法为三轴实验法。首先按照配方配制水泥浆，将水泥浆倒入模具中，在 80℃、20.7MPa 的压力下养护 7d，然后在 0MPa 围压下进行三轴实验。从表 5-4-7 中可以看出，随着 GB-300S 加量增加，水泥石杨氏模量逐渐降低，说明增韧防窜剂可增加水泥石形变能力，改善水泥石韧性。同时，其抗压强度也逐渐下降，但是其抗压强度降低率小于杨氏模量降低率。

1# 水泥浆配方：G 级水泥 +44% 水，密度 1.90g/cm^3；

2# 水泥浆配方：G 级水泥 +45.6% 水 +4.5%GB-300S，密度 1.88g/cm^3；

3# 水泥浆配方：G 级水泥 +49.0% 水 +15.0%GB-300S，密度 1.84g/cm^3；

4# 水泥浆配方：G 级水泥 +54.0% 水 +30.0%GB-300S，密度 1.80g/cm^3。

表 5-4-7　增韧防窜水泥石抗压强度与杨氏模量实验结果

水泥浆配方号	GB-300S 掺量 /%	抗压强度 /MPa	抗压强度降低率 /%	杨氏模量 /GPa	杨氏模量降低率 /%
1#	0	39.0	—	9.05	—
2#	4.5	37.8	3.07	8.83	2.43
3#	15	32.4	16.9	6.66	26.41
4#	30	28.9	25.9	4.68	48.29

3. 韧性水泥浆体系 C

1）增韧材料

（1）柔性防窜剂。在 80℃恒温水浴养护条件下，测试了油井水泥柔性防窜剂 TC-77 掺量为 0.0%、7.0%、8.0% 和 9.0% 时（外掺）水泥石的膨胀性能。在水泥水化过程中，混合水与水泥熟料发生水化反应致使水泥石体积减小，掺有减阻剂和未掺柔性防窜剂的水泥石在整个养护龄期出现收缩，7d 前收缩速率较大，7d 以后收缩速率趋于平缓，曲线上出现"平台"。随着柔性防窜剂 TC-77 的掺入，其早期膨胀特性较好，在 1d 以后就发挥出来，到 28d 时膨胀趋于稳定。当柔性防窜剂 TC-77 的掺量增加时，水泥石膨胀量增大，柔性防窜剂 TC-77 掺量为 7.0% 时，净浆水泥石的体积收缩得到部分补偿，继续加大柔性防窜剂 TC-77 的掺量至 8.0% 时，水泥石在整个养护龄期内处于膨胀状态。

（2）加筋增韧。优选合适的加筋增韧剂来提高水泥石的韧性、抗冲击性能、阻裂性能，可防止射孔对水泥环完整性的破坏。用于韧性水泥的加筋增韧剂的要求为：能够均匀分布在水泥基体中形成网络，有合适的杨氏模量，有较高的抗拉强度，纤维应该具有亲水性，与水泥界面粘结较好。该实验选择的加筋增韧剂 EC-66 为不同杨氏模量的混杂纤维群，具有加筋和增韧的双重功能。

2）韧性水泥浆体系组成

在前期实验应用基础上，增韧水泥浆体系有特种功能外加剂（韧性剂 TC–77、加筋增韧剂 EC–66）、降失水剂 FC–10、减阻剂 DC–35、缓凝剂 RC–21 等外加剂组成。

3）韧性水泥石的力学性能测试

通过对不同养护龄期的水泥石的性能指标如抗压强度、抗拉强度、杨氏模量、泊松比、渗透率、线性膨胀率的对比测试，全面评价了韧性水泥石的力学性能，结果见表 5–4–8。韧性水泥浆的杨氏模量较原浆降低 30%~50%，抗拉强度的提高率大于 50%，具有明显的刚性膨胀量，其抗压强度低密度水泥能够达到 25MPa，常规密度水泥能达 34MPa 以上。从室内试验应力—应变曲线可以看出，水泥石在围压下能够保持 5% 以上的应变量仍然能够保持完整，变形性能良好。

水泥浆配方组成如下：

1# 水泥浆配方为 G 级水泥 + 超细水泥 + 玻璃微珠 + 微硅 + 韧性剂 + 复合纤维 + 分散剂 + 降失水剂 + 缓凝剂 + 消泡剂；

2# 水泥浆配方为 G 级水泥 + 超细水泥 + 玻璃微珠 + 微硅 + 降失水剂 + 缓凝剂 + 分散剂 + 消泡剂；

3# 水泥浆配方为 G 级水泥 + 韧性剂 + 复合纤维 + 降失水剂 + 缓凝剂 + 分散剂 + 消泡剂；

4# 水泥浆配方为 G 级水泥 + 降失水剂 + 缓凝剂 + 分散剂 + 消泡剂。

表 5-4-8 韧性水泥 7d 性能测试数据

水泥浆配方号	密度 /（g/cm³）	杨氏模量 /GPa	抗压强度 /MPa	抗拉强度 /MPa	渗透率 /mD	膨胀率 /%
1#	1.45	4.09	25.9	2.70	—	—
2#	1.45	5.93	33.7	1.94	—	—
3#	1.90	5.02	34.1	3.10	0.04	0.13
4#	1.90	9.63	62.6	1.42	0.045	0.142

四、现场应用

韧性水泥浆体系在大港油田、华北油田、长庆油田和辽河油田等储气库成功现场应用 200 多井次，现场应用效果良好，并已推广应用至深层天然气井、页岩气水平井固井。

1. 在相国寺储气库固井中的应用

相储 10 井是部署在相国寺构造上的一口注采井，本开采用 ϕ311.2mm 钻头钻至井深 2158.00m 中完，下入 ϕ244.5mm 套管后进行固井。本开次固井主要存在上部地层压力系数低，大排量注替过程中易诱发井漏难题，采用两凝高低密度韧性水泥浆（快干浆 1.88g/cm³，缓凝浆 1.54g/cm³）固井，固井后电测固井质量优质率为 97.2%，合格率为 100%。

相监 4 井 ϕ177.8mm 尾管下至井深 1348.46~2058.49m 进行固井施工，回接 ϕ177.8mm+ ϕ206.4mm 套管至井口，为下步注采作业创造条件。在采用韧性水泥浆体系后，回接固井电测质量优质率为 97%，合格率为 100%。截至 2020 年底，该井经过了十注九采注采作业后，水泥环密封完整性良好。

2. 在川渝地区高石梯—磨溪区块深层天然气井固井中的应用

高石梯—磨溪区块钻完井期间井筒内因密度变化和温度变化所造成的应力应变，易影响环空水泥环胶结质量，2015 年钻完井期间环空带压率为 38.2%。通过技术攻关形成了以 1.90~2.40g/cm³ 膨胀韧性水泥浆技术为核心的固井综合配套技术，在安岳气田高石梯—磨溪区块推广应用 50 余口井，固井质量合格率大于 90%，2016 年后钻完井期间无环空带压现象。

第五节　自愈合水泥浆

在建井和后期生产过程中，由于压力和温度变化，水泥环可能会出现微环隙或微裂缝，形成油气窜流通道，导致水泥环的密封性失效。水泥环密封失效后，传统修复方式需要人工进行预先探伤，查找水泥石损伤区，然后进行挤水泥补救。但是，挤水泥作业施工风险高，成功率低。自愈合材料在某种特定作用机制下对微环隙或微裂缝部位进行自动修复，封堵窜流通道，恢复水泥环的密封性能[9]。

一、自愈合水泥损伤愈合机理

自愈合水泥目前已有的 4 种损伤自愈合方式分别适用于不同的损伤自愈合环境。

1. 沉淀结晶机理

当混凝土中出现微裂缝时，溶解在水中的 CO_2 与水泥中的 $Ca(OH)_2$ 发生反应生成不溶于水的 $CaCO_3$，通过 $CaCO_3$ 的沉淀堵塞渗流通道，实现微裂缝的损伤自愈合。

2. 渗透结晶机理

在混凝土内部预先置入无机活性材料，或在混凝土表面涂敷含有无机活性材料的涂层。当混凝土中出现微裂缝时，在水渗流的作用下，无机活性材料传输到微裂缝中，填充微裂缝并催化未完全水化的水泥颗粒继续水化，通过形成结晶沉淀堵塞渗流通道。

3. 微胶囊 / 液芯纤维自愈合

在水泥石中预先置入封装有不同活性材料的微胶囊或液芯纤维。当水泥石中出现裂缝时，微胶囊囊壁破裂或液芯纤维断裂并将活性材料释放出来。不同活性材料间发生化学反应形成沉淀物堵塞渗流通道，实现微裂缝的损伤自愈合。

4. 环境刺激响应自愈合

在水泥石中预先置入可吸收渗流介质的固态自愈合材料。当水泥石中出现裂缝时，自愈合材料吸收渗流介质并产生体积膨胀，通过填充和堵塞渗流通道实现微裂缝的损伤自愈合[10]。

二、油气自愈合材料

1. 自愈合材料设计

根据井下特殊高温高压环境对聚合物结构进行设计，采用悬浮聚合方法合成核壳型聚合物小球，通过分步投料和对功能单体的控制，从而实现对核部分和壳部分结构控制。核部分保证聚合物粒子膨胀后具有足够的强度，壳部分遇油气可以产生足够的体积膨胀且对界面有胶结作用，保证遇油气膨胀后对水泥环微裂缝的封堵。图5-5-1为自愈合剂制备工艺。

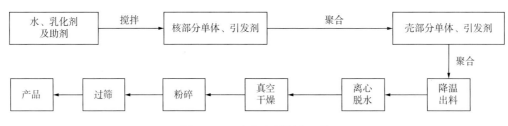

图5-5-1 自愈合剂制备工艺

2. 自愈合材料粒径及形貌

自愈合剂聚合物为粉体材料，采用电子显微镜对其形貌进行观察，自愈合剂聚合物呈球形，粒径在100~200μm范围内，有利于改善水泥浆流变性。自愈合材料微球表面呈现"草莓状"凹凸界面，有利于自愈合材料与水泥基体胶结。

3. 自愈合材料热稳定性

为确保自愈合材料在井下高温环境中长期保持自愈合性能，需对材料的耐温性能进行表征。自愈合材料的热失重试验表明，材料在400℃以下具有良好的热稳定性，可以保证材料在井下高温条件下长期维持自愈合性能。

4. 自愈合材料膨胀性能

采用不同有机介质测试自愈合材料的膨胀性能，测试数据见表5-5-1。自愈合材料在各介质中膨胀比例数据表明，自愈合材料具有较好的膨胀能力，为了兼顾自愈合材料膨胀后的强度，对材料结构进行优化设计，从试验结果可以看出液化气中仍有一定的膨胀能力，保证在油气流体中的膨胀能力。

水泥石中掺入自愈合剂聚合物，自愈合剂吸收二甲苯后可迅速膨胀，若含自愈剂的水泥石产生微裂缝。有流体渗入时，自愈合剂在受限空间膨胀，通过颗粒间挤压作用堵塞微裂缝，实现对渗流通道的封堵[11]。

表5-5-1 自愈合剂聚合物在不同模拟介质中膨胀比例

介质类别	测试介质	膨胀比例
芳香烃类	二甲苯	2.1
	甲苯	2.4

介质类别	测试介质	膨胀比例
液态烷烃类	正己烷	1.2
混合烃类	柴油	1.4
气态烷烃类	液化气	1.05

为了考察自愈合水泥在有机介质中的稳定性，将含有 10% 自愈合剂的水泥石在煤油中浸泡一年后，自愈合水泥石仍然保持完整结构，可以证明水泥环不会在井下因有机介质浸入而发生结构性破坏。

5. 自愈合水泥性能评价

1）水泥石抗压强度

表 5-5-2 为不同自愈合剂掺量对水泥石抗压强度的影响数据，从表 5-5-2 可以看出，水泥石中加入自愈合剂后抗压强度降低。当加量达 15% 时，抗压强度仅为 7.58MPa，这是因为自愈合剂为聚合物材料，聚合物变形能力较强，自愈合剂加量大时，对水泥石强度影响明显，但经过紧密堆积设计引入活性无机增强材料后可明显提高水泥石的抗压强度，满足固井工程要求。优化前配方为：G 级水泥 +3% 降失水剂 + 自愈合剂 +41% 淡水；优化后配方为：G 级水泥 +3% 降失水剂 + 自愈合剂 + 增强材料 +41% 淡水。

表 5-5-2　不同自愈合剂掺量时水泥石抗压强度数据（80℃，24h）

自愈合剂加量 /%	水泥石抗压强度 /MPa	
	优化前	优化后
0	25.93	30.61
5	21.71	26.22
10	10.31	21.31
15	7.58	18.93

2）水泥浆沉降稳定性

自愈合剂主要功能单体为亲油性基团，因此材料的疏水结构会导致自愈合剂颗粒在水泥浆中无法分散，造成水泥浆分层现象。通过在自愈合剂中引入极性功能单体，使自愈合剂颗粒既保持适当的亲油性，又保持良好的分散性。表 5-5-3 数据表明，当自愈合剂掺量为 8% 时，自愈合剂在水泥浆中分散均匀，沉降稳定性良好。

表 5-5-3　掺有 8% 自愈合剂的水泥石沉降实验数据

水泥浆密度 / (g/cm³)	自上至下水泥石密度 / (g/cm³)							
	1#	2#	3#	4#	5#	6#	7#	8#
1.85	1.82	1.83	1.83	1.82	1.83	1.82	1.82	1.85
2.15	2.12	2.13	2.14	2.14	2.14	2.14	2.15	2.16
2.30	2.26	2.26	2.28	2.29	2.30	2.30	2.30	2.31

注：养护条件为温度 90℃，压力常压，养护时间 24h；自愈合剂加量为 8%。

3）水泥浆综合性能

表5-5-4为自愈合水泥浆的综合性能表，自愈合水泥浆在70~180℃稠化时间可调，失水量不大于50mL，具有稳定性良好、强度发展快等特点，水泥浆综合性能满足施工要求。通过对不同自愈合剂掺量和不同温度条件下的水泥浆稠化试验表明，自愈合剂加入水泥浆中不会导致水泥浆性能异常。

表5-5-4　自愈合水泥浆综合性能

循环温度 / ℃	流动度 / cm	失水量 / mL	稠化时间 / min	游离液 / %	沉降稳定性 / （g/cm³）	24h 抗压强度 / MPa	7d 抗压强度 / MPa
70	22.5	38	163	0	0.01	20.8	30.5
80	22	42	161	0	0.02	20.5	31.5
90	22	46	265	0	0.01	21.3	32.5
100	21.5	41	282	0	0.01	21.9	30.8
110	22	43	275	0	0.02	22.1	31.2
120	22	45	305	0	0.02	22.8	28.5
130	22	42	390	0	0.02	20.5	30
140	23	44	433	0	0.03	21.4	32.5
150	22.5	43	386	0	0.03	20.3	36.3
160	22	48	610	0	0.03	23.2	43.9
170	23	46	423	0	0.03	24.2	42.8
180	23	48	471	0	0.03	25.1	43.7

6. 自愈合能力评价

1）遇油愈合能力评价

以煤油为流动介质，差压为2MPa，围压为5MPa，测试了不同自愈合剂加量对水泥石贯通裂缝愈合效果的影响。通过计量煤油流经水泥石的流量，计算水泥石的渗透率变化，如图5-5-2所示。从不同时间的渗透率可以看出，不加自愈合剂的水泥石，渗透率基本没有变化，而加入自愈合剂的水泥石渗透率明显下降，随着自愈合剂掺量的增加，渗透率开始下降明显，但最后渗透率基本接近，由此可见，自愈合水泥遇油自愈合效果显著。

原油对5%和10%的自愈合剂加量水泥石试验愈合情况，空白水泥石无法抑制原油渗流，而加入自愈合剂的水泥石可以有效阻止原油渗流，随着加量的增加，愈合时间缩短，自愈合水泥对原油介质也具有很好的愈合能力。

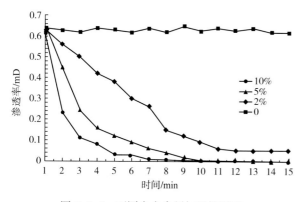

图 5-5-2　不同自愈合剂加量情况下
水泥石渗透率变化曲线

2）遇气自愈合能力评价

为了考察自愈合水泥在气介质的自愈合性能，分别评价了自愈合水泥在丙烷和甲烷中的愈合能力。图 5-5-3（a）为丙烷浸泡前自愈合水泥石断面照片，具有多孔结构；而经丙烷浸泡后，断面填充密实，表层形成致密膜层，如图 5-5-3（b）所示，这层膜层是自愈合剂与丙烷相互作用产生的膨胀胶状物，这些胶状物可以有效降低水泥石渗透率。

（a）浸泡前　　　　　　　　　　　　　（b）浸泡后

图 5-5-3　自愈合水泥丙烷浸泡前后断面照片

自愈合水泥在丙烷介质中的自愈合能力测试数据见表 5-5-5，经过丙烷介质浸泡后，造缝后的水泥石渗透率显著降低。

表 5-5-5　自愈合水泥丙烷中浸泡前后渗透率变化

序号	初始渗透率 /mD	3d 后渗透率 /mD	3d 后渗透率下降率 /%	3d 后渗透率下降率平均值 /%
1	1.7	0.3	82.35	
2	4.2	0.1	97.62	82.5
3	19.4	3.8	80.41	
4	112.4	34.2	69.57	

表 5-5-6 为自愈合水泥石和空白水泥石在甲烷中浸泡后渗透率变化情况，从表 5-5-6 的数据可以看出，自愈合水泥石渗透率降低率明显，自愈合水泥石在甲烷中仍然具有一定自愈合能力。水泥浆配方：G 级水泥 800g+ 自愈合剂 +3% 降失水剂 FB-200L（AF）+41% 水。

表 5-5-6　自愈合水泥在甲烷中浸泡前后渗透率变化

序号	初始渗透率 /mD	7d 后渗透率 /mD	7d 后渗透率下降率 /%	7d 后渗透率下降率平均值 /%
1	43.7	19.0	56.5	
2	47.0	23.4	50.2	51.0
3	55.3	34.4	37.7	
4	127	58.1	54.4	

注：水泥石养护条件为 80℃ / 常压，丙烷浸泡时间为 60℃ /2MPa 丙烷（液体）介质中养护。

三、现场应用

截至 2022 年底，该技术在塔里木油田、长庆油田、西南油气田及青海油田等复杂井固井得到推广应用。其中在轮南、桑塔木、塔中 4 和塔中 12 等碎屑岩油气藏全面推广应用 90 余井次，储层段合格率为 84.9%，优质率 67.3%，油水层间封隔井比例从 2014 年的 74.2% 提升至 100%（2020 年），成为塔里木油田老区碎屑岩油气藏固井技术的重要组成部分，对于提高层间封隔成功率，保证水泥环长期有效封隔，提高单井产量具有重要作用。

TZ12-H7 井为塔里木盆地的台盆区一口水平井，三开采用 ϕ171.5mm 钻头钻至 5093m，ϕ127.0mm 尾管下至 5093m，造斜点位置为 4032m，A 点位置为 4538m，B 点位置为 5093m，钻井液密度为 1.30g/cm³。该井固井水平段较长，提高顶替效率难度相对较大，分段压裂的改造方式对水平段固井质量要求高。

领浆配方及性能：G 级水泥 +35% 硅粉 +8% 自愈合剂 +5% 降失水剂 GB-200L+0.6% 缓凝剂 RB-200L+4.5% 分散剂 DB-210L+52% 水 +0.5% 消泡剂 GB-603L。水泥浆密度为 1.86g/cm³，失水量为 36mL，稠化时间为 402min，游离液为 0mL，沉降稳定性为 0g/cm³，顶部 96℃下 48h 抗压强度为 18.6MPa。

尾浆配方及性能：G 级水泥 +35% 硅粉 +8% 自愈合剂 +5% 降失水剂 GB-200L+0.1% 缓凝剂 RB-200L+4.5% 分散剂 DB-210L+52% 水 +0.5% 消泡剂 GB-603L。水泥浆密度为 1.86g/cm³，失水量为 32mL，稠化时间为 140min，游离液为 0mL，沉降稳定性为 0g/cm³，97℃下 48h 抗压强度为 26.8MPa。

固井施工过程顺利，全井固井合格率为 87%，优质率为 67%；水平段固井合格率为 90%，优质率为 67%。喇叭口试压 20MPa，稳压 30min，不降合格。分 10 段压裂，油压稳定，表明段间封隔良好。

第六章　固井设备和工具

固井设备是执行固井设计、完成固井施工任务的装备。水泥车或水泥橇是固井设备的代表设备，也是固井施工的关键设备。近年来，固井装备的自动化水平得到进一步提高，固井装备操作自动化、密度控制精确化，水泥车实现更新换代。目前，水泥浆自动混拌、密度自动控制、连续批量混合系统得到普遍应用，大功率泵注系统、干混与仓储系统，以及全流程自动化固井作业取得显著成效，有效保障了深井及复杂井固井施工安全及施工质量。研发的系列化常规固井工具如尾管悬挂器、分级箍、浮箍和浮鞋等较好满足了国内固井的需求，具有很强的成本及技术服务优势，近年来又研制了顶部封隔式尾管悬挂器、高性能分级箍等特殊工具，为保障复杂深井固井施工安全和固井质量提供支撑。

第一节　固井设备和工具主要进展

一、固井设备

1. 水泥车

固井装备的作用是在特定的高压情况下，将设定密度的水泥浆以一定速率向井底泵入要求的体积。先进的固井装备是提高固井质量的重要保证。深井固井技术的发展，对固井装备提出了更高的要求，主要表现在：要求固井装备具备高压力、大排量，能实现水泥浆密度的精确控制，减少固井作业过程中产生的气泡对施工水泥浆密度的影响，提高固井质量，保证固井的可靠性。

国外生产固井装备的国家以美国和加拿大为主。在油田固井装备制造技术方面，美国企业处于世界领先地位。目前，哈里伯顿公司、斯伦贝谢公司、TEM 公司和 BJ 公司等大型油田服务公司引导着固井装备的发展，在关键专利技术等方面占有绝对领先地位。

20 世纪 80 年代初以前，我国的固井装备主要依赖进口；20 世纪 90 年代以来，随着国产配备有高能混合装置的二次混浆固井装备 GJC35-15 单机单泵固井车和 GJC50-30 双机双泵固井车的研制成功，使我国对进口装备的依赖程度大幅度降低。大功率、高压力、大排量、具有计算机控制自动混浆功能的 GJC40-17 单机单泵固井车和 GJC70-25、GJC100-30 双机双泵固井车的研制成功并在国内油田的广泛使用，标志着我国固井装备的研制水平已经进入国际先进行列。生产具有自动混浆功能的双机双泵和单机单泵固井设备、拖挂式固井设备、橇装固井设备及批量混浆设备，压力范围为 35~140MPa，排量范围为 1300~4200L/min。

水泥车的更新换代，特别是混浆系统的改进（从常规射流混合器逐步演变成内循环射流混合器），对水泥浆的混浆质量起着决定性的作用。固井设备的改进，保证了复杂深井现场施工的安全，有利于提高固井质量。

固井装备向操作自动化、密度控制精确化、大功率、大排量、强混合能力、实时数据采集的方向发展，固井现场施工向模拟、仿真与实时监控及数据实时采集及传输的方向发展。随着油气勘探开发的不断深入及难度加大，深层和非常规油气资源领域的不断增多，为固井新装备的开发应用及高端固井装备的研制提供了平台。

由于超深井及复杂地质条件固井作业越来越多，尤其是高压气井对固井作业时高压力、大排量、长时间、持续不间断的作业需要，将助推大功率或超大功率注水泥装备功率的快速发展。采用 1500~2000hp 大功率柴油机或电动机驱动的传动模式，总储备功率达到 2000~3000hp 的功能集成模块，将逐步取代现有的单机或双机固井设备。

2. 2500 型超大功率固井车

目前常规固井设备单机功率仅 600hp，混浆能力为 2.3g/cm³。随着国家加快川渝地区页岩气以及新疆油田特深层油气开发力度加大，超深井及复杂地层固井作业出现的频次越来越高，高压力、大排量、长时间不间断作业等，成为固井施工作业面临的难题。以前，单机单泵固井车、双机双泵固井车等受功率排量的限制，通常采用 4~8 台常规固井水泥车同时作业。加之，川渝地区作业现场上井道路曲折，井场空间较小，管线连接复杂，作业成本较高。2500 型超大功率固井车在四川威远区块顺利完成页岩气井固井施工，川渝地区页岩气开采"小井场大作业"的固井。固井车单机功率达 2500hp，较常规机型单机功率提升 4 倍以上，混浆能力提升 76%，单机功率、混浆能力均为世界第一。

3. 下灰自动化设备

下灰自动化设备通过智能化、自动化的设计，保障了下灰作业安全性的同时，极大提升了作业效率，为下灰作业带来较大改变。

常规的固井作业现场，立式水泥罐全部采用手动控制，固井车操作人员使用对讲机或者手势通知水泥罐车或立式水泥罐操作人员进行手动下灰，因此下灰作业存在延时问题，若水泥罐切换不及时或操作失误，易造成混浆密度不稳定，将直接影响固井质量。

通过对立式水泥罐进行升级改造，并加装控制系统，实现了立式水泥罐与固井设备的远程联动控制，保证了作业供灰的稳定性。通过多口井的上井作业，下灰自动化设备满足了井场作业需求，可通过远控仪表车"一键式"全流程自动远控固井，期间无需操作手进行任何操作。这对于固井作业而言，具有重要意义。图 6-1-1 所示为自动化稳定供水泥系统。

在井场，下灰自动化与远控固井车、仪表车相结合，通过远控固井车以及仪表车进行远程自动或手动控制，并且与固井控制软件相结合，实现固井工艺全流程控制。相关控制流程、作业数据均可通过卫星信号远传至总部进行查看，水泥浆密度控制稳定，有效提升了固井作业的效率与智能化水平。

图 6-1-1　自动化稳定供水泥系统

二、固井工具

1. 顶部封隔式尾管悬挂器

油田尾管固井技术虽然已得到广泛应用，但是还存在尾管重叠段封固质量差，容易发生油、气、水窜的问题，特别是目前高压油气井越来越多，对尾管固井质量提出了更高的要求。针对上述问题，在尾管悬挂器的基础上，进行了坐挂、坐封机构一体化设计及超高压封隔技术研究，研制了超高压封隔式尾管悬挂器，实现了悬挂、封隔两种功能，在固井完毕坐封封隔器，能够有效地对重叠段进行高压封隔，防止油、气、水窜问题的发生[12]。

川庆钻探工程有限公司前期为解决四川高石梯—磨溪地区环空带压问题，研发了 $\phi 177.8mm$ 机械封隔式高压尾管悬挂器（图 6-1-2）。主要是将 $\phi 177.8mm$ 高压尾管悬挂器与顶部封隔器模块进行有效集成，形成一个具有多模块的整体结构，可在不影响固井作业的同时，在固井施工完毕后下压回接筒，从而实现顶部封隔器的胀封。与常规尾管悬挂器相比，增加坐封功能，可实现永久环空隔绝，密封压力达到 40MPa，有效防止喇叭口处油、气、水窜。该 $\phi 177.8mm \times \phi 244.5mm$ 封隔式尾管悬挂器工具在川渝地区取得重大成果，成功解决了困扰该地区前期预探井固井多年存在的环空带压问题。

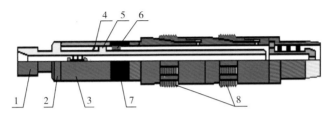

图 6-1-2　$\phi 177.8mm$ 机械封隔式高压尾管悬挂器结构示意图

1—送入工具；2—防砂罩；3—回接筒；4—坐封弹爪；5—倒扣机构；
6—密封总成；7—封隔器总成；8—悬挂器总成

2. 高性能分级注水泥器

针对常规分级固井工具难以解决复杂井漏失的问题，研发了封隔式分级注水泥器。封隔式分级注水泥器主要由水力扩张式封隔器和分级注水泥器本体组成，如图 6-1-3 所示。在一级注水泥完毕后，投入打开塞，憋压打开水力扩张封隔器的注液通道，钻井液进入胶筒内，填充胀封封隔套管与井眼的环空；随后继续憋压关闭注液通道，打开分级注水泥器的二级固井循环孔，建立管内外循环通道，完成二级注水泥作业；最后，投入关闭塞，关闭循环孔。

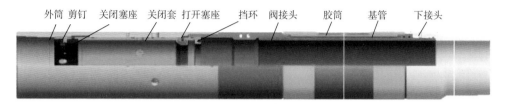

图 6-1-3 封隔式分级注水泥器

3. 井口自动控制装置

引入无线遥控技术，研发了井口自动控制装置，实现了固井作业的远程智能控制，提高了固井效率和安全性。井口自动控制装置主要由水泥头本体、气动系统、工控单元和无线操作终端等组成，工控单元和气动系统安装在水泥头本体上。操作终端采用便携式计算机，通过组态软件实现人机交互，采用远距离无线传输方式将操作命令传送到工控单元，工控单元控制电磁阀的通断，实现气缸的动作，从而驱动机械机构完成投球、胶塞释放和泵注管汇切换等动作，完成尾管悬挂、循环和固井的远程自动控制。井口自动控制装置整体耐压达 50MPa，额定抗拉强度 6000kN，远程操控距离 0~150m。

第二节　干混与仓储系统

随着钻井难度加大、钻探深度加深，越来越多的井使用配方复杂的水泥浆体系，以提高固井质量或解决固井难题。配方复杂的水泥浆体系需添加多种外加剂或外掺料，如何在固井前将这些外加剂或外掺料均匀混拌在一起，就成为了保证固井质量的一个重要前提。混拌一般有湿混和干混两种情况，湿混用于固液相或液相的混合，因具有较好的流动性能，能够较快完成混合。干混是指固相间的混合，因其流动性差，需借助其他的动力来增加动能。根据动力源的不同，干混一般有气力式或机械式两种。机械式在环境污染方面能较好控制，但其混合能力低，一般用于小剂量的干混。对于大剂量的油井水泥，固井前一般要进行干混，利用气力输送的有关理论，将多种物料进行充分的混合，以达到油井水泥所需的特性。既能方便运输，又能较好保持油井水泥的特性。因此，油井水泥干混装置是固井工程生产与服务中不可缺少的一个重要部分。

为解决水泥及外加剂混拌过程中存在的问题，开展了固井干混与仓储系统研究：一是对用量较大的水泥、外掺料和部分外加剂进行散化处理，通过增加原料、成品、混拌罐提升储存量，使用高密度、低密度分开混拌的双流程作业，整体提升水泥干混站贮存及混拌能力；二是从进灰到混灰、供灰全部采用密闭式运送和混拌，整个混拌过程由计算机控制，实现混拌过程省时省力；三是给所有立式下灰罐加设称重计量系统，同时对罐内压力进行远程采集，实现了干混站混拌过程计量准确，精度较高；四是将管路进行优化，可定时对气源中存在的水分进行排放；五是对整体除尘系统进行研究，扫线管路里存在的余灰直接连入除尘罐，研制自动破袋装置、无尘投料站替代振动筛，进一步降低干混站粉尘污染，减轻破袋过程人工劳动强度；六是干混站增设预警和应急装置，确保在出现断电或故障时，干混站第一时间预警并一键转为手动模式，确保使用连续。该套系统输料、混拌、装车作业周期短、速度快、生产效率高、粉尘污染小，改善了员工劳动条件，降低了劳动强度，有效保障操作人员的身体健康和安全。

一、技术原理

油井水泥干混装置的理论基础是气力输送，也就是散料的微小颗粒在气化后物理性质发生了改变，表现为具有了一定的流动性和扩散性，这为输送和混拌提供了基础。该装置需具有物料储存、混拌和散化3项基本功能。物料的存储是指外来散料和袋装物料的存储，散料存储在密闭的容器内，袋装物料存储在相对干燥的库房内，以防物料的板结；混拌是指多种散料按一定比例、一定方式进行混合的过程；散化是指袋装物料破袋进入储存容器的过程。因此按功能来分，可以分为储存系统、混拌系统、散化系统三个核心系统，以及供气系统、除尘系统、控制系统和工艺流程系统4个辅助系统。

混拌系统的原理目前使用较多的有3种：第一种是比例进料、批量混拌，这种方式也包括层铺进料；第二种是多级稀释、批量混拌；第三种是定量加料、批量混拌。比例进料适用于所有的物料，对管道混合器及自动化控制要求较高；多级稀释适用于混拌散料的密度差相近的情况，其优点是成品混拌不会出现大的不均匀度；定量加料适用于混拌速度快的情况，同样也不适用于混拌密度差较大的物料。混拌系统一般是由两个以上的混拌罐和一只以上的计量罐组成，计量罐用于小量的外加剂。混拌罐内的气化床、阻流板以及混拌罐间的管道混合器用于改变散料的动能或流动方向，通过移动、剪切、扩散等多种作用达到混合均匀的目的。

二、系统模块

固井干混与仓储系统主要由储存系统、混拌系统、控制系统、除尘系统、风源系统和辅助系统组成。

储存系统由若干立式下灰罐组成，实现水泥、外加剂的存储、转运，按功能分为库存罐区（水泥储存罐、外掺料储存罐、外加剂储存罐）、混拌罐区、成品罐区。立式下灰罐内设气化床，用于气化散料，增加动能，以便增加散料的流动性。

混拌系统是按技术要求将不同比例、不同质量的水泥和外掺料存在混拌罐内均匀混拌后送入成品罐区待用。混拌系统主要功能在于实现准确、定量的均匀混拌。混拌系统由计量罐、混拌罐、控制风源、混拌元件、电气控阀件以及混拌管路组成。该混拌系统可达到 $45m^3/h$ 的混拌能力。

控制系统是干混系统的操作中心，也是充分利用和有效控制该装置的基础（图6-2-1、图6-2-2）。有集控式和自动化式两种。集控式控制系统只是采用了远程控制技术，将信号集中输送到控制室，采用人工手动控制台或计算机辅助系统，计算机辅助系统不具有自动化流程的功能；而自动化式控制系统具有流程自动化的功能，集混拌自动化、散化自动化、输送自动化、除尘自动化、气源自动化等于一身，多采用多层网络结构，用户具有不同等级，可异地管理或监控，具有较好的控制和管理能力，提高了设备的利用效率，大大提升了混拌合格率，节省了人力，有效防止事故的发生，统一了管理标准。

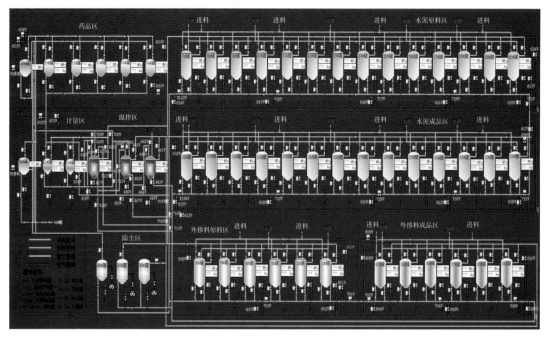

图 6-2-1　远控台系统主界面

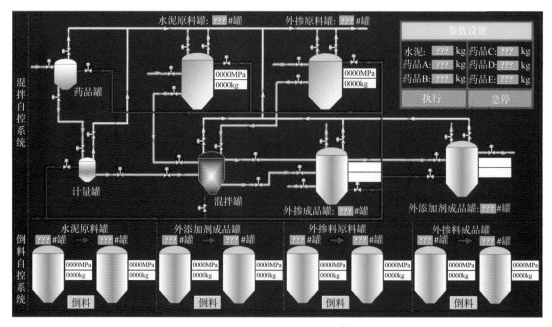

图 6-2-2　固井干混与仓储系统远程控制自动程序界面图

供气系统是该装置的动力所在，为水泥的装卸和混拌工作提供动力风源和控制气源，采用风冷螺杆空气压缩机，后置冷冻式干燥机。

除尘系统是治理混拌和装卸作业所产生的含尘废气。采用布袋式除尘器应用效果较好，具有承压高、效果好、便于维护等特点。目前效果最好的是复合式除尘器，集降压、旋风、布袋除尘于一体，除尘效果良好。

考虑到散装外加剂有一定困难，破袋系统作为辅助系统采用。破袋系统由振动筛、地仓罐组成。袋装外加剂经破袋转送系统送入外加剂罐待用，对于小剂量不常用的袋装料，可采用破袋进射流器，用射流器将其射入到计量罐中参与混拌，这样既可避免长距离输送造成药品浪费，又可防止破袋后长期存放在储罐中造成板结。

三、系统特点

固井干混与仓储系统主要技术参数见表6-2-1，固井干混与仓储系统主要技术特点有以下几个方面：

（1）采用功能性分块组合式设计，便于分体运输、拆卸、移动和安装。使用散灰、密闭、气动式装、卸灰。

（2）由计算机自动控制，完成固井干水泥和各种外加剂及外加掺料的混合。

（3）采用了多次置换、层铺混合，使干灰和各种不同物理性能添加剂的混合，更接近均匀状态。

（4）采用计算机控制系统在自动控制状态下完成操作者输入铺层数及层铺量的全部工作。并可储存全过程的主要数据，必要时输出打印。室内集中操作，极大改善了操作工人的工作条件和环境。

表6-2-1　固井干混与仓储系统主要技术参数

名称	参数
生产能力 / (t/h)	20
工作压力 /MPa	0.35
控制方式	手动控制或计算机自动控制（可选择）
工作环境温度 /℃	−35~50
称重系统误差精度 /%	<3
混拌精度偏差 /%	<0.5
混合气路除尘精度 /μm	0.01
剩灰率 /%	<0.5

四、应用效果

固井干混与仓储系统混拌量可达到600t/d，最高可达800t/d，干混排放粉尘浓度小于10mg/m³，自动化加料量达到了85%。固井干混作业自动化的系统运行使输料、混拌、装车作业周期短、速度快、生产效率高、粉尘污染小，改善了员工劳动条件，降低劳动强度，有效保障作业人员的身体健康和安全。总体达到了"五省"效果：

（1）省人。部分外加剂散装化供应、吨袋包装及吨袋装置的使用，码垛机器人的装卸配合，使水泥外加剂的运输、装卸、破袋、投料作业时人员数量减少，由原来3人作业转变为1人现场巡查，减少作业人员数量67%。

（2）省心。粉尘浓度明显降低，原破袋、投料为人工作业，不可避免产生粉尘，破袋、投料区域周围粉尘浓度为5.1mg/m³。现自动破袋装置在其内部进行破袋、投料作业，粉尘得到有效控制，粉尘浓度降低为1.6mg/m³，码垛机器人及吨袋装卸、投料自动化控制，极大地改善了作业环境，降低了安全环保风险。

（3）省力。降低了人工作业强度，省去了人工破袋、投料工作量，只需要操作人员将外加剂放到传送装置或直接吨包物料全机械密闭操作或部分物料直接散装化供应与干混站气动输送，替代了90%的人工作业量。

（4）省时。破袋、投料、输送由原1t/22.5min提高到1t/2.5min，提升效率88.9%。

（5）省钱。投料站、吨袋及吨袋破袋机、码垛机器人等设备投入大幅降低生产成本，同时提升了生产作业效率，降低了劳动强度。

五、未来发展趋势

固井干混与仓储系统近年来发展了许多新技术，如复合式除尘、全流程计算机控制系统、气化床的活动式改造、物料准确计量技术、车载混拌系统等。水泥干混技术在国内基本属于较成熟阶段，计算机控制系统正处于发展阶段，移动干混装置的设计在国内还处于研究阶段。随着油井水泥干混技术的发展，将实现水泥混拌系统的模块化设计，快速部署，按需扩展，通过自动化作业显著提高了效率和混合精度。

第三节　大功率泵注系统

一、技术现状

随着油气勘探开发向深层和非常规油气资源的不断拓展，深井超深井及复杂地质条件下的固井作业越来越多，解决高压力、大排量、长时间不间断固井施工作业已迫在眉睫。固井车作为石油固井作业时向井内泵注水泥浆的关键设备，国外以斯伦贝谢公司为典型代表，其固井车大多采用拖车，最高泵压20000psi❶，泵功率在1000hp以下，最大混浆能力2.09m³/min，该技术参数可以满足北美地区的固井作业。国内以烟台杰瑞石油服务集团股份有限公司（简称烟台杰瑞集团）、中国石化江汉第四石油机械厂、中国石油宝石机械有限责任公司（简称宝石机械）等为主，配备柱塞泵的功率达到了1000hp以上，烟台杰瑞的最大功率达2250hp；配置柱塞泵的最高压力达15000psi，最大混浆能力已达到2.09m³/min。

---

❶ 1psi=6.8948Pa。

近年来，中国石油宝石机械、中国石化江汉第四石油机械厂和烟台杰瑞集团等企业通过自主研发，相继研制推出了适合陆地、海洋和沙漠气候环境的多种系列和特色产品，泵注最高压力达 105MPa，泵注最大排量达 3.6m³/min，并通过高水平自动控制使水泥浆的密度调节更加均匀和准确，保证了混浆质量，满足特殊固井作业需求。同时，上述企业还研发了纯电驱动的大功率固井车，使固井泵注系统更加环保和安全，也进一步提升了泵注装备的单机性能。

二、技术设计路线

大功率固井泵注系统主要要解决大体量混浆、高压力泵注两个方面的难题。解决大体量混浆难题的主要技术路线有两条：（1）扩大混浆罐、扩大高能混合器，通过设备物理上的扩大来提升装备的混浆能力，其难点在于自动大体量混合器结构设计、自动混浆系统双变量双闭环 PID 控制、大体量自动混浆系统配置计算与集成等；（2）采用 1 个混浆罐配 2 个常规高能混合器，通过高能混合器的数量增加设备混浆能力，其难点在于如何使用一个混浆罐实现双混合，4 个离心泵如何满足双喷射双循环灌注功能，如何解决双套控制系统逻辑控制以及设备超高、超重等。

解决高压力泵注难题主要是提升固井柱塞泵性能，固井柱塞泵受结构尺寸限制，泵的压力和排量等参数已达到极限。同一种结构柱塞泵的排量主要由冲程、冲次决定了泵的容积效率。增大容积效率要从对泵阀结构、吸入与排出管汇流程、液力端容器腔内部构造开展基础研究，模拟工况建立一套完整的三缸柱塞泵实验设备，为理论模型提供可靠数据支撑，逐步对现有的柱塞泵腔型结构进行调整，采用高强度的新型材料，减轻泵的外型体积和重量，使柱塞泵的排量进一步提升。

三、大功率固井泵注设备技术特点

选取近年来中国自主研发的不同类型的代表性大功率固井泵注设备对技术特点进行介绍。

1. 2300 型电驱固井车

为了满足川渝地区页岩气固井大排量、高压力的施工要求，中国石油宝石机械研制了 2300 型电驱固井车，配置的 2500hp 柱塞泵是国内外固井车中功率最大的，85dB 的工作噪声是国内外固井车中最低的，整体性能明显优于目前的柴油机驱动固井车，能很好地满足页岩气固井作业对压力和排量的"双高"要求（图 6-3-1）。

与国内其他固井车对比，2300 型电驱固井车具有以下技术特点：

（1）下灰阀采用电磁方向阀，旋转角与下灰阀成线性比例。

（2）喷射器为线性比例阀，混合能力

图 6-3-1　2300 型电驱固井车

大，混浆均匀，混合能力达 2.3m³/min。

（3）自动混浆控制系统反应速度快、精度高，混浆精度达 ±0.002g/cm³。

（4）采用非放射性密度计，测量快速准确。

（5）水泥浆罐水泥浆液位采用导波雷达测量，有效消除水泥浆泡沫和搅拌引起的测量偏差，钻井液液压控制更准确可靠。

（6）可实现瞬时排量、累计排量、钻井液密度、压力等数据的监测，并能以曲线形式显示，数据可下载。

2300 型电驱固井车设备能力强，装机功率相对于传统双机双泵固井车增加 1 倍以上，提高了持续工作能力和应急处理能力。车上设备均采用电力驱动，低噪声，零排放，符合国家产业发展方向。其自动化程度高，水泥浆密度、液位等均可由控制系统自动控制，减轻了操作人员在整个固井施工作业时的劳动强度，方便可靠。固井车国产化率高，主要外购件均采用国产件，包括汽车底盘、变频调速电动机、固井柱塞泵等，降低进口件采购风险，节约制造及维护保养成本。

2300 型电驱固井车主要用于油气田深井、中深井、浅井的各种固井作业，一台车即可完成井深在 3500m 以内的混配水泥浆、注水泥、替泥浆、碰压等各种固井作业。现场应用中，一台 2300 型电驱固井车与一台 GJC100-30 型双机双泵固井车进行了对比，采用了相同汽车，占地面积相同，在相同的冲次下压力提升了 1.5 倍，排量增大了 1.1 倍，作业效率提升了 10%，并且作业噪声可降低至 85dB 以下，施工难度大大降低。

2. 双混合大排量大功率固井车

在满足作业现场大排量、高压力作业需求的同时，又能将双混合能力集中在一台装备上，烟台杰瑞集团研制了双混合大排量大功率固井车，研发并采用新型的混合搅拌混浆罐、一吸双排、双吸双排、智能双逻辑运算自动控制及远程智能控制等先进技术，在超大功率固井车的基础上，搭载双混合系统，彻底打破现场混合能力的局限，大幅提升固井混合能力和效率。它配备了 AMS4.1 自动混合系统，最大混浆能力达 3.6m³/min，最高工作压力 103.4MPa。在混合密度 1.83g/cm³ 时，排量实现 3.0m³/min，创造了单罐双混的世界纪录。

与国内其他固井车对比，2300 型电驱固井车具有以下技术特点：

（1）轻量化。搭载轻型五缸柱塞泵，满足道路法规要求。

（2）自动化。具有自动预混、自动排量、自动液位等功能，混浆、泵送、替浆、碰压等均可实现自动作业。

（3）稳定性强。混浆快速波动小，搭载 AMS 系统，混浆能力快，混合更均匀。

（4）高压力、大排量。装机功率大、搭载五缸柱塞泵、双混合系统，可连续高压力、大排量作业，满足小井场、大作业需求。

双混合大排量大功率固井车可大大减少固井车的使用数量，满足山区等恶劣作业环境下场地面积受限的作业条件，在效率提高的同时也缩减了人力物力等配套资源，作业成本显著降低。

四、未来发展趋势

目前，水泥车生产厂家都将减少辅助作业时间、提高作业效率作为效益最大化的追求目标。提高固井设备作业效率、确保固井质量成为固井设备技术的发展方向之一。面临新的挑战，必须依靠自主创新，加强研究开发，促进技术升级，进一步提高国际竞争力。

近年来，国内勘探开发转向深海和非常规油气，其作业环境、地质结构特殊，常规固井设备无法满足固井作业的需求，需要研发大功率、高度自动化、智能化的固井设备，开发具有自主知识产权的新一代大功率全自动注水泥成套装置及配套设备，开发基于互联网技术的固井优化设计与现场监控系统，实现固井设计与现场监控一体化系统，提高固井施工能力，实现智能化、自动化控制。

第四节　固井工具及附件

在油气井下套管作业中，由于施工工艺的需要或为了提高固井质量及保证施工安全，在下入的套管串中配套使用一些辅助工具，这些在套管串中使用的辅助工具称为固井工具附件。目前在常规固井工具及附件方面已经成熟且形成系列，近年来，在高端及特殊固井工具方面研发了整体式扶正器、顶部封隔式尾管悬挂器、旋转尾管和引鞋、分级箍+管外封隔器等，为保障复杂深井固井施工安全和固井质量提供支撑。

一、整体式扶正器

套管扶正器可以分为刚性扶正器、弹性扶正器和变径扶正器等。刚性扶正器具有低启动力和低下入力等特点，对于井眼较规则的水平井有较好适应性，但对于井身质量差、轨迹复杂的长段水平井，随着刚性扶正器安装数量的增加，套管刚性和下入摩阻增大，导致套管下入困难。弹性扶正器具有较大变形和回复力，不仅能确保套管居中度，而且对变径率较大的井段具有良好通过性，降低了套管下入摩擦阻力，提高套管与井壁之间环空水泥固结均匀度，从而改善固井质量，对于复杂地层长段水平井有较好适应性。常规编织式与焊接式弹性扶正器在耐磨性与降低套管下入摩阻方面性能较差，整体质量也较差，难以满足水平井及复杂工况井的使用需求，因此研制了整体式弹性扶正器，如图6-4-1所示。

1. 技术原理

整体式弹性扶正器通过无缝钢管，经静拔、等离子激光切割、压制成型，无分离组件和焊接部件，无任何薄弱环节，大幅提高了可靠性。在制造材料中加入稀有元素硼，通过奥氏体化、淬火、冲洗、烘干、回火5步热处理工艺，全过程精确控

图6-4-1　整体式弹性扶正器

制温度，从而提高钢材质中的奥氏体含量，降低扶正器扶正片的脆性，确保足够的结构应力和韧性，对于复杂地层和长水平井具有更好的适应性。

2. 主要技术指标

根据不同井眼尺寸及对应套管尺寸对整体式弹性扶正器进行了尺寸系列化，其主要技术指标见表 6-4-1。

表 6-4-1　整体式弹性扶正器基本尺寸和主要技术指标

套管尺寸 / mm	井眼尺寸 / m	外径 / mm	高度 / mm	片厚 / mm	片数	最大启动力 / N	偏离间隙比为 67% 时的最小复位力 / N
114.30	152.4	158.0	350	5	5	2064	3196
127.00	152.4	158.0	350	5	6	2313	4851
139.70	215.9	215.90	350	5	6	2758	7084
177.80	241.3	241.30	350	6	6	4626	7375
244.48	311.15	311.15	400	6	6	7117	11400
273.05	311.15	311.15	400	6	6	4537	10985
339.72	406.4	406.40	500	7	6	10854	9295

3. 工具特点及技术优势

整体式弹性扶正器具有如下特点与技术优势，相关特性对比见表 6-4-2。

（1）一体化设计，无缝钢管制造，超高强度，无任何应力薄弱点，可靠性更高。

（2）整体式（无焊缝）弹性扶正器最大外径尺寸与井眼尺寸一致或略小，在正常尺寸的井眼内下放无启动力和下放力。

（3）高偏离间隙比（+85%）及高恢复力：具有高弹性和回复力来承受轴向和径向荷载，性能高于 API 标准要求，能实现套管最大化的居中度。

（4）扶正器采用一体式设计，弹簧片具有圆滑的弧度，在套管下入时能显著地降低下入摩阻，具有极低的摩擦系数，下入摩阻小。

（5）具有超高的韧性，在缩径井段能达到与套管的完全贴合，且贴合后的尺寸小于套管接箍尺寸，便于通过缩径井段。

（6）较薄的壁厚减少过流面积损失，降低循环阻力。

表 6-4-2　不同扶正器性能特点对比表

特性	冲压式 刚性扶正器	聚合物 / 锌合金刚性扶正器	滚珠 / 滚轮 刚性扶正器	编织式 弹性扶正器	焊接式 弹性扶正器	整体式 弹性扶正器
耐磨及降低套管下入摩阻	否	是	是	否	否	是
变径段通过能力	否	否	否	是	否	是
提高环空过流面积 / 紊流效益	是	是	否	是	是	是
整体式成型结构	是	是	否	否	否	是
水平井适应性	是	否	是	否	否	是

4.现场应用

1）在川渝地区的应用

川渝地区某井为三开井身结构，完钻井深 4580m，ϕ244.5mm 技术套管下至 1087m，水平段井眼尺寸为 ϕ215.9mm，水平段长为 1400m，水平段井斜角为 78~86°，井径扩大率 2.26%~22.94%，生产套管尺寸为 ϕ139.7mm。在 2555~4580m 井段每 10m 套管安放 1 只整体式弹性扶正器，扶正器最大外径为 215.9mm，软件模拟水平段套管居中度为 77%。该井下套管全过程无阻卡，下套管速度达到 135.8m/h，全过程耗时 29.5h，与同平台邻井相比，套管下入时间缩短了 38.4%，水平段固井质量优质率由邻井的 85.20% 提高至 99.19%。

2）在塔里木油田的应用

塔里木油田大北 1701X 井 4 开四开设计井深 6700mm，其中裸眼段（6033~6568m）盐层分布，易发生蠕变，采用 ϕ206.4mm+ϕ196.85mm 技术尾管封固 5450~6566.8m 盐层，套管顺利下到位困难。为了保证套管居中度，提高固井质量，在 5450~6014m 和 6014~6532m 井段采用每根套管安装 1 只整体式弹性扶正器，软件模拟居中度处于 85%~100% 之间，居中度良好。通过后期测声幅，5450~6014m 和 6014~6532m 井段固井质量合格率为 93.8%。与同区块邻井相比显著提高了固井质量。

二、顶部封隔式尾管悬挂器

尾管悬挂器是通过液压或机械方式将尾管悬挂在上层套管上，进而进行尾管固井作业的机械装置，主要包括悬挂器总成、送入工具、密封总成等部件。近年来，针对川渝地区和塔里木油田深层尾管固井地层压力系统复杂、压力窗口窄、油气水显示活跃、压稳防漏矛盾突出，以及井口带压严重、对喇叭口封固质量要求高等问题，研制出顶部封隔式尾管悬挂器（图 6-4-2）。

1.技术原理

尾管悬挂器工具管柱下放到设计位置并循环正常后，从管内投球暂堵憋压实现尾管悬挂，继续憋压重新建立循环，正转实现尾管与送入管柱的分离并实施尾管固井施工作业。固井施工作业后，上提送入管柱使坐封机构涨封挡块正常张开，下放管柱，放悬重压坐封回接筒，压缩顶部封隔胶筒坐封，实现尾管与上层套管的环间封隔。

2.主要技术指标

根据现场环空带压井的基本情况，常用规格尺寸的顶部封隔式尾管悬挂器主要技术指标见表 6-4-3。

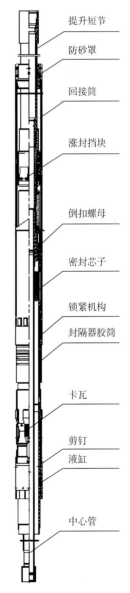

提升短节
防砂罩
回接筒
涨封挡块
倒扣螺母
密封芯子
锁紧机构
封隔器胶筒
卡瓦
剪钉
液缸
中心管

图 6-4-2 顶部封隔式尾管悬挂器结构示意图

表 6-4-3　顶部封隔式尾管悬挂器基本尺寸和主要技术指标

规格 / mm×mm	上层 套管 内径 / mm	尾管 公称 尺寸 / mm	最大 外径 / mm	最小 内径 / mm	卡瓦		整体密 封能力 / MPa	额定 坐挂 载荷 / kN	送入工 具连接 螺纹	回接筒 有效密 封长度 / mm
					组数 / 组	张开径 / mm				
244.5 × 177.8	219~225	177.8	215 ± 1	155 ± 1	2	≤ 232	70	1500	NC50	≥ 2300
197 × 139.7	169~180	139.7	167 ± 1	121 ± 1	2	≤ 188	70	1000	NC38	≥ 2600

规格 / mm×mm	坐挂 剪切 压力 / MPa	憋通 剪切 压力 / MPa	尾管胶 塞剪切 压力 / MPa	丢手可 压吨位 / tf	施工可 压吨位 / tf	封隔器		丢手上 提高度 / m	坐封上 提高度 / m	适用 温度 / ℃
						坐封 悬重 / tf	封隔器 压差 / MPa			
244.5 × 177.8	12 ± 2	22 ± 2	6 ± 2	≤ 20	≤ 50	15~30	35	≤ 1.5	2.2~2.5	≤ 150
196.9 × 139.7	10 ± 2	20 ± 2	6 ± 2	≤ 10	≤ 20	15~30	35	≤ 1.5	2.2~2.5	≤ 150

3. 工具特点及技术优势

（1）同时具有在注水泥前坐挂尾管、注水泥后立即封隔尾管与上层套管环空的功能。

（2）可承受较大的正负压差作用，即使尾管重叠段水泥封固质量一般，也可确保后期作业的顺利完成。

（3）液压控制实施坐挂，坐挂后机械涨封，适用于各种复杂井况。

（4）不同的双液缸、双锥体、双卡瓦结构，使得坐挂能力更强，成功率更高，载荷分布更均匀。

（5）胶塞、球座均设计有锁紧机构，且具有良好的可钻性。

（6）密封总成采用 W 形多组密封件，具有双向密封功能，密封效果佳。

4. 现场应用效果

研发的顶部封隔式高压尾管悬挂器系列产品通过现场规模应用，不仅实现了尾管悬挂固井管柱整体高压气密封的一致性和尾管与上层套管的环间永久性封隔，而且有效解决了传统尾管悬挂器在低压漏失、压力窗口窄，喷漏同层等高压天然气井高压尾管悬挂固井中存在的抗压强度、密封压力不足的弊端，截至 2022 年底已累计使用 300 多井次，为高压及复杂条件下的深井、超深井的尾管固井提供了有力的技术支撑和保障。

1）在邓探 1 井的应用

邓探 1 井位于四川省西南部，井深 5367m，井底静止温度 170℃，钻井液密度 2.22g/cm³，悬挂器下深 3608.97m，尾管长度 1758.03m，且裸眼伴有大段盐膏层，是高石梯—磨溪构造龙王庙组专层系列井中井温最高、盐膏层最长的探井，曾多次发生井漏、井涌、卡钻等井下复杂情况，工具施工难度大。

2）在磨溪 022-H20 井的应用

磨溪 022-H20 井位于四川省遂宁市高磨地区，井深 5716m，井底静止温度 149℃，钻井液密度 2.3g/cm³，悬挂器下深 3172.6m，尾管长度 2543.4m，钻进中曾多次发生井漏、井涌、卡钻等井下复杂情况。2口井的现场施工过程，悬挂器均实现一次性送钻到位，成功坐挂丢手，坐封良好，有效保证了固井质量，解决了安岳气田高石梯—磨溪地区 ϕ177.8mm 高压尾管悬挂固井后期窜气的技术难题，为保证井筒密封完整性和安全高效开发提供工程技术支撑。

三、旋转尾管和引鞋

国内尾管悬挂器已基本形成规格尺寸系列化、功能多样化的产品，能满足各类油气井的需求。目前应用最多、最成熟的是液压坐挂卡瓦悬挂式，倒扣丢手。特殊尾管悬挂器如旋转式尾管悬挂器（图6-4-3）、膨胀管悬挂式尾管悬挂器等，这些尾管悬挂器主要是为了克服以下技术难题：（1）提前坐挂风险。普通尾管悬挂器需要投球憋压坐挂，下送入管柱过程需控制压力循环，下入过程中如发生阻卡易出现提前坐挂的风险；应急处理循环时，压力控制不好也存在提前坐挂的风险。（2）倒扣丢手困难。普通尾管悬挂器需要旋转倒扣丢手，需要找准中和点，针对小尺寸尾管悬挂器，尤其是深井、特深井经常出现找准中和点困难等问题，难以判断是否丢手等情况，给后续施工带来极大的风险与挑战。（3）固井注替过程中无法旋转尾管来提高固井顶替效率等问题。

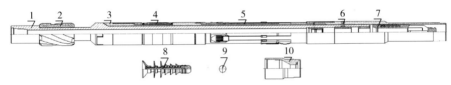

图 6-4-3　旋转尾管悬挂器结构示意图
1—送入体；2—扶正器；3—旋转机构；4—封隔器；5—悬挂机构；
6—丢手机构；7—复合胶塞；8—钻杆胶塞；9—坐挂球；10—碰压座

1. 技术原理

将尾管悬挂器作为套管串最上部的组成部分，按设计要求下到井内预定位置（下入过程可随时进行循环、旋转、上提下放等作业）；开泵循环正常后投入坐挂球，井口憋压坐挂，判断坐挂成功后继续憋压丢手，试提送入体正常后井口继续憋压，分离球座打通注水泥通道建立循环；然后进行循环及注水泥施工作业，钻杆胶塞行至复合胶塞与复合胶塞复合一起下行碰压；碰压完成后上提送入体至封隔器，井口憋压充填封隔器，封隔器充填完成后井口泄压，继续上提送入体，冲洗喇叭口，最后提出送入体完成固井作业。

2. 主要技术指标

旋转尾管悬挂器主要尺寸及对应的技术指标参数见表6-4-4。

表6-4-4　旋转尾管悬挂器基本尺寸和主要技术指标

规格	ϕ177.8×ϕ127.0 ϕ177.8×ϕ114.3	ϕ244.5×ϕ177.8 ϕ244.5×ϕ139.7
最大外径 /mm	153	215
通径 /mm	108.0 99.6	155.0 121.4
总长 /mm	3060	3450

规格	$\phi 177.8 \times \phi 127.0$ $\phi 177.8 \times \phi 114.3$	$\phi 244.5 \times \phi 177.8$ $\phi 244.5 \times \phi 139.7$
密封能力 /MPa	≥ 30	≥ 30
额定载荷 /kN	≥ 500	≥ 1200
抗外挤强度 /MPa	72.4	48.5
抗内压强度 /MPa	70.0	56.3
许用扭矩 /（kN·m）	8.3	13.5
卡瓦坐挂压力 /MPa	7~8	7~8
脱手压力 /MPa	10~14	10~14
打通压力 /MPa	18~22	18~22
套管胶塞剪销压力 /MPa	8~12	8~12
尾管旋转速度 /（r/min）	0~20	0~20
封隔器坐封压力 /MPa	15	15
封隔器坐封后密封压力 /MPa	≥ 25	≥ 25
适合上层套管壁厚 /mm	9.19，10.36	10.03，11.05，11.99
上端螺纹类型	NC38	NC50

3. 工具特点及技术优势

（1）卡瓦内藏，下套管过程中可大排量循环钻井液、可旋转尾管，工具不会提前坐挂。

（2）投球液压坐挂与丢手，免倒扣，无需判断中和点，现场操作简单、方便。

（3）注水泥过程中可旋转尾管，提高顶替效率，有助于提高固井质量。

（4）注水泥后上提送入体至封隔器，井口憋压充填封隔尾管与上层套管环空，确保环空有效封隔。

4. 现场应用效果

研发的旋转尾管悬挂器在现场进行成功应用，不仅实现了尾管悬挂器免倒扣丢手，而且在固井过程中对尾管进行了旋转，有效提高了固井质量。截至 2022 年底，已累计应用近 10 井次，为复杂工况条件下的深井、超深井的尾管固井提供了技术支撑和保障。

千 12-71 井为辽河油田的一口侧钻井，完钻井深 1220m，悬挂器位置为 775m。尾管下至设计井深，投球，连接可旋转钻杆水泥头和固井管线，静止 10min，待球坐落到球座后，憋压 15MPa，稳压 3min，下放悬挂器，一次坐挂成功。在整个固井作业过程中保持以转速 12r/min 旋转尾管，最大旋转扭矩未超过套管上扣扭矩最小值的 80%，注水泥、替浆、碰压、泄压回流均正常，尾管固井段固井质量合格率 100%，优质率 85%，较同区块、同井型固井质量有较大提高。

四、分级箍 + 管外封隔器

塔里木油田台盆区二叠系火成岩发育，固井漏失严重，导致空套管较长，难以实现全井段的有效封固，不利于井筒完整性。二叠系漏失层漏失压力当量钻井液密度一般为

1.45g/cm³，部分地区地层承压能力只有 1.38g/cm³，而对于长裸眼井段，漏失层堵漏手段有限或经济性不高，地层承压能力难以满足固井要求。目前二叠系固井方式普遍采用分级固井，采用常规分级固井可以解决部分一级固井的漏失问题，但二级固井依然漏失严重，导致空套管较多（平均长度 3000m 左右），影响井筒水泥环完整性。带封隔器的分级箍可以在一级固井结束后通过封隔器胀封实现分级箍以下（分级箍下至二叠系漏层以上）裸眼环空的有效封隔，防止二级注水泥施工及施工结束后过大的浆柱压力压漏一级环空漏层，保证二级固井水泥浆的一次上返，实现二叠系以上井段的有效封固。封隔式分级注水泥器如图 6-4-4 所示。

图 6-4-4　封隔式分级注水泥器

1. 技术原理

带封隔器的分级箍是在常规分级箍的基础上增加胀封机构，封隔一级、二级固井之间的环空通道的非常规分级固井工具。在一级注水泥完毕后，投入打开塞，憋压打开水力扩张封隔器的注液通道，钻井液进入胶筒内，填充胀封封隔套管与井眼的环空；随后继续憋压关闭注液通道，打开双级注水泥器二级固井循环孔，建立管内外循环通道，完成二级注水泥作业；最后，投入关闭塞，关闭循环孔。

2. 主要技术指标

ϕ244.5mm 封隔式分级箍主要尺寸及对应的技术指标参数见表 6-4-5。

表 6-4-5　ϕ244.5mm 封隔式分级箍基本尺寸和主要技术指标

参数	指标	参数	指标
最大外径 /mm	285	额定载荷 /tf	310
内径 /mm	218	10% 井径扩大率额定封隔压力 /MPa	35
封隔器长度 /mm	1120	15% 井径扩大率额定封隔压力 /MPa	25
总长 /mm	4250	整体密封能力 /MPa	70
封隔器注液孔打开压力 /MPa	6~8	可用井径尺寸 /mm	311~343
分级箍循环孔打开压力 /MPa	13~15	适用于套管壁厚 /mm	11.05/11.99
分级箍循环孔关闭压力 /MPa	5~6	附件钻除钻头尺寸 /mm	215.9

3. 工具特点及技术优势

（1）水力扩张式管外封隔器与分级注水泥器有机整合，一级注水泥后无需候凝。

（2）可以解决控制漏失层、防止水泥浆漏失、高压气层气窜等问题。

（3）可以解决一次要求注水泥量过大、过高的静液柱压差等问题。

4. 现场应用效果

ϕ244.5mm 和 ϕ273.05mm 两种规格的新型封隔式分级注水泥器相继在塔里木油田的跃满 7-H4 井、跃满 25-H4 井和满深 3-H5 井试验取得成功，试验中工具各项技术指标均满足现场需求，实现了含二叠系易漏层的长裸眼井全封固井，解决了困扰该地区多年的漏失井固井难题，也为解决塔里木油田台盆区碳酸盐岩井空套管难题提供了技术新途径。

第五节　全流程自动化固井作业系统

一、自动化固井作业技术现状

自动化、智能化现代科技的快速发展，给传统固井技术升级发展注入了新的动力。固井技术的自动化、智能化，将全面提升固井作业施工质量、降低人工作业强度、降低高压作业风险，同时物联化的固井装备也将大幅提升装备调度效率、降低故障发生频率。自动化、智能化固井技术将全面革新传统固井作业，推动传统固井技术升级转型发展。

随着固井工艺技术和计算机科学技术的发展，国内外普遍开始采用计算机软件进行套管柱设计和注水泥设计，研制与开发了一系列的固井工程设计软件。国外各大固井承包商、技术服务公司都开发了自己独特的固井设计软件系统，其中使用比较广泛、有代表性的有 Landmark、CemCADE 注水泥动态模拟与设计软件、PVI Drilling SoftWare 软件等。近年来，国内的研究院所、技术公司也开发了系列固井软件，代表性的有 AnyCem® 固井软件平台、固井设计与仿真模拟系统、油气井固井仿真模拟与实时监测系统、注水泥动态过程计算机模拟软件等。

固井装备的自动化智能化发展，起始于国外，如哈里伯顿公司深水固井系统，借助于多个不同类型的传感器，能够同时监测、控制约 300 个技术参数，作业数据可以送达世界各地；贝克休斯公司的大容量现代混拌设备及密度自动混拌系统等，也广泛应用于陆上及海洋固井现场。国内固井装备的自动化、智能化发展，在近些年取得了长足的进步。主要表现在加速了信息化技术、工业自动控制技术在传统固井装备上的融合应用。自动化固井水泥车、自动化固井水泥头及闸阀系统、自动监控稳定供水泥系统及自动监控固井指挥车等一批以自动化、信息化传输、实时监控为特点的新型固井装备应运而生。

全流程自动化固井技术主要包括全流程固井软件平台、自动化固井装备（图 6-5-1）和自动化固井作业工艺三部分。

图 6-5-1　全流程自动化固井主要设备

二、全流程固井软件平台

全流程、大平台、智能化的固井软件平台，是自动化固井技术的神经中枢，是连接各固井装备之间的重要纽带。新型固井软件平台。除了具备常规固井工程设计、分析计算、仿真模拟等功能外，同时具有对硬件装备的监测与控制、实时数据传输与存储、大数据分析预测等功能模块。自动化、智能化固井装备及软件的新发展，为全流程自动化固井技术全面提升和工业推广奠定了重要基础。

全流程固井软件平台涵盖"设计—仿真—监控—管理—大数据"，由固井设计仿真与科学分析、自动化施工作业实时监测与控制、固井工程生产组织与技术管理、固井大数据平台等模块构成。中国石油工程院自主开发的"AnyCem®固井软件平台"为全流程固井软件平台的代表产品之一。

固井设计仿真与科学分析模块具有复杂工况套管强度校核、管柱居中设计与分析、钩载预测与套管下入、防漏压稳设计、精细注替压力分析、顶替效率模拟等功能，可为复杂深井、重点井提供精细化固井科学设计和模拟分析。

自动化施工作业实时监模块具有固井全过程施工自动化作业、远程实时传输及自动控制等功能，对提升固井作业工作效率、工序无缝衔接精度，降低现场操作劳动强度、高压作业人员风险和粉尘污染等起到了重要纽带和推动作用。

固井工程生产组织与技术管理模块具有固井报告各级远程审查审批、固井质量声幅测井声幅图全井一键定量化解释、层段精细化统计分析、固井实验数据管理、固井实验数据实时自动化采集和分类管理等功能，显著提升了工作效率。

固井大数据平台基于"身份证""ID""区块链"理念，具有单井固井全过程资料的存储、分类、检索和统计分析等功能，内容涉及固井工程设计仿真、固井施工作业、固井质量测井解释、固井浆体实验报告、固井耗材清单等，为建立固井工程大数据湖、形成固井大数据分析技术奠定基础。

三、自动化固井装备

自动化固井装备是自动化固井技术实施的保障，主要包含自动化稳定供水泥系统、自动监控固井水泥车、自动化固井水泥头、固井指挥车等。自动化固井装备的发展解决了固井作业装备自动监控程度低、固井施工全过程管控能力弱、无法实现固井现场难题远程专家会诊等难题，在人员安全性、施工可靠性、作业经济性等方面有大幅度的提升，能够更高效、更智能、更环保地完成固井作业任务。

自动化稳定供水泥系统以灰量质量控制、气量压力控制为核心，解决了传统水泥罐下灰量波动大、水泥浆密度不易自动控制等难题，自动化供灰速率波量自动化供灰速率波量小于2%，罐余监测量罐余监测量小于1.5%，能够持续为自动化固井水泥车提供均匀稳定的水泥供应，保证水泥浆密度混配均匀。

自动监控固井水泥车基于固井泵注作业关键技术环节和参数实时监控要求，结合自动化固井作业软件系统功能设计，在常规固井水泥车基础上，升级控制系统、气路系统、混合系统、管汇系统、液压系统、润滑系统，实现上水自动监控、闸阀开关及开度自动调节、施工参数自动传输、施工指令自动接收及执行、排量密度自动控制、超压超限自动报警等功能，代替人工操作。图6-5-2所示为GJC70-30型远程监控固井水泥车。

图6-5-2 GJC70-30型远程监控固井水泥车

自动化固井水泥头通过电控液机构研制、快装设计、双保险指示器设计等方法，实现了复杂固井工艺流程全套闸阀管汇、挡销胶塞等自动化远程控制，响应时间小于0.5s，工序衔接更加紧密快捷，固井全过程工艺流程自动化监控，大幅提升了传统固井作业的自动化程度和水平。

固井指挥车搭载自动化固井作业软件系统，与自动化稳定供水泥系统、自动化固井水泥车、自动化固井水泥头等装备高质量对接，突破了自动化监控固井施工信息的远程传输难题，实现了井场至固井基地、固井监控指挥中心的远程实时传输，数据传输时差小于0.01ms，准确率达100%，提升了固井工程的自动化与信息化水平。

四、自动化固井作业工艺

自动化固井作业工艺是自动化固井技术发展的体现，涵盖固井试压、预混、混浆、泵注、替浆、碰压等全流程固井作业工序。自动化固井作业工艺实现了多装备协同控制、全流程数字化监控、专家在线随时诊断，实现固井施工全过程自动化作业，推动固井作业由经验向科学决策转变。

五、现场应用

以基于AnyCem®系统的全流程自动化固井技术应用，选取辽河区域某井全流程自动化固井作业为例，该井二开（生产套管）井深为2295m，其钻头尺寸为ϕ215.9mm，套管尺寸为ϕ139.7mm。

（1）阶段设计参数。基于固井设计、固井模拟结果，得到全流程自动化固井作业阶段设计参数，见表6-5-1。

表 6-5-1 全流程自动化固井作业阶段设计参数

阶段名称	阶段类别	设计密度/（g/cm³）	用量/m³	排量/（m³/min）
前置液	前置液	1.0	15	1.2
领浆	水泥浆	1.65	10	1.2
中间浆	水泥浆	1.80	35	1.2
尾浆	水泥浆	1.85	17	1.2
钻井液（大泵）	顶替液	1.25	30	1.8

（2）自动固井作业过程。

①远程控制试车：借助 AnyCem® 固井平台系统，测试施工过程中每个阶段水泥车需要开启的阀门是否能够实时正确地打开。

②远程控制试压：借助控制软件试压模块，对入井管线进行施工前试压工作。

③远程自动控制作业：基于软件提前做好固井施工设计，阶段设计参数会自动导入固井施工控制模块，开始监控之后，前置液、水泥浆和顶替液开始自动化泵注，水泥浆预混、水泥头倒闸阀及稳定供水泥系统阀门开启与关闭均自动化完成。在整个作业过程中可实现对浆体密度、水泥车混浆罐/计量罐液位、水阀/灰阀开度、浆体用量、各阶段排量等施工参数的实时监测与远程控制。

该井采用 AnyCem® 固井平台系统远程自动控制方式作业至尾浆泵注结束，之后采用大泵进行大排量顶替，根据实时监测采集的密度、压力、用量和排量数据，施工曲线如图 6-5-3 所示。

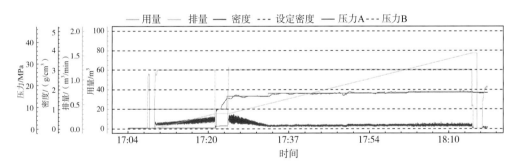

图 6-5-3 固井施工实时监测曲线

（3）固井作业质量。该井采用 AnyCem® 全流程自动化固井技术作业，施工过程顺利，固井平台系统、自动化固井装备、通信系统在施工过程均正常。施工结束后，经测井，该井固井质量为优质（返高 524m，幅值 10% 以内）。

六、未来发展趋势

随着计算机行业的迅速发展和固井行业的不断深入，国内外对固井技术服务的自动化、科学化、智能化的需求量越来越大，除了以上提到的有关固井工程设计与分析等的计算软件，同时也在探讨和开发具有实时数据监测和处理、实时计算和分析的智能系统，由单一的数据处理计算向具有实时性的指示处理与数据处理相结合的方向发展，从而实现对固井全过程更有效地控制，提高一次固井成功率和固井质量。

目前国际上应用广泛的固井设计软件大多是钻井软件中的一个功能模块，优化固井模块功能、完善软件算法，开发集固井设计、仿真模拟、科研分析、远程自动监控、固井测井解释、固井实验信息管理为一体的软硬件结合的全流程自动化固井技术是未来固井行业的发展趋势。

随着 5G 技术、大数据分析技术的发展，自动化智能化固井装备的自动化程度将进一步提高，执行机构的可靠性将进一步提高；固井软件的软硬件交互方式、精度将进一步提升，专家系统、智能分析系统将成为必备模块。整体技术方面，物联化的固井装备，智能化、高性价比的软件自动决策和指令，最优配比的装备调度、最安全高效施工作业的自动化完成，将是未来全流程自动化固井技术的发展方向。

第七章　深井固井技术现场应用

塔里木盆地和四川盆地是中国石油深井超深井固井最集中的区域，也是深井固井难度最大也最有代表性的盆地。塔里木盆地高温、高压、高含硫，超高压盐水、超深、极窄压力窗口，固井难度大、质量要求高；四川盆地纵向上共存在 29 个油气层（8 个主力产层），同一裸眼高低悬殊的压力系统交互出现，两个盆地复杂的地质环境给保证固井质量及水泥环密封完整性带来严峻挑战。通过油田和院所的联合技术攻关，形成包括精细控压压力平衡法固井、大温差长封固段尾管固井、盐膏层固井、高压气层固井、长裸眼一次上返固井等系列复杂深井固井技术，为两个盆地固井质量和水泥环密封完整性的稳步提升提供了技术保障[13]。

第一节　深井盐膏层固井技术

一、固井难点

塔里木盆地库车山前气藏埋藏深、复合盐膏层、高压盐水层及裂缝发育，巨厚盐膏层是库车山前显著的地质特征，埋深 1230~7948m，厚度普遍 200~3200m，最厚达 4506m，盐、膏、砂泥岩、软泥岩等交替出现。盐膏层普遍发育纵向上分布无规律的高压盐水，高压盐水层压力系数达 2.57~2.60，盐间低压层承压能力当量 2.05~2.20，钻井过程中通过提高钻井液密度的方式来压稳高压盐水，钻井液密度基本达到地层破裂压力上限，主要固井难点表现在以下几个方面：

（1）盐间水压力高，盐间和盐底承压能力低，固井施工中压稳与防漏矛盾突出，固井质量难以保证。山前盐膏层漏失分为盐间漏失和盐底漏失，盐间漏失主要由薄夹层引起，盐底漏失主要由底板泥岩较薄或与低压层之间连通性好引起。漏失导致一次上返成功率低，高压盐水层有效封隔成功率低，补救比例高。

（2）多因素共同制约，固井窜槽严重，顶替效率难以保证。盐层选用高钢级厚壁无接箍或小接箍套管，无配套的套管扶正器，软件模拟显示居中度仅 30% 左右。为提高顶替效率，仅能通过提高顶替排量和浆体密度级差，但受窄安全密度窗口和小间隙环空的限制，浆体密度差设计通常不大于 0.05g/cm³，环空返速仅 0.5~0.8m/s。固井顶替效率在管柱居中度、浆体密度差、顶替排量等因素的共同制约下难以得到保证。

（3）盐膏层埋藏深，蠕变速率快，安全密度窗口窄，下套管阻卡和漏失风险大。库车山前盐膏层最厚达 4506m，埋深达 7948m，蠕变速率快，且蠕变规律难以准确掌握，下厚壁套管阻卡风险大，对下套管前的蠕变时间测定、通井技术措施、下套管速度要求高。此外，为平衡盐膏层蠕变和高压盐水层，使用的钻井液密度高，下套管期间漏失风险大，套管到位后难以建立正常循环实施固井，多数井开泵即漏。

二、高温高密度加重材料优选及水泥浆体系优化

结合库车山前盐膏层工程地质特征，针对盐膏层固井难点，通过持续攻关和实践，形成了盐膏层高温高密度配套固井技术，并探索应用了精细控压固井技术，显著提高了山前盐膏层高压盐水的有效封隔率和固井质量。

1. 超高密度加重材料优选

随着油田的勘探开发不断深入，普通加重材料已无法满足高密度及超高密度水泥浆的配制要求，评价引进了高密度加重剂 GM-1，可以配制更高密度的水泥浆，为进一步改善水泥浆性能，评价引进了 Micromax 微锰加重剂。

（1）超高密度加重剂 GM-1。为配制更高密度水泥浆，评价引进了 GM-1 超高密度铁矿粉，即还原铁粉，密度为 7.5g/cm³，为颗粒结构，平均粒径在 80μm 左右。主要用于高密度水泥浆、超高密度水泥浆的配制，具有加量少、流变性能易调节等优点，加重水泥浆密度范围为 2.20~2.75g/cm³。该材料具有较高的密度和良好的加重效果，且高温下流动性能好，能够有效降低高密度水泥浆的流动摩阻。

（2）超细外掺料 Micromax（微锰）。为了进一步改善水泥浆及隔离液的流动性，评价引进了微锰加重剂。主要由球形四氧化三锰超细颗粒组成，密度 4.8g/cm³，平均粒径 1μm，可单独与水均匀混合。因其本身为超细球型颗粒，具有良好的悬浮性和分散性，在超高密度水泥浆体系中可适量加入改善浆体流变性，可用于高密度钻井液、隔离液及高密度水泥浆的配制。

2. 高温高密度水泥浆体系优化

1）高温高密度水泥浆体系配方优化

通过室内系列评价实验，优化了高温高密度水泥浆体系配方，体系耐温 160℃以上，实验室水泥浆最高密度为 2.80g/cm³，现场应用最高密度为 2.65g/cm³。水泥浆中混入纤维、增韧材料，可提高水泥浆的防漏性能和胶结性能。

采用紧密堆积技术解决了高密度水泥浆稳定性和流变性之间的矛盾，提高了浆体综合性能，密度 2.4~2.8g/cm³ 的水泥浆性能见表 7-1-1，沉降稳定上下密度差小于 0.05g/cm³，失水量控制在 50mL 以内，浆体流动度为 20~23cm，游离液不大于 0.2%，稠化时间可调，且过渡时间小于 15min，静胶凝强度曲线基本具有"直角稠化"的特点，水泥石 24h 抗压强度大于 8MPa[14]。

表 7-1-1　系列超高密度水泥浆性能

密度 /（g/cm³）	流动度 /cm	游离液 /%	失水量 /mL	稠化时间 /min	24h 抗压强度 /MPa
2.40	22.5	0.1	32	345/370	14.8
2.45	22.5	0.1	32	324/341	15.1
2.50	22	0.2	24	391/410	10.5
2.55	22	0.2	24	370/402	10.9

续表

密度 /（g/cm³）	流动度 /cm	游离液 /%	失水量 /mL	稠化时间 /min	24h 抗压强度 /MPa
2.60	21	0.1	24	329/352	13.2
2.65	21	0.1	24	278/312	11.7
2.70	20.5	0.1	20	271/309	12.0
2.75	20.5	0.1	20	258/278	13.8
2.80	20	0.1	20	243/267	14.5

2）优化浆柱结构和性能

采用双凝水泥浆浆柱结构，尾浆封至盐水层以上 100m。增大隔离液用量（接触时间大于 20min），洗油型冲洗剂含量不低于 30%。隔离液流性指数 $n \geq 0.8$，稠度系数 $K \leq 0.3\text{Pa} \cdot \text{s}^n$；领浆流性指数 $n \geq 0.8$，$K_{隔离液} < K \leq 0.5\text{Pa} \cdot \text{s}^n$，保证顶替液与被顶替液的摩阻差，同时提高偏心环空条件下的顶替效率。浆体和工艺一体化设计，结合工艺特点和施工风险，增加升降温、领尾浆混浆、静胶凝强度、领浆隔离液混浆强度等实验项目，为工艺措施制订提供实验数据支撑。

3）冲洗隔离液评价与优化

针对盐膏层钻进采用油基钻井液的实际情况，在常规固井隔离液基础上加入了表面活性剂，保证固井过程中能够将环空的油基钻井液冲洗干净。冲洗剂有效加量不低于 30%，隔离液用量一般按照接触时间 10~15min 设计，对于井径极不规则或管柱居中度低的井，可采用多倍裸眼容积设计。

为准确评价冲洗隔离液的冲洗效率，针对国内外旋转黏度计法不能模拟井下真实井况的问题，提出了用岩心代替金属转筒，在岩心表面压制滤饼，部分模拟井下工况的隔离液冲洗效率评价方法。该方法的冲洗效率评价更能真实反应井下的实际工况，评价准确度更高。

3. 盐膏层窄密度窗口评估

结合钻井、录井、邻井酸压试油等资料，评估漏失压力，确定固井安全密度窗口。主要是结合盐层钻井情况，分析包括漏速、漏层岩性、漏失通道连通程度、是否存在圈闭、堵漏过程等在内的漏失特征，分析计算各漏层的漏失压力，得出安全密度窗口。固井施工前，采用缓慢提排量的方法，确定临界漏失排量，获取最终固井安全密度窗口。

4. 全程施工参数优化

通过精细评估密度窗口、改善顶替环境、优化浆体性能、最大化注替排量等手段提高顶替效率，并利用有效层流、浆体摩阻级差、水泥充填率等顶替效率评估手段，实现顶替效率最大化。

由于窗口较窄，无法实现全程大排量顶替，因此一般采用复合顶替方式。环空返速大于 0.8m/s，同时运用水泥充填率、顶替摩阻级差和有效层流等多种手段评估顶替效率，反复优化施工参数。根据窜槽风险和井身结构特点确定起钻高度、循环排污方式、憋压候凝等措施。一般要求候凝至 80% 水泥浆与 20% 隔离液（或 20% 钻井液）混浆强度大于 3.5MPa 后，再进行下步施工作业。

三、应用效果分析

通过不断技术实践和探索，形成了以高温高密度水泥浆、窄安全密度窗口固井、精细控压固井、高密度大排量地面施工技术为一体的盐膏层固井技术。高压盐水封固成功率由2016年的66.7%提升至2021年的100%。

应用实践了精细控压固井技术，改变了山前盐膏层小排量固井的技术思路，有效解决了窄窗口条件下关键井段固井有效封隔难题，为库车山前盐膏层固井质量的提升提供了有力的技术支撑。

四、克深132井和大北12井盐层固井现场应用实例

1. 克深132井

该井四开复合盐膏层钻井，油基钻井液密度2.42g/cm³，ϕ241.3mm钻头钻至7428.5m中完，下入ϕ206.38mm无接箍厚壁套管封固复合盐膏层。该井钻进期间发生过溢流（井深7187m，钻井液密度2.40g/cm³，排量12L/s）和井漏（井深7423m，钻井液密度2.42g/cm³，排量13L/s），面临的主要固井难点：裸眼段地层溢漏同存，未进行承压堵漏，下套管及固井漏失风险高；采用无接箍厚壁套管，无配套扶正器，管柱居中度难以保证，固井顶替窜槽风险高。

1）主要技术措施

安全窗口分析：根据溢流处理情况，判定盐水层地层压力为2.41g/cm³。下完套管后缓慢提排量循环，测得该井临界漏失排量为15L/s，分析计算漏层实际承压能力为2.49g/cm³，固井安全密度窗口为0.08g/cm³。

顶替环境优化：重合段每2根套管加1只整体式弹性扶正器（悬挂器以下连续3根套管每根安放套管1只），重合段平均居中度达到75%。而裸眼段无配套扶正器，居中度约30%。固井前调整钻井液性能，2.42g/cm³钻井液塑性黏度为62MPa·s，漏斗黏度为83s，屈服值为4Pa。此外，增加隔离液用量至20m³，对裸眼段和重合段的冲洗时间为23min（15L/s）。

浆体性能优化：通过顶替效率模拟与优化分析，浆体性能及用量见表7-1-2。领浆壁面剪应力达47Pa（排量15L/s），可有效清除泥饼。

注替排量设计：依据安全密度窗口和最优化固井顶替效率，确定最大化顶替排量为15L/s，环空返速为1.1m/s，井底最大动态压力当量密度为2.48，满足安全密度窗口要求。

表7-1-2　优化后的浆体性能

浆体	密度/（g/cm³）	流性指数 n	稠度系数 K/（Pa·s^n）	用量/m³
钻井液	2.42	0.98	0.04	—
前隔离液	2.42	0.83	0.21	15
领浆	2.45	0.82	0.29	17

续表

浆体	密度 /（g/cm³）	流性指数 n	稠度系数 K/（Pa·sⁿ）	用量 /m³
尾浆	2.45	0.72	0.45	13
压塞液	2.42	0.83	0.21	5

2）施工效果

该井固井全程未漏，一次上返成功，全井段合格率和优质率均为 100%。

2. 大北 12 井

该井四开盐层钻井，油基钻井液密度 2.35g/cm³，ϕ 149.2mm 钻头钻至井深 5376m（井底岩性褐色泥岩）中完，ϕ 215.9mm 钻头扩眼钻进至 5373.9m 井漏失返，吊灌起钻完，液面在井口，总共漏失 2.35g/cm³ 钻井液 23m³。后期因通井挂卡严重，经承压 6.5MPa（井底当量 2.51）后，全井提密度至 2.43g/cm³ 起钻下套管，固井安全密度窗口大于 0.08g/cm³。下 ϕ 177.8mm+ϕ 182.0mm 复合尾管，设计重合段长 330.33m，尾管封固段 4094.67~5371m。主要固井难点为在前期井漏失返的工况下下套管和固井漏失风险较高。

1）主要技术措施

下套管及降钻井液密度：将全井钻井液密度提高至 2.43g/cm³ 后完成正常起钻，起钻结束后不控压下套管。套管到位后，缓慢循环降钻井液密度至 2.36g/cm³，此过程全程不控压，依靠提排量维持井底当量在 2.48 左右。降密度结束后井口控压 4MPa。

投球坐挂、憋通球座、倒扣：停泵投球，井口控压 4MPa，小排量循环送球。控压 4MPa 条件下完成悬挂器坐挂，提前打开节流阀释放憋通球座压力，防止压漏地层和损坏节流阀，球座憋通后控压 4MPa，完成倒扣丢手。

注替施工：前期维持稳定排量 16~17L/s，水泥浆返至重合段后降排量至 14L/s，返至喇叭口后降排量至 12L/s，碰压前 4m³ 降排量至 9L/s。停泵倒泵时地面补压 4MPa。

控压起钻及循环洗井：注替到位后控压 5MPa，控压起钻 21 柱至井深 3500m，循环洗井（排量 24L/s，转盘转速 20r/min，节流阀全开不控压）。

关井候凝：循环洗井结束后，关闭旋塞，环空憋压 7MPa 关井候凝。

2）施工效果

大北 12 井在中完阶段井口失返的前期工况下实现了固井全程不漏、一次上返成功，最大环空返速达 1.4m/s，施工排量较临井提高 40%，目的层钻井液密度降至 1.74g/cm³ 后实现安全钻进（折算盐层管鞋压力降低 36MPa）。

第二节　大温差及高温井固井技术

一、大温差长裸眼一次上返固井技术

塔里木盆地台盆区碳酸盐岩油气藏钻井普遍用三开或四开井身结构（图 7-2-1），

其中表层套管下深在1500m左右，二开技术套管下至奥陶系目的层顶，封固段长超过5000m。对于高气油比油井、气井和含H$_2$S的油气井，二开技术套管固井主要采用双凝双密度水泥浆体系，一次上返固井方案。

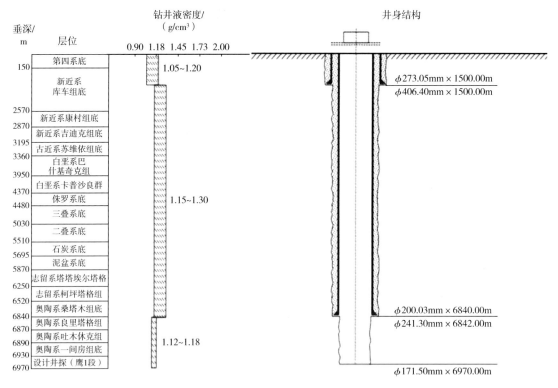

图7-2-1 塔里木盆地台盆区碳酸盐岩井常用井身结构

1. 固井技术难点

（1）裸眼封固段长、地层承压能力差、一次上返难度大，特别是塔中区块及泛哈拉哈塘区块，二叠系漏失压力低、固井密度窗口小甚至完全没有窗口，见表7-2-1。

（2）二开中完井水泥浆从井底返至井口需跨越多个温度区域，封固段上下温差极大（最高达125℃），导致水泥浆顶部强度发展缓慢，易出现超缓凝现象等难题，因此对水泥浆及外加剂的耐温性和稳定性也形成了极大考验。

表7-2-1 碳酸盐岩井漏失压力统计

区块	二叠系	钻井液密度 /（g/cm^3）	漏失压力系数	一次上返所需当量密度 /（g/cm^3）
哈得	有	1.28	1.32~1.40	1.65~1.70
哈拉哈塘	有	1.25	1.30~1.45	
新垦	有	1.25	1.32	
热普	有	1.27	1.35~1.40	1.60~1.65
金跃	有	1.28	1.30~1.45	
跃满	有	1.25	1.25~1.35	

续表

区块	二叠系	钻井液密度 /（g/cm³）	漏失压力系数	一次上返所需当量密度 /（g/cm³）
玉科	有	1.35	1.40	1.60~1.65
富源	有	1.25	1.35~1.45	
果勒	有	1.27	1.35~1.55	
塔中	有	1.23~1.30	1.45~1.55	1.45~1.55
轮古	无	1.18~1.25	1.65	1.55~1.60

注：碳酸盐井仅塔中区块和轮古区块能够实现低密度一次上返。

2. 大温差低密度水泥浆技术

自 2011 年开始，开展碳酸盐岩油气藏大温差低密度水泥浆技术及配套固井工艺的研究与应用攻关，研发了一套可满足长封固段（5000~7000m）、大温差（70~125℃）高性能低密度（1.30~1.45g/cm³）水泥浆体系，主要通过外加剂和外掺料优选，并利用紧密堆积理论优化设计出综合性能满足大温差长封固段的低密度水泥浆配方，用于解决大温差低密度水泥浆沉降稳定性差和顶部低温超缓凝两大技术难题。

为提高大温差低密度水泥浆的强度、失水、稳定性等综合性能，利用颗粒级配设计对大温差低密度水泥浆体系做了进一步的优化和强化，即尽量增加单位体积水泥浆内的固相含量，提高水泥浆体系的密实程度，从而改善体系的液态性能（水泥浆）和固态性能（水泥石）。

优选了粒径分布与水泥和空心微珠有明显差异的微硅和超细水泥两种超细材料作为体系的主要外掺料。一方面，通过超细材料与水泥和漂珠进行颗粒级配，优化了水泥浆的固相粒度组成，提高了低密度水泥浆体系的密实度；另一方面，二者均具有化学活性，可与粗颗粒水泥的水化产物胶结，增强体系的水化反应活性、提高水泥石的强度，从而大幅改善大温差低密度水泥浆的综合工程性能。

根据颗粒级配原理，为大温差低密度水泥浆设计了 4 级粒度级配，即微硅、超细水泥、水泥和漂珠 4 种材料主要粒径呈现数量级差，满足颗粒级配原理，基本实现了不同粒径球型粒子堆积空隙率最小，有效改善了水泥浆综合性能。对密度为 1.4g/cm³ 的低密度水泥浆进行了沉降稳定性试验，结果表明，通过颗粒级配设计出的大温差低密度水泥浆沉降稳定性良好，上下密度差小于 0.02g/cm³。

利用上述优选的外加剂和外掺料，通过大量的室内实验，设计出密度 1.20~1.60g/cm³、满足循环温度 125℃ 的低密度水泥浆配方，并按照 API 操作规范对水泥浆进行了常规性能测试，测试结果见表 7-2-2。

表 7-2-2　不同密度水泥浆体系配方及常规性能

密度 /（g/cm³）	流动度 / cm	游离液 / %	失水量 / mL	塑性黏度 /（Pa·s）	动切力 / Pa	流性指数 n	稠度系数 /（Pa·sⁿ）
1.2	23	0	56	0.09	9.45	0.74	0.57
1.3	22	0	60	0.11	14.31	0.69	0.95

密度 / (g/cm³)	流动度 / cm	游离液 / %	失水量 / mL	塑性黏度 / (Pa·s)	动切力 / Pa	流性指数 n	稠度系数 / (Pa·sⁿ)
1.4	21	0	62	0.09	7.4	0.78	0.41
1.5	21	0	36	0.06	5.4	0.78	0.30
1.6	20	0	40	0.08	6.6	0.77	0.37

注：漂珠、微硅和超细材料是占水泥的质量百分比，其余外加剂是占总灰量（水泥＋漂珠＋微硅＋超细材料）的质量百分比。

该体系具有如下特点：

（1）在高温下兼顾了稳定性与流变性。游离液均为0，失水低，黏度与切力低，环空摩阻小。

（2）能有效控制125℃条件下失水量小于100mL。

该体系通过外加剂特别是降失水剂和缓凝剂的各种基团相互作用，保证了缓凝剂的温度敏感性低和低温早强性。室内评价了该水泥浆体系稠化时间、水泥石顶部和底部抗压强度发展情况，实验结果见表7-2-3。

表 7-2-3 水泥浆体系稠化时间及水泥石强度发展

密度 / (g/cm³)	稠化时间 /min	顶部强度 /MPa		底部强度 /MPa	
		48h	72h	48h	72h
1.2	462	1.2	2.3	11.3	14.8
1.3	360	1.6	3.8	13.6	16.8
1.4	375	2.1	5.4	15.1	18.9
1.5	382	2.4	5.4	18.7	24.5
1.6	397	3.0	9.4	22.4	26.8

由表7-2-3可以看出，在稠化时间满足现场施工要求的条件下，水泥石早期抗压强度高，能有效防止长封固段大温差顶部水泥超缓凝，除1.2g/cm³配方外，其余配方顶部72h抗压强度均达到3.5MPa，而底部48h抗压强度大于11MPa，表明大温差低密度水泥浆体系能够克服常规低密度水泥浆面临的强度发展慢的难题，可满足70~120℃温差范围内的长封固段大温差固井，避免了由于水泥浆强度发展缓慢而影响固井质量。

3. 一次上返固井技术措施

在低密度水泥浆配方的基础上，配套形成了基于强化井眼准备、提高管柱居中度、优化注替参数等为核心的长裸眼段一次上返固井工艺。该技术以"防漏"为技术核心，充分论证漏层承压能力，优化浆柱结构和浆体流变性，减少漏失，实现一次上返封固，现场应用效果良好。

（1）确定漏层承压能力。结合地质设计和邻井试油情况，初步判断二叠系的闭合压力和破裂压力。基于实钻漏失情况和承压情况，进一步确定二叠系的承压能力；最后，通过下完套管后缓慢提高排量循环的方法，确定漏失临界排量，并最终获得准确的地层承压能力。

（2）套管扶正器安放设计。根据井眼情况，合理优化扶正器安放方案，确保关键井段居中度不低于67%。管鞋以上500m井段每1根套管安放1只扶正器，管鞋以上500~1000m井段每2根套管安放1只扶正器，套管重合段每3~5根套管安放1只扶正器，其余井段每5根套管安放1只扶正器。

（3）浆柱结构与工作液设计。采用双密度双凝浆柱结构：冲洗液＋前隔离液＋低密度领浆＋常规密度尾浆，浆体密度根据钻井液密度并以压稳地层为原则来确定，浆体各项性能按照固井规范要求确定。下塞设计300m，水泥浆返出地面10m³。常规密度快干水泥浆封固二叠系以下地层，确保管鞋固井质量；1.30~1.40g/cm³低密度领浆封固二叠系以上井段，主要起防漏和水泥填充作用。

（4）顶替参数设计。立足固井全程压稳而不漏的原则，通过固井软件进行反复试算校核，确定能满足固井安全密度窗口条件下的最大顶替排量，最大限度增大水泥浆壁面剪应力，提高滤饼清除效果，确保第二界面胶结质量。通常要求环空返速不低于1.0m/s，现场顶替参数可根据漏失情况和浆体在环空中的位置进行具体调整，重点控制好以下4个关键环节：

①密度较低的冲洗液完全进入环空时井底压力最低，此时要确保静液柱压力与环空循环压耗之和大于地层压力，以压稳地层、防止地层流体侵入。

②隔离液进入环空后，环空井底压力开始逐渐回升。

③水泥浆进入环空后，由于密度较高，井底压力和漏层压力会快速上升，此时合理控制注替排量，适当降低环空循环压耗，抵消环空静液柱压力的增加部分，确保环空井底压力不超过漏层的承压能力。

④水泥浆即将顶替到位、准备碰压时，此时环空静液柱压力最大，应适时降低顶替排量，防止压漏地层。

4.现场应用

长裸眼段一次上返固井技术以优化大温差低密度水泥浆体系为基础，配套形成了基于强化井眼准备、提高管柱居中度、优化注替参数等为核心的长裸眼段一次上返固井工艺技术体系，在一定程度上缓解了二叠系固井漏失问题，突破了常规低密度水泥浆沉降稳定性差和顶部低温超缓凝两大难题，提高了碳酸盐岩井二开固井质量，为优化井身结构、实现安全快速钻井、提升井筒完整性、降低勘探开发成本提供了固井技术支撑。

1）中古514井 ϕ200.03mm套管固井应用实例

该井采用1.40g/cm³低密度水泥浆一次上返5767m，温差达125.4℃；哈10-7井实现了长达6655.6m的单级全封；热普501井实现长达6909m单级全封。长裸眼段一次上返固井技术在台盆区应用超过100多井次，二开固井质量得到大幅提升，与未采用长封固段大温差固井技术井的固井质量相比较，全井固井质量合格率提升15%。

2）塔中862H井 ϕ200.03mm套管固井应用实例

该井二开采用 ϕ241.3mm钻头钻至井深6122m完钻，下 ϕ200.03mm套管进行单级固井，一次上返封固段长达6122m，施工摩阻大，且钻井期间发生过井漏，安全密度窗口窄。采用的主要固井措施如下：

（1）强化井眼准备。采用单扶钻具组合通井，通井到底后纤维循环携砂，调整钻井液性能，屈服值 9Pa，塑形黏度 30mPa·s，漏斗黏度 70s，满足固井技术要求。

（2）强化关键层段的扶正器优化设计。管鞋以上 500m 井段每 1 根套管安放 1 只扶正器，管鞋以上 500~1000m 井段每 2 根套管安放 1 只扶正器，重合段每 5 根套管安放 1 只扶正器，其余井段每 5~10 根套管安放 1 只扶正器。

（3）严格控制下套管速度。结合地层承压能力，根据下套管时的钻井液性能、井眼和套管的尺寸，以允许的激动压力为依据，设计下套管速度，单根套管最少下放时间为 55s。

（4）优化低密度水泥浆浆柱结构设计。本井漏层顶深 3415m、底深 4077m，根据漏层位置和井径数据，浆柱结构优化设计为：1.40g/cm³ 前隔离液 14m³+1.43g/cm³ 低密度水泥浆 75m³+1.88g/cm³ 常规密度水泥浆 78m³+1.88g/cm³ 压塞水泥浆 1m³+1.03g/cm³ 后隔离液 4m³+1.70g/cm³ 钻井液 70m³。

（5）强化顶替施工参数。根据浆柱结构和裸眼环容，在不压漏地层的前提下，本井注替排量设计为 24L/s（裸眼环空返速 1.1m/s），顶替后期排量降至 15~20L/s。

3）施工效果

该井固井施工期间漏层动态当量密度与漏失压力当量密度基本一致，实现了平衡压力固井，固井全程未漏，实现 6122m 长封固段一次上返，固井质量合格率 78%，优质率 36%。

二、超深层气层小间隙高温固井技术

库车山前白垩系储层埋深 5000~8000m，完井固井环空间隙为 11~13mm，固井施工摩阻大，固井漏失风险高。井底静止温度普遍超过 150℃，实测最高井底温度达到 191℃，井底高温会导致水泥石强度衰退，对水泥浆性能和水泥石密封完整性提出了更高要求。

1. 固井技术难点

（1）储层裂缝发育，安全密度窗口窄，固井漏失风险高。储层裂缝发育（克深 201 井 45m 储层发育 69 条裂缝），地层承压能力低，安全窗口为 0.05~0.1g/cm³，在钻井和固井过程中漏失频发，固井过程中 30% 的井发生了井漏，影响了水泥浆返高和封固质量。

（2）气层活跃，油气上窜速度快，防气窜难度大。储层压力高，固井前油气显示异常活跃，大部分井油气上窜速度都超过 30m/h，甚至达到 200m/h，全烃值在 90% 以上，固井压稳和防漏矛盾突出。

（3）地层温度压力高，对水泥浆性能要求高。井底温度为 150~191℃，地层压力普遍超过 80MPa，最高压力达到 200MPa，超高温、高压条件下，水泥浆的沉降稳定性会变差，稠化特性发生变化，同时导致水泥石强度衰退。

（4）多因素共同制约，顶替效率难以保证。储层承压能力低，排量仅能达到 6~8L/s，无法实现大排量顶替，受井眼条件和非标套管的制约，套管居中度不高，顶替效率难以保证。

2. 高温超高温水泥浆设计

1）水泥浆工程性能评价研究

通过引进和评价抗高温缓凝剂、降失水剂和悬浮剂，形成了150~190℃不同密度水泥浆体系，实现了水泥浆稠化时间可调、沉降稳定性不高于 $0.03g/cm^3$，强度发展快和无游离液的性能目标，其综合性能均能够满足高温深井固井施工要求，见表7-2-4。

表7-2-4　190℃水泥浆综合性能

密度 / (g/cm^3)	流动度 / cm	游离液 / %	失水量 / mL	稠化时间 / min	抗压强度 /MPa		沉降稳定性 / (g/cm^3)
					24h	48h	
1.9	22	0	46	402	21.32	29.17	0.02
2.05	22	0	48	439	18.92	26.21	0.02
2.15	22	0	48	467	16.98	25.01	0.03
2.25	22	0	50	494	14.02	22.19	0.03

2）水泥石长期强度稳定性研究

针对性开展了高温水泥石长期强度稳定性研究，形成了主体温区（150~190℃）干混配方。

（1）高温水泥石强度衰退分析。

对水泥石高温养护试验过程中发现水泥石在养护14d后发生了开裂现象，28d后抗压强度由2d时的36MPa降至10.8MPa，强度衰退幅度达到70%，无法满足后期生产需求。同时进行了190℃下水泥石强度养护，实验结果显示水泥石强度由2d时的55.2MPa降至28d时的10.2MPa，降幅达到82%。通过对国外调研发现，高温条件下水泥石长期强度衰退是个普遍现象，目前行业标准中推荐的35%~40%的硅粉掺量不适用于高温和超高温条件。为此，实验研究解决了高温水泥石强度衰退问题，提出了高温水泥外掺料技术要求和强度稳定的水泥干混配方，为高温深井固井水泥环完整性奠定了基础。

（2）高温水泥石强度衰退机理。

针对水泥石强度衰退现象，通过XRD定量分析和电镜扫描分析对高温水泥石的化学成分进行了分析。分析结果发现，水泥浆水化产物的晶相结构在硅粉掺量不足和高温条件下会发生晶相转变，从而致使水泥石强度发生衰退。通过晶相结构化学式分析发现，稳定晶相结构的化学式为 $C_5S_6H_5$（雪硅钙石），钙硅比为0.83，该晶相晶粒细，针状致密网络结构，渗透率低，形成的水泥石强度高。而不稳定晶相结构的化学式为 C_6S_6H（为硬硅钙石），钙硅比为1:1，该晶相晶粒较粗，结构疏松，渗透率高，形成的水泥石强度低。在硅粉掺量不足的情况下，水化作用只能生成强度较低的硬硅钙石，无法生成稳定的雪硅钙石。为此，通过增加硅粉加量可改变水化反应的生成物，最终达到抑制强度衰退的目的。

另外，通过大量的养护试验发现，粒径越小纯度越高的硅粉，比表面积更大，更易充分进行水化反应，可保证参与水化反应的有效硅含量，确保水泥石高温强度稳定，如图 7-2-2 示。同时，硅粉粒径越细，越容易达到颗粒级配效果，有利于水泥石强度的提高。

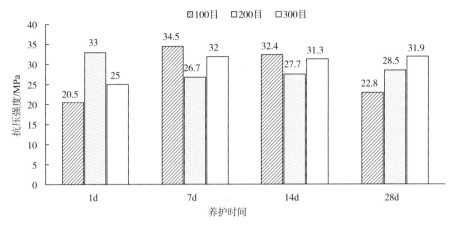

图 7-2-2 掺量 45% 不同粒径硅粉的水泥石强度发展曲线（170℃ ×28d）

研究明确了水泥石强度衰退原因和硅粉粒径、纯度对强度的影响规律，为高温水泥石强度稳定配方设计提供了依据。

（3）高温水泥石强度稳定方案。

开展了不同硅粉掺量、粒径、纯度组合的强度养护试验，通过 XRD、SEM 和 X 射线衍射分析等手段，确定不同温度段的水泥石强度稳定方案。

将高温划分成了不同的温度段，从低到高进行了水泥石强度养护试验，同时采用全程高温高压模拟井下工况的方法进行水泥石强度养护。实验发现，在低温段（110~170℃）仅通过增加硅粉掺量就能获取稳定的水泥石强度，但当温度超过 170℃后，单纯通过增加硅粉掺量不能解决水泥石强度衰退问题。为此，通过 XRD、SEM 和 X 射线衍射分析等手段，对硅粉掺量、硅粉粒径和硅粉纯度进行了优化设计，形成了高温水泥石强度稳定配方，见表 7-2-5，已进行现场规模应用。

表 7-2-5 抗高温水泥石强度衰退推荐解决方案

项目	井底温度 /℃	硅粉掺量 /%	硅粉纯度 /%	粒径 / 目
行业标准要求	≥ 110	35~40	未要求	
高温水泥石强度衰退解决方案	110~150	35	> 90	> 160
	150~170	45	> 90	> 160
	170~190	60	> 96	500

三、高温高压防气窜固井技术

基于漏失压力的准确评估，综合运用防漏堵漏水泥浆、变排量顶替、环空辅助密封、方案优化设计等关键防气窜固井技术，实现了高温高压气井的有效封固，为后期试油改造和生产提供了技术支撑[15]。

1. 防漏堵漏水泥浆复配

库车山前储层以天然裂缝和诱导裂缝为主要漏失通道，钻（固）井过程中漏失频发。对于钻井过程中的裂缝性漏失，通常采用纤维复合架桥的方法来提高地层承压能力。基于此，通过室内实验评价优选了弹塑性材料与纤维进行复配，形成了具有堵漏防漏性能的防漏水泥浆体系。评价结果表明，该套水泥浆体系在缝宽为 1mm 的裂缝和 3MPa 压差条件下可以实现有效封堵，封堵效果稳定。

2. 水泥浆静胶凝强度过渡时间控制

通过对水泥浆静胶凝强度过渡时间的分析，过渡时间起始时刻水泥浆失重明显，进入气窜危险期。过渡时间结束时刻，水泥浆启动压力较高，渗透率较低，气体运移困难，气窜危险时期结束。随着静胶凝强度发展，水泥浆孔隙压力不断下降，过渡时间正好位于气窜危险时间范围内。缩短过渡时间可以降低气窜风险，可减少气窜的破坏作用。

通过室内实验评价和工程实践，提出了水泥浆静胶凝强度过渡时间要求，一般要求常规密度水泥浆静胶凝强度过渡时间不大于 15min，高密度水泥浆静胶凝强度过渡时间不大于 20min[16]。

3. 变排量顶替

库车山前储层固井过程中对激动压力极其敏感，若采用常规排量固井极易漏失，若采用全程低返速固井，又会增加施工时间和作业风险。为此，库车山前基于对漏失压力的准确评估，将整个注替过程以水泥浆出管鞋为界点，分为两个阶段实施变排量顶替：第一阶段（水泥浆出管鞋前）以井底动态压力当量密度（ECD）小于地层漏失压力为控制条件，实施较大排量顶替，使钻井液和前置液以紊流或有效层流流动，对井壁实现有效冲刷，同时避免钻井液在浮力的作用下发生管内窜槽（$\rho_{钻井液} < \rho_{隔离液} < \rho_{水泥浆}$）；第二阶段（水泥浆出管鞋后）因井底动态当量密度急剧增大，此时开始降低替浆排量，降低环空循环摩阻。变排量顶替技术的实施实现了两种流态的复合顶替，在避免井漏发生的同时提高了顶替效率。

4. 环空辅助密封

评价优选了国产机械封隔式尾管悬挂器，利用其环空辅助密封功能，增加除水泥石外的另一道封隔屏障。并对其结构设计可靠性、封隔器密封性、工具耐腐蚀磨损性等方面展开了实验评价。结果表明，该悬挂器结构设计可靠，操作简单，封隔能力较强，满足库车山前高压气井固井要求。该工具的使用可不留上水泥塞，节约钻塞和起下钻时间，间接降低了钻井周期。

5. 克深 132 井 ϕ127.0mm 尾管固井应用实例

该井五开采用 ϕ149.2mm 钻头钻至井深 8098m 完钻，下入 ϕ127.0mm 套管进行尾管悬挂固井，封固目的层。主要施工难点：（1）井深 8098m，井底温度达 176.6℃，对水泥浆高温工程性能要求高，高温水泥石强度容易发生衰退；（2）该井油气显示活跃，在 1.90g/cm³ 钻井液密度下油气上窜速度达 49.20m/h，固井气窜风险较高；（3）8070m 以下为气水同层或水层，对界面顶替和层间封隔要求较高。

1）固井技术措施

针对该井固井难点，结合地质工程特征，重点围绕"替净、压稳、密封"提出并实施了以下技术措施：

（1）根据实钻、承压和邻井试油情况，判断漏失压力小于 2.05g/cm³；

（2）全井段 1 根套管安放 1 只扶正器，以提高顶替效率；

（3）优化浆体流变性：为增加窄边或大肚子段的水泥浆充填效果，同时考虑降低循环摩阻，对浆体性能进行了优化调整，模拟水泥浆充填效率 100%；

（4）采用变排量顶替，水泥浆出管鞋前排量为 8L/s，水泥浆出管鞋后排量为 7~8L/s，气层和水层段环空返速达 1.4m/s；

（5）固井顶替结束后，快速起钻 18 柱后，采用 17L/s 的排量进行节流循环洗井（套压 5MPa），循环洗井结束，憋压 7MPa 候凝。

2）施工效果

固井施工顺利实现一次上返，全程未漏。全井段固井胶结测井合格率 100%，优质率 48.9%，通过负压引流测试，生产阶段环空无异常带压。

6. 现场应用效果

近 5 年来，高温高压防气窜固井技术全面推广应用，取得了良好的应用效果，目的层负压验窜合格率由 75% 提高至 2022 年 100%，固井质量提高至 80% 以上，为提升库车山前高温高压气井的建井安全和生产安全提供了技术支撑[17]。

第三节　多产层长封固段小间隙尾管固井技术

一、固井难点及主要固井技术发展阶段

四川盆地高石梯—磨溪地区储层埋藏深，超过 5000m，储层温度 135~165℃，纵向上存在多产层、多压力系统，须家河组等上部气活跃，嘉陵江组、飞仙关组、长兴组和龙潭组等中下部高压气层当量密度超过 2.0g/cm³。采用四开四完的井身结构（表 7-3-1，图 7-3-1），固井难点主要集中三开 φ177.8mm 尾管固井，裸眼段长达 2000 多米，井温范围为 80~150℃。

表 7-3-1　高石梯—磨溪区块典型井身结构

序号	钻头尺寸及下深		套管规格及封固井段			
	规格 /mm	钻深 /m	规格 /mm	壁厚 /mm	下深 /m	封固井段 /m
1	444.5	500.00	339.7	10.92	498.00	0.00~498.00
2	311.2	2975.00	244.5	11.99	2973.00	0.00~2973.00
3	215.9	5033.00	177.8	12.65	2733.00	2310.00~5031.00
4	149.2	5880.00	127	10.36	4881.00	5100.00~5878.00

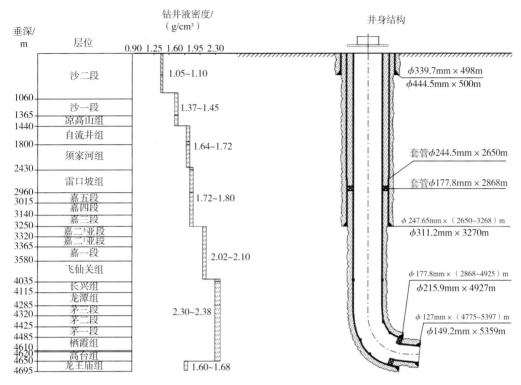

图 7-3-1　磨溪 008-X23 井井身结构及层位

1. 固井难点

2015 年以前，ϕ177.8mm 尾管固井质量段长合格率仅 40% 左右，后期气窜风险高。2013—2015 年投产 23 口井，有 17 口井出现了 B 环空异常带压，严重影响油气井生产全生命周期的井筒完整性。该区块固井难点主要集中在 ϕ177.8mm 尾管固井，表现为以下 4 个方面：

（1）油、气显示活跃，防窜难度大。

安岳震旦系深部 ϕ177.8mm 尾管封固段长 2200m 左右，显示层位较多，从上至下嘉陵江组、飞仙关组、长兴组、龙潭组、龙王庙组高压气层均较活跃，最上部嘉二³高压气显示层距离上层 ϕ244.5mm 套管鞋仅数十米。如表 7-3-2 所示，G2 井第一个显示层位离上层套管鞋 36m，压稳气层钻井液当量密度需 2.10g/cm³；G6 井 ϕ177.8mm 尾管裸眼段第一个显示层位离上层 ϕ244.5mm 套管鞋仅有 9m，压稳气层需钻井液当量密度 2.05g/cm³，防窜难度大。如表 7-3-3 所示，前期 8 口井有 7 口井尾管固井出现喇叭口窜气问题，严重影响后续钻完井作业。

表 7-3-2　高石梯—磨溪区块典型井四开显示统计

井号	G1	M8	G2	M11	G6	M9	M10
封固段长 /m	2098	2254	2193	2217	2281	2055	2142.75
显示顶部 /m	3019	3142	3085	3236	2959	3194.50	3239
显示底部 /m	4738	4340.5	4414.5	4904.5	4761	4721.50	4904.5
显示层位数	13	5	13	13	12	10	13

表 7-3-3　高石梯—磨溪区块固井后喇叭口窜气统计

序号	井号	钻井液密度 / (g/cm³)	下开钻进钻井液密度 / (g/cm³)	钻塞及电测后效情况
1	G1	2.19	1.49	固井钻塞后喇叭口窜气，被迫回接套管补救
2	M8	2.15	1.30	钻塞电测后用密度 1.30g/cm³、漏斗黏度 45s 的有机盐聚磺钻井液替换 2.15g/cm³ 钻井液，循环见后效，全烃最大值上升至 72.8986%
3	G2	2.30	1.27	钻下塞至井深 4907.76m，全烃上升至 27.6144%
4	M11	2.20	1.32	钻塞过程中全烃最高 17.6178%
5	G6	2.16	1.25	钻塞后通井电测，下钻通井至井深 3533.79m 循环处理钻井液，发现气测值全烃由 0.7991 上升至 71.8543%。

（2）封固段长、温差大，对高密度水泥浆综合性能要求高。

高石梯—磨溪区块震旦系井三开采用 ϕ215.9mm 钻头先后钻遇嘉陵江组、飞仙关组、长兴组、洗象池组、龙潭组、茅口组和栖霞组等地层，ϕ177.8mm 尾管封固段长 2000~2900m。井温数据见表 7-3-4，井底温度为 150℃左右，喇叭口温度为 70~80℃，固井封固段温度跨越中高温段，顶部和底部地层温差为 50~70℃。水泥浆密度见表 7-3-5，密度范围为 2.11~2.42g/cm³。高密度大温差水泥浆体系面临 70~150℃跨温域设计难题，为控制上部高压层气窜，保证固井质量，对上部领浆凝结时间和 48h 早期强度提出了较高要求。

表 7-3-4　高石梯—磨溪区块典型井 ϕ177.8mm 尾管固井井温数据统计

井号	G1	M8	M11	G6	M9	M12	M13	M17	M19	M21
封固段长 /m	2098	2254	2217	2281	2055	2010	2162	2889	2050	2087
井底静止 /℃	133	134	135	136	136	138	136	134	137	137
喇叭口温度 /℃	82	85	79	76	79	83	80	63	87	85
温差 /℃	51	49	56	60	57	55	56	71	50	52

表 7-3-5　高石梯—磨溪区块典型井 ϕ177.8mm 尾管固井钻井液及水泥浆密度

序号	井号	钻井液密度 / (g/cm³)	水泥浆密度 / (g/cm³)
1	G1	2.19	2.25
2	M8	2.17	2.25
3	G2	2.30	2.35
4	M11	2.11	2.15
5	G6	2.21	2.27
6	M9	2.28	2.22
7	M10	2.42	2.43

（3）固井后井内压力变化大，水泥环密封完整性失效风险高。

三开 ϕ177.8mm 尾管固井后，四开钻井液密度由 2.30g/cm³ 左右下降至 1.30g/cm³ 左右，井内压力下降幅度达到 50MPa，水泥环密封完整性易受破坏，长期密封难度大。以高石 6 井 B 环空即 ϕ177.8mm 套管外环空带压为例。该井在试油期间出现了套压异常，环空带压 56.3MPa，气源为 ϕ177.8mm 尾管封固的龙潭组高压气。该井 ϕ1778.mm 尾管固井后第一次电测评价段段长合格率为 72%。固井后钻井液密度由 2.21g/cm^3 降低为 1.38g/cm^3，井底压力下降 40MPa，固井质量测井评价结果有微环隙特征，固井质量基本全为差，形成了连续窜流通道。

（4）高密度钻井液与水泥浆化学兼容性极差，影响固井施工安全。

安岳震旦系深部地层为实现快速安全钻井，维护井壁稳定，采用高密度有机盐钻井液，提高了机械钻速，缩短了钻井周期，但同时给固井作业带来了负面影响，主要体现在水泥浆与钻井液兼容性差，接触变稠，水泥浆与钻井液混浆污染稠化时间仅数十分钟，严重影响了固井施工安全。

2. 主要固井技术发展阶段

针对高石梯—磨溪区块 ϕ177.8mm 尾管固井技术难题，通过三个阶段技术攻关，最终形成了以缩短水泥凝结时间为核心的长封固大温差防窜固井技术。

（1）技术探索阶段，主要解决顶部水泥浆超缓凝问题。2012 年，高石梯—磨溪区块第一轮探井 ϕ177.8mm 尾管固井，存在两个亟需解决的技术问题：一是钻井液密度高，水泥浆与钻井液兼容性差，钻井液对水泥浆絮凝增稠及促凝现象严重，影响固井质量，威胁施工安全；二是高温缓凝剂不成熟，高密度大温差水泥浆固井后上部水泥石凝结缓慢，甚至出现超缓凝，重合段固井质量全差。

为解决水泥浆与钻井液兼容性问题，研发了隔离液的关键材料抗污染剂，形成抗温可达 150℃，最高密度 2.50g/cm^3 的抗污染隔离液。在高石梯—磨溪区块 ϕ177.8mm 尾管固井中进行了应用，最高使用温度 152℃，2013 年 1 月至 2022 年 12 月累计应用 100 多口井，固井时未出现高泵压等井下复杂，有效保证了施工安全。同时，为解决超缓凝问题，发明了由含有磺酸基、羧基、亚甲基等官能团的单体聚合而成的高温缓凝剂，并配套形成高密度大温差水泥浆体系，实现了高密度大温差水泥浆体系 30h 内凝结（48h 达到 10MPa），解决上部水泥浆超缓凝问题。

（2）技术改进阶段，主要解决尾管喇叭口窜气问题。2012 年第一阶段技术攻关中，研发了抗污染隔离液体系，保证了施工安全，完善了高密度大温差水泥浆体系，工程性能基本满足固井要求。但 2012 年 8 口井 ϕ177.8mm 尾管固井后，探水泥塞时有 7 口井喇叭口窜气，严重影响安全钻进，部分被迫提前回接套管固井。

针对此问题，2013 年研发了 70-40 封隔式尾管悬挂器。悬挂器采用本体套管螺纹连接，并辅之以软金属密封技术、坐挂缸套与活塞一体化技术和多重组合 V 形密封技术。悬挂器坐封部分采用金属随膨胀支撑封隔胶筒技术。坐封原理：注水泥施工结束后，上提钻柱使弹爪出坐封筒，弹爪张开，下放钻柱，弹爪下压坐封筒，下行剪断坐封剪钉，压缩胶筒实现尾管与上层套管的封隔；当实现封隔后，上提钻柱，起出送入工具；最后，回接插管连接在回接套管底部后下送插入回接筒，实现回接密封。

该装置最高工作温度 200℃，最大悬挂重量 200tf，最大封隔压差 40MPa（气密封）。

现场应用100余口井，较好地解决了喇叭口窜气问题。

（3）技术定型阶段，固井质量明显改善。通过前两个阶段攻关，保证了固井施工安全，解决了喇叭口窜气问题，但区块 ϕ177.8mm尾管固井质量合格率仅40%左右。

通过分析认为是上部水泥石强度发展缓慢，导致气侵，固井质量测井曲线出现了类似微环隙的套管波、地层波特征，影响了评价结果。因此在2014—2015年开始探索以提高两凝界面、调整试验温度系数、优化高密度韧性微膨胀防窜水泥浆体系为核心的长封固段大温差防窜固井技术，缩短水泥凝结时间，控制气窜，同时全面推广固井设计软件，优化顶替效率，降低上部混浆。2015年4—6月在磨溪008-20-H2井、磨溪008-7-X2井和磨溪008-18-X1井等5口井现场试验，固井质量均合格。2016年，长封固段大温差防窜固井技术在区块全面推广应用。

二、长封固段大温差防窜固井配套技术

第三阶段攻关形成的长封固大温差防窜固井技术由3项关键技术组成。

1. 水泥浆两凝界面优化技术

高石梯—磨溪区块 ϕ177.8mm尾管固井，上层套管鞋处嘉陵江组高压气层活跃，防窜难度大。为封固上部气层，设计两凝水泥浆体系，并将两凝界面由2015年以前管鞋以下600~800m的飞仙关组、长兴组上提至上层套管鞋处，尾浆封固全部裸眼段，缩短嘉陵江组、飞仙组和长兴组等上部高压气层水泥浆凝结时间。

为保证施工安全，两凝界面上提后，采用固井三维顶替软件，分析尾浆返高。模拟井径采用区块平均井径223mm，套管居中度根据区块居中度计算值统计，取50%、60%和70%三个计算点进行软件模拟，顶替结束后，尾浆最大上窜距离为330m，为保证施工安全，将 ϕ177.8mm尾管与上层 ϕ244.5mm技术套管重合段延长至400m以上。

为进一步分析尾浆返至喇叭口的施工风险，开展了升降温稠化试验。试验温度120℃时，尾浆稠化时间为210min。而采用升降温试验时，即先升温至120℃，恒温恒压60min，模拟顶替过程，再降温至85℃，模拟尾浆返至喇叭口。稠化时间达到395min，超过施工时间。由此证明，上提两凝界面不会造成施工风险。

2. 调整水泥浆试验温度系数

为取准试验温度，降低水泥浆体系设计难度，开展了循环温度项目攻关。在G6井开展现场循环温度测试，并对区块井循环温度进行数值模拟。按照1.0~1.2m³/min排量施工，水泥浆最高温度取0.82倍井底静止温度，大部分井段温度低于0.8倍井底静止温度，因此将试验温度系数由0.85下调为0.80。领浆中缓凝剂的加量降低了30%以上，有效缩短了水泥浆的凝结时间。

提高两凝界面，严控稠化时间，复配缓凝剂，下调试验温度系数后，顶部水泥石起强度时间由30h缩短至8h以内。

3. 优化高密度韧性微膨胀防窜水泥浆体系

高石梯—磨溪区块高压气井尾管固井存在封固段顶部和底部温差大，为解决高温、长

封固段、大温差下的安全泵送时间长和封固段顶部短候凝、高强度、防气窜难度大等难题，研发了高密度韧性微膨胀防窜水泥浆体系。

其核心处理剂高温缓凝剂由含有磺酸基和含有高电荷羧基、酰胺基团的单体聚合而成。以水泥石强度为指标，对缓凝剂进行了高温宽温带适应性分析，结果见表 7-3-6，顶部水泥石在中温条件下强度也能够较快发展。高温缓凝剂对温度不敏感这一特性，解决了大温差固井水泥凝结缓慢的难题。

表 7-3-6　高温缓凝剂适应性试验

循环温度 /℃	稠化时间 /min	24h 抗压强度 /MPa	24h 顶部水泥石强度 /MPa
105	330	27.0/124℃	20.0/75℃
115	340	25.0/135℃	16.5/75℃
135	312	26.3/150℃	14.5/75℃

采用高温缓凝剂、聚合物降失水剂、活性增强剂与增韧剂形成密度 2.10~2.40g/cm³ 的韧性微膨胀防窜水泥浆体系。水泥浆体系配方为：G 级水泥 + 硅粉 + 铁矿粉 + 韧性防窜剂 + 活性增强剂 + 高温聚合物降失水剂 + 分散剂 + 高温聚合物缓凝剂。

韧性微膨胀防窜水泥浆体系，工程性能良好，见表 7-3-7，水泥浆失水量控制在 50mL 内，游离水为 0，稠化时间 300min 左右，养护 7d 体积膨胀率为 0.02%~0.04%，杨氏模量为 6GPa 内，抗压强度为 26~29MPa。根据水泥浆室内模拟防窜效果，水泥浆失重后基本无气窜流量，证实了其良好的防窜性能。

表 7-3-7　韧性微膨胀防窜水泥浆性能

序号	密度 / (g/cm³)	失水量 / mL	游离液 / %	120℃稠化时间 / min	7d 杨氏模量 / GPa	7d 抗压强度 / MPa	线性膨胀率 / %
1	2.10	38	0	280	5.6	29	0.04
2	2.20	42	0	326	5.7	27	0.04
3	2.30	46	0	290	4.9	23	0.02
4	2.40	42	0	338	5.1	22	0.02

三、应用效果

通过技术攻关，开发了大温差水泥浆体系，研发了封隔式尾管悬挂器，完善了韧性防窜水泥浆体系，持续优化工艺参数，形成了长封固大温差防窜配套固井技术。为高压气井防窜固井提出了新的解决方法，在高温深井水泥浆实验温度取值、两凝界面优化设计、封隔式尾管悬挂器应用等方面均具有较好的借鉴意义。

2016 年 1 月到 2022 年 12 月，长封固段大温差防窜固井技术在高石梯—磨溪区块 ϕ177.8mm 尾管固井中应用 127 口井，固井质量平均段长合格率由 2015 年以前的 42.3% 提高到了 71.3%，封固质量得到明显改善，为后续安全钻进及井筒完整性提供了保障。

第八章 储气库固井技术

针对多周期强注强采储气库固井技术难题，建立了以"盖层固井质量为核心"的储气库固井设计理念，开发了韧性水泥和高效冲洗隔离液，形成了以水泥环密封完整性为核心的储气库固井成套技术，在新疆呼图壁和西南相国寺等储气库进行了规模应用，为储气库长期安全运行提供了坚强保障，引领了复杂地质条件储气库固井技术的发展，为以后新建储气库提供了可复制、可借鉴的成套技术和经验。

第一节 储气库固井技术面临的主要挑战

（1）建库地质条件复杂，地层承压能力低，保证安全施工困难。

中国石油储气库建库对象气藏埋藏深（50%以上储气库埋深大于3000m，最深5000m以上），建库地质条件较国外复杂。以华北苏桥储气库为例，储层埋深达5500m，是目前世界上温度最高、地质条件最复杂的储气库。新疆呼图壁储气库复杂层位多，钻井中井漏、井眼垮塌问题突出。安集海河组发育长段泥岩，井眼极不稳定；紫泥泉子组地层压力系数低。西南相国寺和辽河双6等储气库地层压力系数在0.1~0.9之间，普遍低压，且地层承压能力低，固井一次封固段长。由于地质条件复杂，固井普遍存在长裸眼段、"大肚子""糖葫芦"井眼，所有这些给固井安全施工及保障固井质量带来了严峻挑战。

（2）储气库运行周期长，对固井质量及水泥环长期封固质量要求高。

储气库运行一般一年一个轮次，寿命要求50年以上。由于储气库井寿命长，运行时要承受注气、采气交变载荷，对一次固井质量要求高，对井筒密封性（套管串、水泥环）要求高，如果单井封固质量差，甚至会影响整个库群的安全运行。

前期储气库交变载荷条件下水泥环密封完整性理论研究不足，评价方法不统一，建立的模型与应用相差甚远，无法满足工程需求。针对长期注采储气库固井技术问题，需要从储气库水泥环密封机理入手，建立有针对性的理论分析模型及评价方法，指导满足长期注采条件下水泥环密封完整性要求的水泥石力学改性及固井工艺进步，并制定适合的技术标准规范，指导室内水泥浆配方优选和现场施工。

（3）构建满足储气库固井要求的水泥浆体系难度大。

储气库生产套管及盖层段固井应采用韧性水泥。由于水泥石是"先天"带有大量微裂纹和缺陷的脆性材料，普通水泥浆体系难以满足储气库长期交变应力条件下高效密封的技术需求。因此需要开发新的增韧材料和配套外加剂，实现水泥高强度和相对低的杨氏模量特性，利用高强度抵御地层载荷，低杨氏模量降低载荷传递系数，从而达到保持水泥石力学完整性的目的。高性能、高强度和相对低的杨氏模量，且能有效保证环空有效密封的水泥成为制约储气库固井的瓶颈问题。

韧性水泥开发的技术关键是优选综合性能好的增韧材料，选择韧性材料时，要重点考虑以下 4 个方面的问题：（1）选择的增韧材料时，对水泥石的 24~72h、7d 及长期抗压强度影响小；（2）水泥浆中加入增韧材料后，不能影响固井安全施工，不能影响水泥浆密度的均匀性；（3）选择增韧材料时，要考虑增韧材料与其他外加剂和外掺料的配伍性好，水泥浆浆体稳定性好，水泥石体积不收缩性，早期强度发展快，并有长期的强度稳定性；（4）加入增韧材料后的水泥浆体系，水泥石要达到高抗压强度、低杨氏模量、强抗冲击性，且与地层岩性的力学性能相适应。

第二节　储气库固井主要技术进展

经过深入持续攻关与现场实践，形成了以平衡压力固井和以水泥环密封完整性为核心的复杂地质条件储气库固井成套技术。解决了固井施工安全难以保证、固井质量差、井筒密封性不能有效保障等难题，为新疆呼图壁和西南相国寺等储气库的高质量建设和安全高效运行提供工程技术保障。

一、储气库固井水泥环密封完整性控制技术

探索了复杂地质条件井底工况下水泥环密封失效机理，建立了基于水泥环弹塑特性兼顾初始应力、温度应力的套管—水泥环—地层组合体完整性分析模型，形成了水泥环密封完整性设计方法，为储气库水泥石力学性能设计提供了设计方法。

建立了水泥环密封完整性力学模型，提出了全井筒、全生命周期密封完整性控制理念。开发了水泥环密封完整性评价软件、固井水泥浆候凝压力场数值模拟软件，制定了标准规范，为水泥浆体系开发、固井方案设计提供了技术指导。储气库固井水泥环密封完整性控制技术在新疆呼图壁和西南相国寺等 6 座储气库固井以及近期的吉林双坨子等 12 座储气库的 100 多口井进行了成功应用。

二、抗高温及中温韧性水泥浆体系

探索了结晶基质塑化、凝胶相基质塑化、粒间充填基质塑化、粒间搭桥基质塑化 4 项机理，研发了 3 种水泥石增韧材料（RT-100S、RE-100S、RE-200S）。以增韧性材料为基础，构建了 2 套适应高温（90~200℃）及中温（30~120℃）储气库固井的韧性水泥浆体系，最高使用温度可达 200℃，水泥石杨氏模量较常规水泥石降低 20%~40%，总体达国际先进水平。与国外同类型体系相比，开发的韧性膨胀水泥浆体系，保证了固井施工安全、保障了固井质量，实现了长期注采条件下水泥环的高效密封，且大幅降低了成本。

三、储气库固井配套技术

针对建设枯竭气藏储气库固井难点及前期固井中存在的问题，通过开展固井工艺、韧性水泥浆体系、固井防漏、固井质量评价、保证井筒密封、防止环空带压以及现场固井配套措施等的研究，形成了适合枯竭气藏储气库的固井工艺及配套技术，为枯竭气藏储气库的长期安全运行奠定了基础。

该技术主要包括冲洗隔离液技术、平衡压力固井技术、井眼准备技术、提高套管居中度技术、膨胀韧性水泥浆技术。以华北苏桥储气库为例来具体说明：（1）冲洗隔离液技术，采用新型加重材料与油基钻井液冲洗液，适当增加隔离液用量（1.15g/cm³，40m³），提高冲洗与隔离效果。（2）平衡压力固井技术，固井作业前做好承压试验；采用双凝双密度水泥浆技术（领浆：1.55g/cm³ 低密度水泥浆，尾浆：1.90g/cm³ 膨胀韧性水泥浆）。（3）井眼准备技术，下套管前采用"三扶"（单扶、双扶、三扶）通井，调整钻井液性能（实现低黏切）。（4）提高套管居中度技术，采用固井软件模拟，合理设计扶正器的种类和数量，保证套管居中度大于67%。（5）膨胀韧性水泥浆技术，对水泥石进行韧性改造，以提高水泥环的长期力学完整性。

四、储气库固井技术规范及质量评价规范制定

根据目前已建及未来要建设储气库的地质、气藏、钻井、固井等特点，从设计、准备、施工、质量检测环节入手，制定了可操作性强的《油气藏型储气库固井技术规范》，也是国内首次制定。规范内容主要包括固井设计、套管及工具和附件、固井准备、下套管及固井施工、固井质量检测与评价 5 个部分，并于 2014 年下发执行，2022 年进行了修订。该规范对加强储气库固井工作管理，保证后续在建储气库的固井质量具有重大意义。

在大量室内实验及广泛征求意见的基础上，在国内首次制定了《固井韧性水泥技术规范》。在规范中对韧性水泥进行了定义，确定了不同密度韧性水泥评价的指标，该规范于 2019 年由中国石油勘探与生产分公司下发执行，对指导韧性水泥研究与现场应用奠定良好基础。

五、现场实施效果

西南相国寺储气库运行压力为 11.7~28.0MPa，固井集大斜度井、超低压易漏、多压力层系长封固段等固井难点一体。基于超低压漏失井固井工艺及防窜防漏水泥浆体系的固井技术在前期现场试验应用 8 口井，生产套管固井质量合格率为 96.8%，优质率为 87.1%，盖层均有连续 25m 优质封固段，满足注采井固井密封要求，截至 2022 年底，经受住了"十一注九采"生产工况考验。

新疆呼图壁储气库是中国首座带边底水中渗透砂岩气藏型地下储气库，运行压力为 18.0~34.0MPa。通过攻关形成了以"固井质量"为核心的建库理念，攻关形成了固井配套

适用技术，一期工程完成固井施工 42 口井、159 井次，固井质量合格率为 100%，调整工程已完成固井施工 12 口井、60 井次，固井质量合格率为 100%。储气库于 2013 年 6 月投运，已经历了 10 个周期的注采安全运行，无异常环空带压井。

第三节 储气库固井案例

一、相国寺储气库固井

相国寺储气库由原相国寺气田石炭系碳酸盐岩气藏改建而成，初期设计总库容量为 $42.6 \times 10^8 m^3$，采气处理能力为 $2855 \times 10^4 m^3/d$。区域构造地质情况复杂，上部须家河组—嘉陵江组极易发生恶性井漏，下部石炭系等主力气藏的地层压力系数极低，下套管及固井施工中易发生漏失，可能导致后期固井质量差，严重影响环空水泥环的密封完整性以及后期储气库注采井安全生产。为了满足储气库后期生产运行的要求，需要保证环空水泥环的有效密封，避免环空带压等问题的产生。通过开展储气库韧性水泥浆体系、超低压漏失井固井工艺技术、固井质量技术评价等研究，应用地层承压试验、钻井液性能调整技术、前置低密度先导浆固井技术及优选具有防漏、堵漏效果的水泥浆体系，形成一套适合相国寺地质特点并能有效提高固井质量的固井技术，解决了低压易漏条件下的固井技术难题，保证了固井质量，为相国寺储气库安全运行奠定了基础[18]。

1. 钻井地质概况

1）地质特征

相国寺构造隶属川东南中隆高陡构造区华蓥山构造群，地质条件复杂，上部地层（须家河组—嘉陵江组）极易发生恶性井漏，下部主力气藏裂缝、溶洞发育，前期几十年的开发导致地层亏空严重。

2）地层压力和温度

石炭系、茅口组和长兴组原始地层压力系数分别为 1.24、1.45 和 1.32。其中茅口组和石炭系经过多年开采，均已进入开采后期，储层压力大幅降低，但区域储层开采程度不一，地层压力也存在差别，石炭系实测地层压力为 2.39MPa，计算压力系数在 0.1 左右。储层温度为 78℃左右，地温梯度为 2.04℃/100m。

3）新钻井井身结构

结合实钻资料，确定了石炭系顶、长兴组顶、嘉陵江组顶和须家河组底 4 个必封点，优化形成了四开四完常规井身结构。

井身结构 1：采用 ϕ508.0mm 导管 × ϕ339.7mm 表层套管 × ϕ244.5mm 技术套管 × ϕ177.8mm 生产套管 × ϕ127.0mm 防砂筛管，如图 8-3-1 所示。

井身结构 2：ϕ720mm 导管 × ϕ508.0mm 表层套管 × ϕ339.7mm 技术套管 × ϕ244.5mm 生产套管 × ϕ177.8mm 防砂筛管，如图 8-3-2 所示。

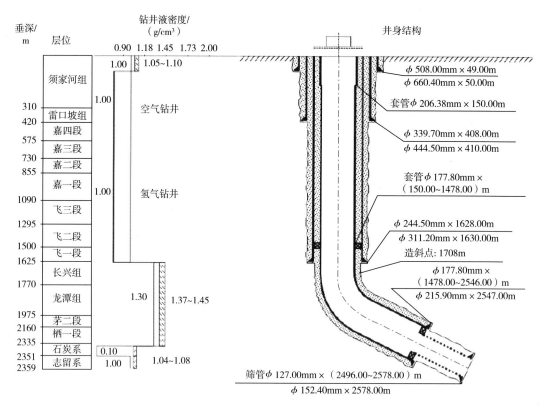

图 8-3-1　相储 4 井井身结构图

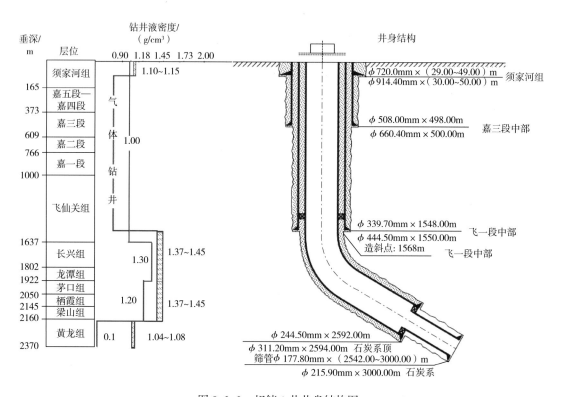

图 8-3-2　相储 1 井井身结构图

2. 主要固井技术难点

气田经过多年开采，产层压力系数降低幅度较大，使得各层次套管固井发生漏失的风险增加，固井作业时难以实现平衡压力固井，易发生漏失、气窜等。新钻注采井固井的主要难点如下：

（1）固井质量与井筒密封完整性要求高。由于注采过程中产生交变应力，水泥石需承受反复的交变应力作用，易产生环空带压或气窜，固井质量与井筒密封完整性要求高于常规油气井。相国寺储气库井注采井寿命设计为 50 年以上，对固井质量提出了更严苛的要求。

（2）地层压力系数低，固井过程井漏问题突出。相国寺构造主力气藏为石炭系及茅口组气藏，石炭系为建库气藏，储层主要为孔隙、裂缝型，经过多年开采目前压力系数仅为 0.1。固井施工过程中防漏难度大，可能会导致固井水泥浆低返，层间漏封。

（3）定向井、水平井套管居中度与顶替效率低，水泥浆性能要求高。相国寺储气库方案部署 7 个井组 16 口井，其中水平井 6 口、定向井 10 口。水平井及定向井固井保证套管居中度困难，提高顶替效率及保证水泥浆综合性能难度大，对固井工艺及配方优选提出挑战。

3. 固井配套技术

针对上述主要固井技术难点，经过不断探索总结，逐步形成以井眼准备、套管串密封完整性、提高顶替效率为主的固井配套技术。

1）井眼准备

（1）明确井筒质量要求。钻井工程设计中，对井斜角、全角变化率、井径扩大率、钻井液性能、入井材料等影响固井质量的因素提出具体量化标准要求。

（2）地层承压试验。为防止固井过程中发生井漏，固井前需开展地层动态承压试验，获取地层漏失压力，为固井施工方案的制订及水泥浆体系的设计提供参考依据。地层承压试验分两步进行：第一步完钻后，套管鞋按水泥浆当量密度，采用井口憋压的方式做套管鞋处承压试验；第二步若套管鞋承压试验成功，则全井替入与水泥浆密度相同的钻井液，每次提高 0.05g/cm³，循环一周观察漏失情况。模拟固井设计注替排量循环，做地层承压试验，保证环空动态当量密度不小于水泥浆入井时最大环空动态当量密度，从而有效检验裸眼段地层承压能力。若出现漏失，则进行堵漏作业提高地层的承压能力直至满足固井需求。

（3）固井前强化钻井液性能。固井前，在保证井壁稳定和井眼压力平衡的前提下调整钻井液流变性能或降低钻井液密度，降低井漏风险，具体性能调整如下：

①下套管前，依靠高流性指数和适当结构强度，清除钻井液中的钻屑，预防下套管遇阻。

②下套管后，先小排量顶通，然后逐渐提排量至施工排量循环调整钻井液性能，降低钻井液的屈服值、塑性黏度与初/终切力，降低流动摩阻压耗，防止顶替过程中出现因泵压变化压漏敏感薄弱地层。

③降低钻井液的黏切，形成流变性级差，改善滤饼质量并消除附着物，为提高顶替效率及二界面胶结质量创造条件。

④固井施工前适当降低钻井液密度，减小环空液柱压力，为大排量注替中防止井漏，确保返高创造条件，降低固井施工过程井漏风险。

2）套管串密封完整性

（1）气密封性检测技术。气密封性检测技术是确保套管串长期密封完整性有效手段。针对储气库井筒完整性要求高等特点，为最大限度降低因套管螺纹密封失效而造成事故的潜在风险，技术套管、生产套管均选用气密封螺纹套管，套管下入过程进行逐根试压，进行气密封检测，确保每根入井套管螺纹密封，实现套管串有效密封。套管气密螺纹监测泄漏率为1.62%，对螺纹不密封套管进行了及时处理，有效保障了入井管串的密封完整性[19]。

（2）管外封隔器辅助密封技术。技术套管与生产套管固井采用管外封隔器，为防气窜增加一道安全屏障。使用管外封隔器可进一步增强环空密封能力。管外封隔器坐封位置选择在井径规则、井壁稳定的盖层段，套管与裸眼环空形成永久性桥堵，有效封隔层间窜流，也可防止钻井液或水泥浆漏失。

3）提高环空顶替效率

（1）采用隔离液防止水泥浆与钻井液接触污染。注水泥浆前泵入高效冲洗隔离液，避免水泥浆与钻井液的接触污染。总体来说，ϕ339.7mm套管固井使用隔离液16m³左右，ϕ244.5mm套管固井使用隔离液8~12m³。

（2）采用化学冲洗液提高顶替效率。为清除虚滤饼，实现前置液紊流顶替，固井施工使用化学冲洗液和高效冲洗液。

（3）套管扶正器安放优化设计。采用固井工程设计软件进行套管扶正器安放设计，可以根据实钻井眼的井斜和方位数据进行设计，针对某一具体井段调整扶正器安放数量及类型，确保在满足居中度要求的前提下又不至于扶正器下入数量过多，具有很好的针对性及灵活性。

（4）利用固井工程设计软件模拟环空顶替效率。根据实际电测井眼数据、设计施工参数并结合注入流体流变性能参数，利用固井工程设计软件模拟固井施工，直观预知环空顶替效率情况。若顶替效率较低，则调整施工参数或流体流变性能。

4. 储气库固井用水泥浆体系

为了有效提高储气库井水泥密封完整性，通过优选水泥浆体系，确定选用韧性水泥浆体系的总体思路，现场应用效果较好，确保了储气库固井水泥石性能满足后期生产要求。

1）韧性水泥浆体系F

针对相国寺储气库ϕ177.8mm生产套管以及大尺寸水平井技术套管和生产套管水泥密封完整性要求高的特点，采用了韧性水泥浆体系F，确保井筒在处于动态应力状态下仍有长效的层间隔离。

韧性水泥浆体系F是基于混凝土水泥浆技术，选用弹性材料和膨胀材料增加水泥石弹性，可以抵御水泥壳在应力变化下微环隙产生，提供长期的有效封隔。韧性水泥石和常规水泥石相比杨氏模量可降低3GPa，密度可调范围为1.20~2.40g/cm³。[20]

为了确保储气库井水泥石长期有效封固，水泥外加剂选择尤为重要，水泥外加剂的选择必须满足以下几方面的要求：（1）解决常规水泥石胶结收缩引起的微环空问题；（2）满足多轮"强注强采"交变应力下水泥石伸缩、承压等要求；（3）能降低水泥浆体系的渗透率和孔隙度，水泥石具有良好的致密性，具有一定的防窜、防侵能力。通过实验室优选出韧性水泥浆外加剂类别及水泥浆，主要性能见表 8-3-1。

表 8-3-1　韧性水泥浆体系 F 性能表

密度 /（g/cm³）	稠化时间 /min	失水量 /mL	游离液 /mL	24h 抗压强度 /MPa
1.5	120	<50	0	>14

通过特定的实验装置测定环形水泥石凝固后在模拟井底温度下的线性膨胀率，实验结果表明，水泥环膨胀后，装置张开度明显提高，水泥环膨胀率大于 0.12%。

通过在围压 35MPa 的实验条件下，测试出该水泥石的抗压强度为 42.64MPa，杨氏模量为 4.6GPa。此外，还与砂岩地层及普通韧性水泥石进行了机械参数对比，见表 8-3-2。

表 8-3-2　韧性水泥石机械参数 F 对比表

名称	实验条件	杨氏模量 /GPa	泊松比
A 韧性水泥	常温，围压 35MPa	4.6	0.372
常规韧性水泥		5.7	0.188
砂岩地层		22.3	0.119

在破坏性实验中，通过对比普通水泥石与 F 韧性水泥石在温度 80~90℃、压力 14~32MPa 的交变作用下的实验结果，韧性水泥石的韧性、弹性以及完整性明显好于常规 G 级水泥石。

该水泥浆体系在相储 7 井、相储 4 井和相储 16 井 ϕ177.8mm 尾管及回接，相储 1 井和相储 8 井 ϕ339.7mm 套管、ϕ244.5mm 尾管及回接固井时进行了应用。

为了检验 A 韧性水泥石的耐久性，对相储 1 井 ϕ339.7mm 套管固井质量在不同的时间点进行了两次电测。候凝 50h 钻塞完后在钻井液密度 1.45g/cm³ 条件下进了了第一次电测，合格率为 94.1%，其中优质率为 57.1%。用清水对套管试压 35MPa，ϕ311.2mm 井眼钻进至井深 2201m 时在 1.40g/cm³ 钻井液密度条件下进行了第二次电测（与第一次电测时间间隔 61d），合格率为 93.7%，其中优质率为 50.9%，对比两次电测结果可以看出 F 韧性水泥石耐久性较好，见表 8-3-3。

表 8-3-3　相储 1 井 ϕ339.7mm 套管 F 韧性水泥浆体系固井两次电测结果

电测次数	电测井段 /m	总长度 /m	优质率 /%	合格率 /%
第一次	20~1505	1485	57.1	94.1
第二次	21~1546	1525	50.9	93.7
对比			–6.2	–0.4

2）韧性自应力水泥浆体系

通过水泥环失效的力学模型分析及水泥石力学性能评价，提出水泥环水力胶结失效机理及对策研究，进行功能材料和应用技术集成，选择功能性膨胀增韧材料，水泥浆体胶结改性材料，评价水泥石的杨氏模量、膨胀率、自应力和抗压强度，提高水泥石的机械性能和在井下压力变化条件下的完整性。

依据水泥石自应力值的建立必须具备 3 个条件，优选性能优良的韧性防窜材料和水泥石基体内部微筋限制材料最为关键。研究首先对自应力水泥浆体主要的特种功能外加剂进行优选（韧性防窜剂与加筋增韧剂），在此基础上进行防窜用自应力水泥浆体系设计。

（1）韧性防窜剂。在 80℃ 恒温水浴养护条件下，测试了油井水泥韧性防窜剂掺量为 0、7.0%、8.0% 和 9.0% 时（外掺）水泥石的膨胀性能，实验结果如图 8-3-3 所示。

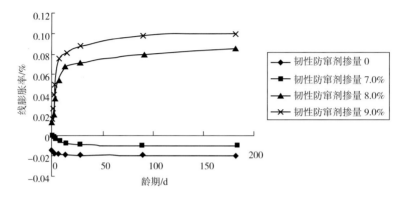

图 8-3-3　韧性防窜剂抑制水泥石收缩实验结果（80℃，恒温水浴）

从图 8-3-3 可知，在水泥水化过程中，混合水与水泥熟料发生水化反应致使水泥石体积减小，掺有减阻剂和未掺韧性防窜剂的水泥石在整个养护龄期出现收缩，7d 前收缩速率较大，7d 以后收缩速率趋于平缓。随着韧性防窜剂的掺入，其早期膨胀特性较好，在 1d 以后就发挥出来，到 28d 时膨胀趋于稳定。当韧性防窜剂的掺量增加时，水泥石膨胀量增大，韧性防窜剂掺量为 7.0% 时，净浆水泥石体积收缩的得到部分补偿，继续加大韧性防窜剂的掺量至 8.0% 时，水泥石在整个养护龄期内处于微膨胀状态。

（2）加筋增韧剂。由于纤维具有"拉筋"作用，阻止微裂纹的进一步形成和发展，吸收能量，使水泥环韧性增加。优选合适的加筋增韧剂来提高水泥石的韧性、抗冲击性能、阻裂性能，防止射孔对水泥环完整性的破坏。用于自应力水泥的加筋增韧剂的要求为：能够均匀分布在水泥基体中形成网络，有合适的杨氏模量，有较高的抗拉强度，纤维应该具有亲水性，与水泥界面粘结较好。该实验选择的加筋增韧剂为不同杨氏模量的混杂纤维群，具有加筋和增韧的双重功能。

（3）韧性自应力水泥浆体系性能对比。在 80℃ 恒温水浴养护条件下考察低滤失水泥浆体系（配方：油井水泥 +2.5% 降失水剂 +0.3% 减阻剂，水灰比 W/C=0.44）和柔性自应力水泥浆体系（配方：油井水泥 +9.0% 柔性防窜剂 +1.5% 加筋增韧剂 +2.5% 降失水剂 +0.3% 减阻剂，W/C=0.44）养护 48h 的力学性能，评价结果见表 8-3-4 和表 8-3-5。

表 8-3-4　两种水泥浆体系水泥石的力学性能（80℃ × 48h）

水泥石类型	抗压强度 / MPa	抗折强度 / MPa	抗冲击功 / （J/m²）	抗拉强度 / MPa	自应力 / MPa
低滤失体系水泥石	33.6	10.1	530	2.2	−2.00
自应力体系水泥石	23.0	9.4	700	3.5	4.40

从表 8-3-4 可知，80℃养护 48h 后自应力体系水泥石的自应力值为 4.4MPa、抗冲击功为 700J/m²、抗拉强度为 3.5MPa，与低滤失体系水泥石的力学性能相比，自应力体系水泥石的抗冲击功和抗拉强度分别提高了 32% 和 59%，而杨氏模量下降了 25%。

表 8-3-5　两种水泥浆体系水泥石的孔结构参数（80℃×48h）

水泥石类型	孔隙率 /%	孔体积 / （mm³/g）	孔径占比 /%		
			<50nm	50~100nm	>100nm
低滤失体系水泥石	22.30	0.113	65.17	29.35	5.48
自应力体系水泥石	16.05	0.098	80.65	14.42	4.93

低滤失体系水泥石 80℃养护 2d 后，50~100nm 的中孔约占 29%，孔径大于 100nm 的有害孔约占 5.5%，而自应力体系水泥石的孔隙率、孔体积及中孔下降而凝胶孔上升，有害孔变化不大，在抗渗方面，自应力体系水泥石在 7MPa 驱替压力下 7h 不渗流，而低滤失体系水泥石在相同驱替压力下的渗透率为 0.531mD。

综上测试结果表明：自应力体系水泥石具有高韧性、高形变、低渗透的特点，故防窜及防止套管试压后环空带压的性能优异，如相储 22 井 ϕ244.5mm 套管固井两次不同条件下电测固井质量合格率基本相同，展现出了柔性自应力水泥浆体系水泥石的耐久性，见表 8-3-6。

表 8-3-6　相储 22 井 ϕ244.5mm 套管固井两次电测固井质量

电测次数	电测时钻井液密度 / （g/cm³）	优质率 /%	合格率 /%	备注
1	清水	86.1	99.9	固井时钻井液密度 1.45g/cm³；井底压力降低 7.5MPa
2	1.82	75.2	100	间隔 38d，钻进至 2571.5m

5. 现场应用效果

基于超低压漏失井固井工艺及防窜防漏水泥浆体系的固井技术在相国寺储气库进行了现场试验应用 13 口井，韧性水泥浆体系及相国寺储气库注采井固井工艺技术在现场试验中取得了良好的应用效果，生产套管固井质量合格率为 96.8%，优质率为 87.1%，盖层均有连续 25m 优质井段，满足注采井固井密封要求，保障相国寺储气库的长期良好运行。目前相国寺储气库已经历"十一注九采"。

二、呼图壁储气库固井

呼图壁储气库位于准噶尔盆地南缘呼图壁背斜，地质构造复杂，上部地层易缩径、垮塌且地层孔渗性好，易发生漏失，盖层安集海河组为水敏性泥岩地层，受地应力影响，坍塌压力高，目的层紫泥泉子组为超低压力气藏，漏失压力低。为了满足储气库后期生产运行要求，通过开展韧性水泥浆体系研究，以地层承压试验，浆柱结构设计等技术的研究，形成一套以"固井质量为核心"有效提高固井质量的固井工艺技术，解决了固井难题且固井质量满足储气库注采要求，为呼图壁储气库安全运行提供技术保障。

1. 钻井地质概况

1）地质特征

该储气库地处南缘山前构造带，平均埋藏深度3600m。钻遇地层有西域组、独山子组、塔西河组和沙湾组、安集海河组、紫泥泉子组和白垩系东沟组。目的层为紫泥泉子组，储层孔隙类型主要有粒间孔、粒间溶孔和粒内溶孔，为中高孔隙度、中高渗透率储层，漏失风险大。气藏整体表现出压降均衡的特点。

2）地层压力和温度

气藏中部深度为3585m，气藏原始地层压力为33.96MPa，压力系数为0.96；原始地层温度为92.5℃，温度梯度为2.2℃/100m，气藏属于正常温度压力系统。建库前气藏已到稳产末期，采出程度44.48%，地层压力已下降到16.5MPa，压力系数为0.47。

3）新钻井井身结构

套管完井采用四开井身结构（图8-3-4和图8-3-5），筛管完井采用五开井身结构（图8-3-6），储层专打。技术套管单级全封固井方式，水泥返至地面；完井生产套管采用悬挂回接方式，水泥返至地面。

（1）注采井井身结构：φ508.0mm表层套管×φ339.7mm技术套管1×φ244.5mm技术套管2×（φ177.8mm回接套管＋φ139.7mm生产尾管）。

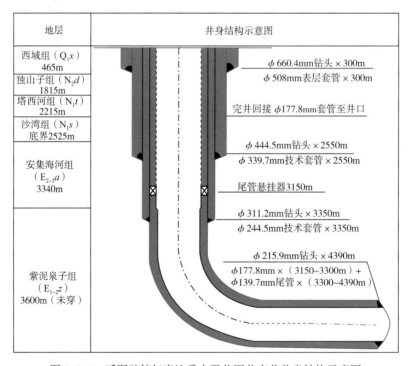

图8-3-4　呼图壁储气库注采水平井固井完井井身结构示意图

（2）注采直井井身结构：φ508.0mm表层套管×φ339.7mm技术套管1×φ244.5mm技术套管2×（φ177.8mm回接套管＋φ177.8mm生产尾管）。φ215.9mm井眼用φ250.8mm扩眼器扩眼至完钻井深。

（3）筛管完井井身结构：ϕ508.0mm 表层套管 $\times$ ϕ339.7mm 技术套管 1 $\times$ ϕ244.5mm 技术套管 2 $\times$（ϕ177.8mm 回接套管＋ϕ177.8mm 尾管）$\times$ ϕ127.0mm，ϕ152.4mm 井眼扩眼器扩眼至完钻井深，下入 ϕ127.0mm 套管（3 根）+ϕ127.0mm 筛管串。

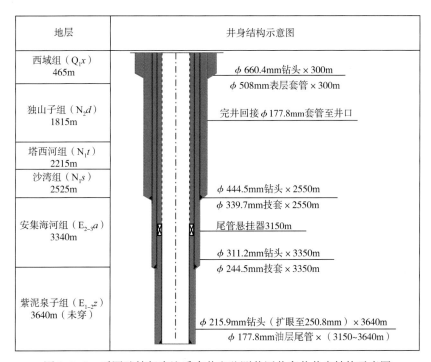

图 8-3-5　呼图壁储气库注采直井和监测井固井完井井身结构示意图

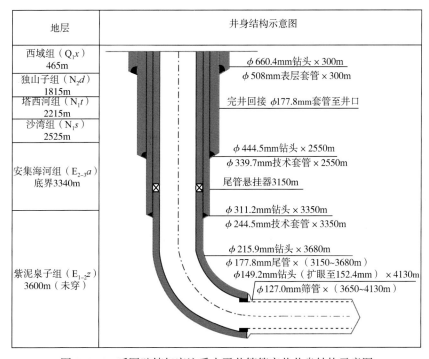

图 8-3-6　呼图壁储气库注采水平井筛管完井井身结构示意图

2. 主要固井技术难点

（1）二开独山子组、塔西河组泥岩地层易水化膨胀，易发生缩径卡钻。塔西河组下部与沙湾组易发生地层应力垮塌，井径不规则，沙湾组砂层发育，孔渗条件好，地层承压能力较低，易产生井漏，且大尺寸套管固井，水泥浆套管内易混窜，影响环空封固效果。

（2）二开、三开一次性封固段长（2500~3500m），井底与井口温差大（60℃左右）、注水泥量大，具体温差及水泥浆用量见表8-3-7，固井施工时间长，现场组织和施工风险大。

表8-3-7　呼图壁储气库二开和三开固井水泥浆量及温差表

开次	钻头尺寸/mm	套管尺寸/mm	平均封固段长/m	温差/℃	平均水泥浆量/m³
二开	444.5	339.7	2500	53	260
三开	311.1	244.5	3400	61	135

（3）安集海河组为储气库盖层，以泥岩、粉砂质泥岩为主，夹灰泥质粉砂岩、灰质粉砂岩、石膏质粉砂岩。水敏性强，大段泥岩地层易水化膨胀、垮塌，井径不规则，固井顶替难度大。

（4）四开紫泥泉子组以细砂岩、砂质泥岩不等厚互层，普遍含石膏（1%~2%），造斜及水平井段地层应力垮塌、掉块时有发生，裸眼井径扩大率较大，常见"糖葫芦"井眼，造斜段全角变化率较大，井径不规则，下套管风险大，固井顶替难度大。

3. 固井配套技术

1）井眼准备

（1）使用原钻具通井，根据电测资料对缩径或者阻卡井段进行反复划眼，确保井眼畅通无阻卡。

（2）通井正常后依据套管刚度计算通井钻具刚性，确保通井钻具组合刚度大于套管刚度，通井时不开泵探井底沉砂，做到井底无沉砂、井眼无垮塌、无阻卡，若有沉砂则用雷特纤维进行井眼清洁。

（3）通井正常后，调整好钻井液性能，起钻做模拟下套管时间井眼稳定性实验。

（4）模拟时间到后下钻通井，要求做到井底无沉砂、井眼无垮塌、无阻卡，方可进行下步作业，否则重新模拟，以确保套管安全下入。

2）地层承压试验

为保证施工安全，固井期间防止发生漏失，通井正常后做地层承压能力检测，检测地层承压能力，为固井设计提供依据。

（1）ϕ339.7mm套管承压试验：若表层套管鞋部不能满足关井求压条件，采用加重钻井液密度至1.50g/cm³，再提高循环排量大于60L/s，循环10min，动态模拟固井施工最大井底当量密度，无漏失方可下套管。

（2）ϕ244.5mm套管承压试验：根据近平衡压力固井方法，计算固井施工过程中最大井底当量密度，采用井口憋压方式检验地层承压能力，承压值大于 3.5MPa，稳压 10min，压降小于 0.5MPa。

（3）ϕ 177.8mm+ϕ 139.7mm 尾管承压试验：根据近平衡压力固井方法，计算固井施工过程中最大井底当量密度，采用井口憋压方式检验地层承压能力，承压值大于 3.0MPa，稳压 10min，压降小于 0.5MPa。

3）下套管技术措施

（1）为防止下套管时激动压力过大压漏地层，按照钻进时钻井液最大上返速度及分段激动压力，分段计算出套管最大下放速度，以控制下套管过程中的漏失风险。

（2）同时为了缩短套管在裸眼井段静止时间，套管下入时要求根根灌浆，每 5 根套管灌满钻井液一次，缩短灌浆时间，降低卡套管的风险。

4）套管居中度设计

（1）二开、三开井段均为直井段，每 3~4 根套管加放 1 只弹性扶正器，居中度均达到 67% 以上。

（2）四开水平井采用刚性与整体式弹性扶正器相结合，上层套管重叠段每 2 根安放 1 只刚性扶正器，造斜段每 1 根安放 1 只整体式弹性扶正器，水平段每 1~2 根安放 1 只整体式弹性扶正器，经过固井软件模拟居中度均达到 67% 以上。

5）浆柱结构设计

（1）ϕ 339.7mm 套管固井浆柱结构设计及水泥浆体系设计。设计密度为 1.01g/cm³ 的冲洗液占环空高度 400m，冲洗液中加入 3% 的冲洗剂，提高清洗液的冲刷能力，在钻井液与水泥浆两者之间形成密度差，同时改善流体结构，提高顶替效率。设计超返前导水泥浆 20m³，以满足驱替效果。水泥浆设计为双密度双凝水泥浆体系，领浆使用密度为 1.50g/cm³ 低密度水泥浆，为满足井队装井口时间，稠化时间设计为 360~400min，要求 48h 强度大于 14MPa，底部 500m 采用常规水泥浆体系，稠化时间设计为 120~150min，具有强度发展快、强度高的特点。

（2）ϕ 244.5mm 套管固井浆柱结构设计及水泥浆体系设计。该套管主要封固安集海河组，安集海河组地层水敏性极强，极易水化分散膨胀，造成缩径和坍塌，同时受地应力影响大，坍塌压力系数高，井壁易发生剥落。

前导浆使用原钻井液稀释为密度 1.60~1.65g/cm³ 的钻井液，环空占高 800m，冲刷性隔离液密度为 1.80g/cm³，加入 8% 的冲洗剂，环空占高 400m，有效隔离钻井液与水泥浆。水泥浆密度为 1.90g/cm³，稀释后的钻井液与隔离液、水泥浆之间形成密度差，为提高顶替效率提供条件。三开上部 3000m 水泥浆为常规双凝水泥浆体系，底部 300m 为韧性水泥浆体系。

（3）ϕ 177.8mm+ϕ 139.7mm 生产尾管浆柱结构设计及水泥浆体系设计。目的层紫泥泉子组低压易漏，为防止固井过程中漏失，采用近平衡压力固井设计。

设计使用密度为 1.12~1.14g/cm³ 的原井浆稀释钻井液，环空占高 800~1000m；设计密度为 1.01g/cm³ 的清洗液，环空占高 800m；设计密度为 1.25g/cm³ 隔离液，环空占高

400m；使用双凝韧性水泥浆体系，密度均为 1.80g/cm³，领浆返至悬挂器顶部 150m；尾浆使用快干韧性水泥浆体系，封固段为上层套管鞋至井底，设计稠化时间为 90~120min，以提高其早期强度。各浆体之间形成有效的密度差、黏度差，同时提高浆体之间的顶替效率。

6）微环隙控制技术

（1）ϕ244.5mm 套管固井前钻井液密度 1.90g/cm³，四开钻井液密度为 1.21~1.28g/cm³，为减少套管和水泥环微间隙，设计顶替钻井液密度为 1.50g/cm³。井底负压差 13.1MPa，四开采用密度 1.24g/cm³ 钻井液，液柱压力降低 8.5MPa，预应力 4.6MPa。

（2）ϕ177.8mm 套管回接固井：设计水泥浆密度为 1.90g/cm³，对 ϕ244.5mm 套管进行径向应力补偿。为防止后期 ϕ177.8mm 套管收缩产生微间隙，回接固井采用清水顶替，井底负压差 27.8MPa，油管环空注密度 0.9g/cm³ 白油基保护液，液柱压力降低 3MPa，预应力 24.8MPa。对 ϕ244.5mm 套管施加膨胀预应力 12.3MPa。

（3）井口套管坐挂控制。固完井后 2~4h 内上提套管控制在 2cm 内，放套管头卡瓦，坐挂吨位为 60~80tf，剩余套管重量游车提着或坐在转盘上（井口垫吊卡、垫铁）候凝 72h 后进行固井质量评价测井、坐井口，控制套管坐挂对水泥环的影响。

4. 储气库固井用韧性水泥浆体系

韧性水泥具有微膨胀性，杨氏模量和泊松比可调。韧性水泥石在交变应力作用下密封良好，解决了储气库长期注采气对水泥环膨胀收缩变形的影响，可有效提高界面胶结能力，整体性能优于常规水泥石性能。因此，呼图壁储气库三开盖层井段底部 300m、四开尾管段采用韧性水泥固井。

1）水泥石力学性能指标

水泥石力学性能指标主要包括抗压强度、抗拉强度、杨氏模量、气体渗透率和线性膨胀率。水泥石力学性能指标要求见表 8-3-8。

表 8-3-8　水泥石力学性能指标

密度 / （g/cm³）	抗压强度 / MPa（48h）	抗压强度 / MPa（7d）	抗拉强度 / MPa（7d）	杨氏模量 / GPa（7d）	气体渗透率 / mD（7d）	线性膨胀率 / %（7d）
1.90	≥ 16.0	≥ 28.0	≥ 2.3	≤ 6.0	≤ 0.05	0~0.2
1.80	≥ 15.0	≥ 26.0	≥ 2.2	≤ 5.5	≤ 0.05	0~0.2

2）韧性水泥颗粒级配优选

优化干混材料的颗粒级配使水泥中大小颗粒互相填充，在保证水泥浆流变性的情况下，增加单位体积水泥浆中的堆积体积分数 PVF。PVF 是干混合物中所有颗粒的绝对体积之和除以干混成分的散装体积的值，PVF 值越大，水泥石孔隙度和渗透率越小[21]。

韧性微膨胀水泥浆就是采用多组分活性矿物掺料（石英砂、硅粉）紧密充填，使干混合物的堆积体积分数大于 0.8，从而得到紧密堆积优化水泥浆。不同密度韧性水泥浆干混材料的颗粒级配及水泥石性能实验数据见表 8-3-9。

表 8-3-9 韧性水泥浆干混材料的颗粒级配及水泥石性能

密度 / (g/cm³)	干混材料占比 /%					流动度 / cm	起强时间 / min	渗透率 / mD	抗压强度 /MPa	
	G 级油井水泥	韧性材料	石英砂	粗硅粉	细硅粉				24h	7d
1.80	38.5	24.5	27	3	10	23	450	0.016	14.3	31.1
1.90	38	15	35	3	12	22	431	0.010	15.6	39.0

3）韧性水泥膨胀性评价

为保证储气库井封固质量，在水泥浆中加入 2%、3% 和 5% 的膨胀剂，在水泥凝固过程中产生体积膨胀，改善水泥环与套管、地层的界面胶结状况。膨胀剂加入后水泥石体积均有膨胀，膨胀率为 0.677%，从试验过程可知，随养护时间的延长，水泥石膨胀量在不断增长，这有利于韧性水泥浆不断闭合微裂缝。水泥石体积随着膨胀剂加量的增大而增加，这样就会增大水泥环与界面的胶结强度，增大壁面抗水压渗透能力，阻止流体在环空中窜移。养护 60d 后测得膨胀率为 0.14%。

4）韧性水泥浆性能评价

呼图壁储气库三开 ϕ 244.5mm 技术套管固井尾浆使用密度为 1.90g/cm³ 的韧性水泥浆体系，四开目的层 ϕ 177.8mm+ϕ 139.7mm 生产尾管固井使用密度为 1.80g/cm³ 的韧性水泥浆体系，韧性水泥浆性能评价见表 8-3-10。

表 8-3-10 呼图壁储气库韧性水泥浆性能评价

密度 / (g/cm³)	稠化时间 /min	流变参数	失水量 /mL	游离液 /mL	24h 抗压强度 /MPa
1.90	160	n=0.609，K=3.88Pa・s^n	46	0	19.3
1.80	150	n=0.833，K=7.81Pa・s^n	43	0	17.4

不同围压条件下韧性水泥石三轴压缩实验结果见表 8-3-11。

表 8-3-11 呼图壁储气库水泥石三轴压缩实验结果

类型	围压 /MPa	温度 /℃	杨氏模量（平均值）/GPa	泊松比（平均值）	抗压强度（平均值）/MPa
1	43.6	76	5.23	0.157	45.4
2	26.0	76	2.12	0.206	45.4
3	43.6	76	5.31	0.165	70.7
4	26.0	76	5.37	0.163	63.7

5. 套管气密封检测技术

1）气密封检测原理

套管气密封检测技术是利用氦气分子量小、穿透性强的特点对气密封套管螺纹密封性进行检测，如图 8-3-7 所示。检测时在套管内下入带双封隔器的检测工具至双封分别位于连接螺纹上下位置，接箍外螺纹上连接氦气检漏仪的集气套，由气密封检测队操作绞车控制台对检测工具进行增压，当压力达到规定检测压力后稳压 20s，若氦气检漏仪显示值超过规定值则表示该连接螺纹发生泄漏需进行整改,若氦气检漏仪显示值未超过规定值则表示螺纹气密封检测合格,可以入井。

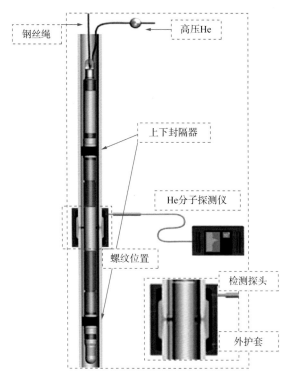

图 8-3-7 套管气密封检测示意图

2)气密封检测套管范围及段长

(1)三开 ϕ 244.5mm 套管检测下部 800~900m 套管(盖层段);

(2)四开尾管全部进行气密封检测;

(3)四开回接套管全部进行气密封检测。

3)套管气密封检测情况

呼图壁储气库使用该技术共计检测 19198 根套管,发生泄漏的有 463 根,泄漏率为 2.41%,并进行了更换,有效保障了入井管串的密封完整性。

6. 现场应用效果

截至 2022 年 12 月,呼图壁储气库共完成固井施工 200 多井次,固井质量一次合格率为 100%。已安全运行 11 个注采周期。

第九章　固井质量要求和评价

固井工程是油气井建井中的一个重要环节，固井质量评价是固井施工质量考核的重要依据，是建井的重要资料，也是后续施工的重要依据。中国石油一直高度重视固井质量测井检测技术，通过自主研发与技术引进相结合，形成了较完备的技术系列，主要有声波变密度测井、扇区水泥胶结测井、水泥密度测井、声波—水泥密度组合测井、超声成像测井等，基本满足了对不同井固井质量的客观评价要求。随着油气勘探开发工作的不断深入和储气库建设速度的加快，随着复杂井型、复杂井身结构等越来越多，需要针对水平井、多层套管、微环隙、特殊水泥（超低密度水泥浆、超高密度水泥浆等）、快速地层等特殊情况，并充分考虑测量条件、技术难度、作业成本等因素，持续开展技术攻关，创新固井质量测井评价方法。

第一节　固井质量要求

固井质量与最终的产量紧密相关，对油气井寿命、油气井产能、勘探开发的总体效益影响很大。水泥环应实现对油层、气层、水层长期有效封固，保证油气井和储气库井全生命周期的安全生产。

一、对固井质量的基本要求[22]

对于注水泥工艺来说，水泥环质量鉴定是评价固井质量的主要方面。

（1）依据地质及工程设计，套管下深、磁性定位、人工井底和水泥返深符合规定要求。

（2）合格的套管柱强度，规定的套管最小内径及密封试压要求，合格质量的井口装定要求。

（3）良好的水泥环封固质量，油层、气层、水层不窜不漏。对于储气库固井来说，盖层段和油气层段均要求封固好。

二、水泥返高要求[22]

依据地质及工程设计，以及开发方案、全生命周期密封要求等来进行水泥返高设计。水泥返高设计要考虑环保的要求，尽量减少裸露地层。

1. 表层套管固井水泥返高

表层套管固井水泥浆应返至地面。下深及返高原则是保护浅层淡水及矿井坑道等，有效封隔油层、气层、水层及复杂地层，改善套管受力状况，防止套管腐蚀，保护环境。

2. 技术套管固井水泥返高

（1）无油层、气层、水层时，按地质和工程需要确定水泥返高，应返至套管中性（和）点 300m 以上或上层套管鞋 200m 以上；有油层、气层、水层时或先期完成井，水泥宜返至地面。

（2）高温、高压、高产、高酸性天然气井技术套管固井水泥应返至地面。

（3）注入井、转注井、储气库注采井和页岩气井技术套管固井水泥应返至地面。

（4）环境敏感地区油、气、水井技术套管固井水泥应返至地面。

3. 生产套管固井水泥返高

（1）无技术套管井，生产套管固井水泥应返至地面。受地质条件限制无法返至地面时，应返至表层套管内或油层、气层、水层 200m 以上。个别油田为控制局部地层蠕变，采取限制水泥返高的措施，可根据油田要求实施执行。

（2）有技术套管井，油水井生产套管固井水泥应返至上层套管鞋 200m 以上。

（3）低压低产天然气井生产套管固井水泥宜返至地面。

（4）高温、高压、高产、高酸性天然气井生产套管固井水泥应返至地面。

（5）注入井、转注井和储气库注采井生产套管固井水泥应返至地面。

（6）高危地区、环境敏感地区油、气、水井生产套管固井水泥应返至地面。

（7）深井超深井生产套管固井水泥应返至地面。受地质条件限制无法返至地面时，应返至上层套管鞋 200m 以上。

（8）煤层气生产套管固井水泥应返至地面。受地质条件限制无法返至地面时，应返至煤层、水层 200m 以上。

三、水泥环质量评价[22]

1. 质量检测

（1）技术套管、尾管和回接套管封固段应进行固井质量测井，表层套管段根据地层流体分布与裂缝发育、套管下入深度和试压结果等情况确定是否需要进行固井质量测井。

（2）根据地质和工程对固井质量的评价要求，设计固井质量测井项目与评价内容，同时提出测量环境的具体要求。

（3）测井施工前，测井队伍应检查并刻度好仪器，收集井身结构、井筒流体、固井施工和带压等相关资料。

（4）钻井施工方应根据测井要求准备好井筒条件，包括套管刮壁和井筒流体处理等作业。

（5）测井采集过程中，应保证仪器居中，并执行固井质量测井操作规范。资料质量应符合 SY/T 5132 的相关规定。

（6）测井时间依据水泥浆具体凝结情况而定，测井前井下水泥石抗压强度应满足要求。

（7）经 CBL/VDL 测井后不能明确固井质量以及其他特殊情况（套管带压、油窜、气窜、水窜和低密度水泥等），可加测超声波成像、伽马密度或套后声波扫描成像等方法。

（8）套管串试压参照 SY/T 5467 的相关规定执行。

2. 质量鉴定

（1）固井质量测井定量或定性解释评价结论应作为固井施工质量考核的重要依据。

（2）固井质量评价方法参照 SY/T 6592 并结合本油气田的相关要求执行。解释结论根据测井项目提供对应的评价结果，如第一界面胶结程度、第二界面胶结程度、胶结强度、水泥充填率、水泥环层间封隔能力、套管居中度和套管扶正器位置等。

（3）常规密度水泥浆固井水泥环胶结质量解释标准一般可参照表 9-1-1 和表 9-1-2 进行评价。低密度水泥浆固井水泥环胶结质量解释标准参照表 9-1-2。

表 9-1-1　常规密度水泥浆固井 CBL/VDL 综合解释标准表

测井结果		胶结质量评价结论
CBL 曲线	VDL 图	
0 ≤声幅相对值≤ 15%	套管波消失，地层波清晰连续	优
15% <声幅相对值≤ 30%	套管波弱，地层波不连续	中
声幅相对值＞ 30%	套管波明显	差

表 9-1-2　低密度水泥浆固井 CBL/VDL 综合解释标准表

测井结果		胶结质量评价结论
CBL 曲线	VDL 图	
0 ≤声幅相对值≤ 20%	套管波消失，地层波清晰连续	优
20% <声幅相对值≤ 40%	套管波弱，地层波不连续	中
声幅相对值＞ 40%	套管波明显	差

（4）水泥实际返高应符合设计要求。油气层顶界以上连续胶结中等以上的水泥环长度不少于 25m。水泥环层间封隔能力应满足 SY/T 6592 的规定。

（5）为保证水泥环密封完整性，生产尾管固井在尾管重合段，技术套管固井在套管鞋处、分级固井分级箍处有 25m 连续胶结中等以上的水泥环。侧钻井重合段尾管固井质量能够满足试压要求。

（6）油气井生产套管固井水泥环胶结质量中等以上井段的长度应达到封固井段长度的 70%。

（7）技术套管封固上部油气层、盐水层、盐岩层、复合盐岩层、盐膏层和含腐蚀性流体等影响油气井寿命的地层时，固井质量要求与生产套管相同。

（8）固井质量可根据水泥胶结测井结果、固井施工情况、试压试采及综合验窜情况，综合做出评价。

（9）固井质量不合格的井经过补救达到合格要求，可视为合格。

四、套管柱试压[22]

1. 套管柱试压方法

套管柱试压方法可参照 SY/T 5467 的相关规定执行。高压气井套管试压应考虑对水泥环完整性的影响，套管柱试压压力不能超过套管抗内压屈服强度的80%，否则应采用封隔器试压。

2. 套管柱试压指标

（1）套管柱试压值原则上执行SY/T 5467的相关规定，具体参照各油田的试压要求。

（2）采用固井质量评价后试压的套管柱，套管柱直径小于或等于ϕ244.5mm的套管柱试压值为20MPa，套管直径大于ϕ244.5mm的套管柱试压值为10MPa，稳压30min，压降小于或等于0.5MPa为合格。对于高密度介质条件下固井，套管试压值应综合考虑井筒内承压套管的抗内压强度，采用合理的试压方法。

（3）若固井施工实现碰压，碰压结束时可按规定的套管试压值、试压时间进行套管串试压。稳压10min，无压降为合格，测完固井质量后不再试压。采用注水泥后立即试压的套管柱试压值为套管抗内压强度值、浮箍正向试验强度值和套管螺纹承压状态下剩余连接强度最小值三者中最低值的55%。

（4）喇叭口试压：钻塞至喇叭口后，对喇叭口封固质量检验试压10~20MPa，不能超过上层套管抗内压强度的80%。

（5）试压达不到规定要求时，可根据具体情况，找准压力泄漏点，实施挤水泥作业。挤水泥作业后试压达到要求仍视为试压合格。若喇叭口试压达不到要求，应采取挤水泥、短回接等补救措施。

五、对特殊井固井质量的要求

1. 高温、高压、高产、高酸性天然气井固井质量要求

固井设计应以保证井筒长期密封完整性为主要目标，按照保证施工安全和提高固井质量要求，优选水泥浆及前置液体系，优化施工工艺和施工参数。固井设计应从地质及开发特点、地层承压能力、井筒压力和温度情况、钻井液和水泥浆性能、固井施工等方面综合考虑影响施工安全及固井质量的主要因素，同时应考虑压裂施工及油气开发中井筒压力、温度变化对固井质量的影响。根据作业井的井身质量、地质特性、地层压力、储层物性、流体性质等，应对所用工具、材料、技术措施、应急预案等进行针对性设计，确保固井质量及水泥环的密封完整性。

（1）各层套管固井水泥浆应设计返至地面。生产套管固井不应使用分级箍，需要分段注水泥时，可采用尾管悬挂再回接的方式。

（2）采用尾管固井方式封固气层时，重叠段长度应不少于100m，尾管悬挂器位置距离气层顶部应不少于200m，设计水泥上塞段应不少于150m。若主要气层距离上层套管鞋不足200m时，增加重叠段到400~600m。

（3）对于生产套管固井，水泥胶结质量中等以上井段应达到应封固段长度的70%。对于封固盖层的套管，盖层段固井质量连续中等水泥段不小于25m，且胶结质量中等以上井段不小于70%。

（4）长封固段套管固井具备条件的可采用高强低密度领浆一次上返至井口，或采用尾

管悬挂再回接等方式返至井口。

（5）技术套管若采用分级固井时，原则上不留自由段。

①若存在自由段，一二级之间的自由套管段必须避开储层段、断层发育井段、特殊岩性段。

②一级固井水泥浆在气层顶部以上有效封隔段不少于 200m，二级固井水泥浆应返出地面。

③当上层套管固井留有自由段，下层套管固井时设计水泥浆封固段应覆盖上层套管固井水泥浆未封固井段。

④水泥浆必须至少返至上层套管鞋以上 100m。

2. 储气库固井质量要求

（1）储气库固井设计时应充分考虑影响水泥环及套管柱密封的主要因素，切实保证固井质量特别是盖层段的固井质量，以满足储气库交变载荷条件下水泥环长期密封的需要。

（2）储气库固井质量检测与评价要求

①生产套管（生产尾管 + 回接套管）、盖层段固井质量，在采用 CBL/VDL 固井质量测井的同时，应加测套后声波成像固井质量测井（技术指标参数等同于或高于 IBC 和 CAST 等技术）。投产后动态监测过程中，可采用技术指标参数等同于或高于 CCFET 等技术评价固井质量和套管状况。

②生产套管（生产尾管 + 回接套管）、盖层段固井质量评价内容包括但不限于第一界面与第二界面的水泥胶结质量、微间隙与窜槽及充填流体、套管偏心、扶正器位置以及套管状况。评价结论应明确胶结质量的级别（优质、合格和不合格）、起止深度及其累计厚度，综合评定测量井段水泥环层间封隔能力。

③生产套管和封固盖层段的技术套管固井质量合格段长度不小于 70%，盖层段水泥环连续优质段不小于 25m。

（3）生产套管采用清水介质进行试压，试压至井口处最大运行压力值的 1.1 倍，但不能超出生产套管任一点的最小屈服压力值，并考虑对水泥环完整性的影响，30min 压降不大于 0.5MPa 为合格。若套管试压井底压力大，可采用分段试压的方法进行检验。

第二节　测井评价方法

深井超深井地质条件复杂，保证良好的固井质量难度大，真实准确的评价质量也存在一定难度。塔里木盆地钻井面临高温（190℃）、高压（143MPa）、高含硫（最高 450g/m³）、超高压盐水、超深（井深 6000~8882m）、窄安全密度窗口（0.01~0.02g/cm³）、巨厚砾石层和盐膏层等挑战。川渝地区深井超深井钻井主要集中在川西北深层海相（井深 6500~7500m）、川东寒武系（井深 6500~8000m），钻井主要面临超深（大于 7000m）、超高压（大于 150MPa）、超高温（大于 210℃）、窄密度窗口（0.02~0.04g/cm³）、多压力层系及高含硫等挑战。川渝地区固井难度大、要求高。储气库井具有注气和采气双重功能，具有周期性反复注采、运行参数变化范围大等特点，所以对水泥石强度、韧性及致密性，以及水泥环与套管和地层的胶结质量和长期密封性能要求非常高。上述因素导致深井和储气库井固井测井评价难度大，常规 CBL/VDL 固井测井方法满足不了测井和评价的要求，需要使用扇区水泥胶结、声波—伽马密度、超声波成像等固井测井技术。

一、复杂深井和储气库井固井质量测井测量环境及评价要求

1. 候凝时间的要求

常规密度水泥固井候凝时间，浅井不少于 24h，深井不少于 48h，超深井不少于 72h。低密度水泥固井候凝时间不少于 48h。特殊工艺固井候凝时间根据具体设计而定。

2. 水泥厚度的要求

水泥厚度宜不小于 19.05mm。试验证实当水泥厚度小于 19.05mm 时，声幅值会急剧增大。

3. 套管居中度的要求

套管偏心时波列通过不同方向到达接收器的路程和时间不一致，导致相位也不相同，图 9-2-1 是模拟套管偏心反映波形受到的影响。下套管时，按照设计要求安放套管扶正器，以保证套管居中。

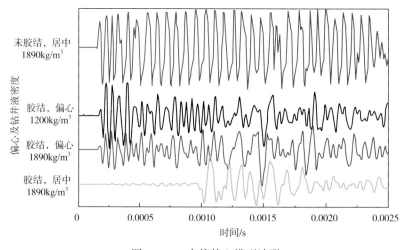

图 9-2-1　套管偏心模型波形

4. 套管内壁干净

套管壁有黏附物时会严重影响波列质量和评价，图 9-2-2 为克深 201 井套管井壁有黏附物，导致波列无法使用。

5. 对钻井液密度的要求

声波信号随着钻井液密度的增大而衰减得严重，就不会有足够的能量来准确反映界面胶结情况和声阻抗的状况，因此要求井筒钻井液密度尽可能低。

6. 对钻井液性能的要求

作业过程中尽量保持钻井液性能均匀和稳定，另外不要灌浆。

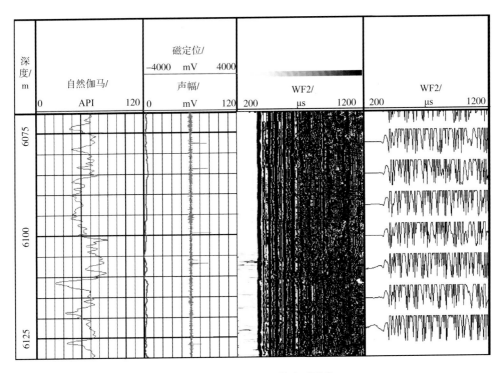

图 9-2-2　克深 201 井波列异常

二、固井质量测井评价测量原理及适用性

1. CBL/VDL 测量原理及适用性

1）套管井中波形与水泥胶结情况的分析

在套管井中，声波从发射器发射至接收器的声射线传播有 4 种可能途径，如图 9-2-3 所示。

（1）沿套管传播的套管波：其波列中包含套管滑行波（纵波、横波）、套管与水泥面的一次反射波（纵波、横波）及多次反射波。其中多次反射波的能量很弱可以忽略不计。而套管滑行波与套管水泥界面一次反射波到达接收器的时差只差 0.2μs，因此这两种波可看作同时到达。

（2）沿水泥环传播的水泥环波：由于水泥环中存在微裂隙，或者水泥胶结不致密，水泥环波能量很弱，常被其他波列所遮盖，故可以忽略不计。

（3）沿地层传播的滑行纵波与滑行横波：当水泥与套管、地层均胶结良好时，才有连续的非常明显的地层波，地层波包括滑行纵波与滑行横波。

（4）通过钻井液直接传播的泥浆波：沿钻井液

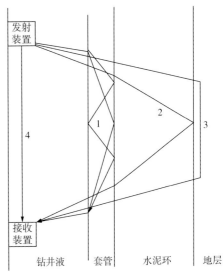

图 9-2-3　套管井中声波传播示意图

传播的波最后到达接收器。

按照声波的传播速度可以计算出最早到达接收器的是套管波（快速地层的地层波可能同时或更快到达），其次是地层波及水泥环波、最晚的是泥浆波。

2）套管井中声波波形与固井质量的关系

固井的目的是要使套管与地层之间的环形空间全部为水泥所充填且第一界面和第二界面均胶结良好。通常水泥与套管、水泥与地层的胶结情况一般可分为自由套管、第一界面未胶结、第二界面未胶结、完全胶结和扇形窜槽等情况。

（1）自由套管：套管与地层间完全无水泥，全部被流体充填。无水泥胶结的自由套管中，其套管波的幅度最大（刻度时的最大值），套管波有一致的频率，波形持续时间长，无地层波。通过确定自由套管波幅度，来刻度目的层套管波的相对幅度，用以判断水泥胶结情况。

（2）第一界面未胶结：第一界面指的是套管与水泥胶结的界面。如果第一界面的周向上某部分没有水泥或者有水泥而没有胶结，这就是第一界面未胶结。在这种情况下，如果条件具备，就会给流体运移形成通道，称为窜槽。在常规井及常规水泥固井中，利用套管波可有效地确定第一界面的胶结状况。对于快速地层，不能直接利用变密度测井来评价第一界面。

（3）第二界面未胶结：第二界面指地层与水泥之间胶结的界面。只有第一界面胶结好时，才能有更多的声能量进入水泥环，套管波幅度就会发生明显降低，这时如果第二界面的周向上某部分没有水泥或者有水泥而没有胶结，也就是第二界面未胶结。这种情况下的套管波信号没有或者很弱，而地层波信号没有或者很弱。这样通过对地层波信号的强弱及连续性对比就可以进行对第二界面的胶结质量进行综合评价。

（4）完全胶结：完全胶结是指第一界面、第二界面都胶结好，这时的套管波没有信号或有极弱的信号，而地层波信号最强且连续。

（5）扇形窜槽：在水泥胶结的各种情况中，有时会发生窜槽，但并不严重，发生的窜槽具有一定的角度，而并不是 360° 存在，这种情形的窜槽称为扇形窜槽。

3）固井测井质量影响因素分析

检测深井小井眼、小间隙套管固井质量时，套管及检测仪器不居中、薄水泥环，以及不同源距、不同地层岩性都会对波形产生较大影响，为准确评价固井质量带来较大难度。

（1）套管和仪器偏心。套管、检测仪器居中时，通过不同方向套管波、地层波等波列到达接收器的时间和相位一致，仪器记录的幅度是不同方向、同相位套管波幅度的集合；套管偏心时，波列通过不同方向到达接收器的路程和时间不一致，导致相位也不相同。

在完全胶结的情况下，套管居中，套管波很弱或观察不到。如果套管偏心，套管波幅度减弱（相对于自由套管幅度），而且水泥浆密度越小，套管波幅度变化越大，套管偏心后地层波也将发生变化。

仪器偏心时，套管波通过不同方向到达接收器的路程和时间不一致，这样相位也不相同，因此仪器记录套管波幅度要比仪器不偏心时低，这种套管波幅度的降低不是由固井质量引起的，套管波的幅度也难以反映第一界面的胶结质量。在仪器偏心情况下，胶结好时波形出现的特征是仪器接收到的声波相位发生变化，套管波幅度较低，基本不受影响，后面的地层波形周期不稳定，出现波形跳跃，这样在变密度 VDL 图上会出现异常黑白条纹。图 9-2-4 为塔里木油田克深 242 井 ϕ139.7mm 套管固井 3ft（0.9144m）波列图，第 4 道显示仪器偏心。仪器偏心对套管波首波幅度影响大（尤其是 3ft），但对地层波影响相对较小。

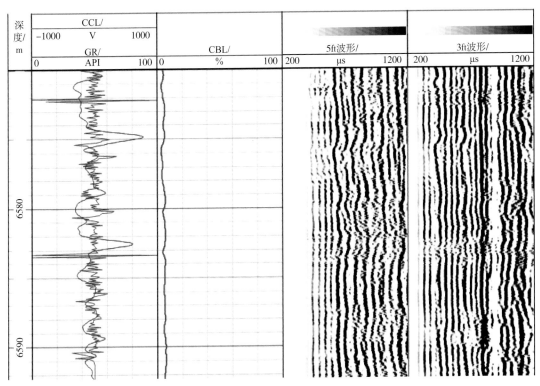

图 9-2-4　克深 242 井 ϕ139.7mm 套管固井 3ft（0.9144m）波列偏心显示

通过挠曲波声波成像测井能够进行套管偏心度的评价。图 9-2-5 为新疆呼图壁储气库一口 ϕ244.5mm 套管的固井质量和居中度测井评价成果图，上层套管为 ϕ339.7mm，图中第 6 道第二界面回波波形、第 4 道和第 5 道第二界面长轴和短轴直观显示偏心严重，第 2 道显示在 1496~1511m 井段套管居中度（红线）仅有 40% 左右。

（2）套管尺寸对套管波的影响。套管直径和厚度也会对套管波产生影响。随着直径变大，自由套管波幅度减小。实际上直径对套管波的衰减影响反映套管内钻井液对声波的吸收，直径越大，对声能量的吸收也就越大。套管的厚度对套管波影响也较大，随着套管厚度的增加，套管波幅度也相应增大。

（3）水泥浆密度及微环隙对套管波的影响。在评价第一界面水泥胶结质量时，套管波幅度是一个重要参数。通过模拟 4 种水泥浆密度套管波幅度随流体环隙变化的关系得出，随着流体环隙的增大，套管波幅也增加，但当流体间隙超过 40mm 以后，套管波幅度随水泥浆密度变化也趋于稳定。在相同间隙宽度时，低密度水泥浆的套管波幅度值比高密度水泥浆的大。

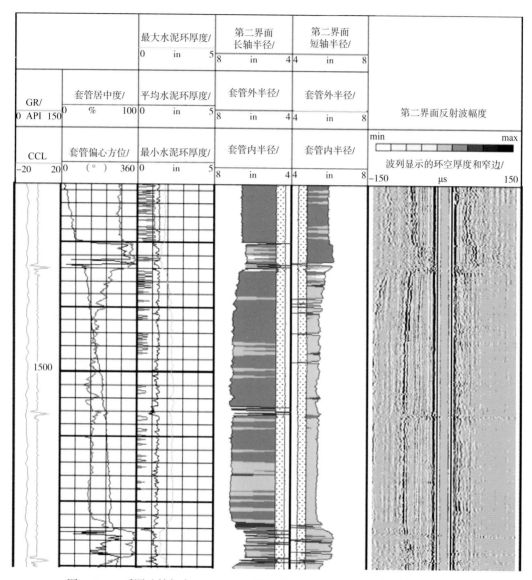

GR/ 0 API 150	套管居中度/ 0 % 100	最大水泥环厚度/ 0 in 5	第二界面 长轴半径/ 8 in 4	第二界面 短轴半径/ 4 in 8	
		平均水泥环厚度/ 0 in 5	套管外半径/ 8 in 4	套管外半径/ 4 in 8	第二界面反射波幅度
CCL −20 20	套管偏心方位/ 0 (°) 360	最小水泥环厚度/ 0 in 5	套管内半径/ 8 in 4	套管内半径/ 4 in 8	min max 波列显示的环空厚度和窄边/ −150 μs 150

图 9-2-5　呼图壁储气库 ϕ 244.5mm 套管固井质量和套管居中度测井评价成果图

（4）水泥环厚度的影响。如图 9-2-6 所示，表明水泥环厚度小于 19.05mm 时，随着水泥环厚度的增大，套管波的衰减系数也增大；当水泥环厚度大于 19.05mm 时，衰减系数趋于稳定。在水泥环厚度小于 19.05mm 时，用 VDL 进行评价不准确。

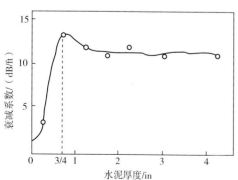

图 9-2-6　水泥环厚度对套管波的影响

（5）地层岩性对套管波的影响。套管波首波到达的时间是不随地层岩性而变化的，幅度基本也没什么变化。因为它只与井眼状况、套管特性有关系。快速地层在胶结好的情况下（一般快速地层比普通地层易胶结），地层波与套管波同时到达，难以区分。评价快速地层虽然地层波与套管波在时间上难以区分，但它们的频率是分开的，一般地层波主频率低，套管波主频率高，在快速地层可用声波频谱方法进行固井质量评价。

4）VDL 测井适用性

通过前面多种胶结情况下套管全波列的分析可以看出，套管波成分有频率稳定、容易识别和提取的优势，所以最大限度利用好套管波信息对水泥胶结进行定量评价是经济实用的方法。由于 VDL 是信号的综合反映，水泥胶结中等时对微环空、微间隙、部分胶结或窜槽无法精确评价，必须结合其他特殊固井测井技术。

2. 扇区水泥胶结评价测井（SBT）测量原理及适用性

1）测量原理

该仪器有 6 个极板，每个极板上有 1 个发射探头和 1 个接收探头，共计 6 个发射探头和 6 个接收探头，分别用于发射声波和接收声波。测井时，6 个动力推靠臂各把一块发射和接收换能器滑板贴在套管内壁上，6 个极板上的 12 个高频定向换能器不断发射和接收声波信号。当发射器在每个区块上发射时，两相邻极板上的接收器测量声波幅度，这两个幅度分别为远、近接收器所接收。声波经过两接收器之间空间的能量损失，可直接作为衰减测量，由此可推导出套管外 60°（或 45°）范围内的水泥胶结质量，衰减测量结果得到完全的补偿。由于测井时同时测量 6 个极板分属的 6 个区域信息，因而可得到 6 条分区的套管水泥胶结评价曲线，故该仪器称为"分区水泥胶结测井仪"或"扇区水泥胶结测井仪"。SBT 仪器性能参数及技术指标见表 9-2-1。

表 9-2-1　SBT 的主要技术指标

项　目	主要指标
下井仪直径 /in	3.63（带自然伽马测井短节）
耐温 /℃	177（6h）
耐压 /MPa	140
测量套管直径范围 /［mm（in）］	114.3（4.5）~406.4（16）
最大测井速度 /（m/min）	10.7
井斜角 /（°）	60
衰减测量精度 /［dB/ft（dB/m）］	0.75（2.46）
动态范围 /［dB/ft（dB/m）］	0~25（82）

2）适用性

声波衰减率（ATAV）的起伏，反映了水泥环胶结纵向上的不均匀性。若曲线起伏频繁、剧烈，则反映水泥环时断时续，或出现空隙。曲线平直，则反映水泥环纵向上胶结均匀。

该仪器声波幅度测量纵向上至少可以分辨出 0.2m 的自由环空及 0.4m 的水泥环。对于 0.1m 的自由环空，SBT 则分辨不出来。

与 CBL/VDL 相比，SBT 分辨率高，可以进行分扇区评价。由于 SBT 仪器自重较大，在水平井或大斜度井中扶正器不能提供良好的支撑，可能造成顶部探头不能贴靠套管壁的问题。该仪器在水平井或大斜度井中不适用，在低密度水泥固井应用也受到限制。

3. 声波—伽马密度仪器测量原理及适用性

声波—伽马密度仪器由声波变密度仪器和伽马密度两部分组成。

1）声波变密度测量原理

该声波变密度仪器与 CBL/VDL 仪器结构及测量原理基本相同，所不同的是该仪器不仅提取首波绝对幅度的大小，还要研究首波的幅度衰减和时间特性。通过设置固定时间窗口和滑动时间窗口，从得到的 2 个全波列中提取首波到达近接收器 R1 的时间 t_1、首波到达远接收器 R2 的时间 t_2、首波时差、R1 记录的首波衰减 d_1、R2 记录的首波衰减 d_2、首波的衰减系数 α 等 6 条参数曲线。根据以上 6 个参数综合评价测量井段的第一、第二界面水泥环胶结质量。声波变密度仪器主要技术指标见表 9-2-2。

表 9-2-2 声波变密度仪器主要技术指标

项目	主要指标
仪器直径 /mm	73
适应套管外径 /mm	140~178
适应裸眼井直径 /mm	190~300
耐压 /MPa	140
工作温度范围 /℃	175
弹性波传播时差测量范围 /（μs/m）	120~600
弹性波衰减系数测量范围 /（dB/m）	3~30
测速 /（m/h）	300，600

2）伽马密度测量原理

伽马密度测井仪器在其下方有 1 个 260mCi 的 ^{137}Cs 放射源，在源距为 0.21m 的位置是 1 个套管壁厚探测器，在源距为 0.41m 的位置是 8 个扇区环空充填介质密度探测器，在源距为 1.17m 的位置是 1 个自然伽马探测器，如图 9-2-7 所示。这些探测器可以获得套管壁厚计数曲线 MZ、水泥密度计数率曲线 BZ1~BZ8、自然伽马计数曲线 GK 等参数曲线。利用这些曲线并结合裸眼井径和地层密度等资料，根据伽马密度评价系统，通过模拟井中建立的解释模型，将壁厚和密度探头的计数率转换为相应的套管壁厚度（单位：mm）和充填介质平均密度（单位：g/cm³），并计算出套管偏心率。伽马—伽马密度下井仪主要技术指标见表 9-2-3。

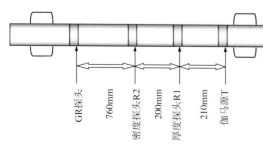

图 9-2-7 伽马密度仪器结构示意图

表9-2-3　伽马密度下井仪主要技术指标

项目	主要指标
适应套管外径和井斜角 /［mm（°）］	140~178（30）
适应裸眼井直径和井斜角 /［mm（°）］	190~300（30）
适应钻井液密度 /（g/cm³）	1.0~1.4
密度测量范围 /（g/cm³）	1.0~2.0
套管厚度测量范围 /mm	5~12
耐压 /MPa	140
工作温度范围 /℃	175
仪器直径 /mm	100

3）适应性

伽马密度仪器对井筒以及钻井液和水泥密度均有较高的要求：

（1）井中充满无混合流体，密度小于或等于 $1.40g/cm^3$。

（2）在快速地层井段，水泥密度应大于或等于 $1.75g/cm^3$。

（3）套管壁厚宜为 5~12mm。

（4）水泥浆与井液密度之差应大于或等于 $0.40g/cm^3$。

4. 超声波成像（CAST）测量原理及适用性

1）测量原理

CAST 有 V 系列、F 系列、I 系列和 M 系列。

与 V 系列相比，F 系列在硬件上对扫描头的马达进行了升级，增大了扫描头马达的扭矩，确保扫描头在高密度钻井液里，仍然能够正常旋转。另外，采用了 FASTCAST 技术，即在仪器下井之前的 Job Planner 测前设计软件中，根据井眼尺寸，合理设定发射和采集频率，在保障井周覆盖率的前提下，采用最小的发射和采样点数量，实现快速成像测井。

与 F 系列相比，I 系列改进了电子线路部分，采用 LOGIQ 通信方式，可以实现与 LOGIQ 通信方式的仪器进行组合测井。

I 系列主要在 LOG-IQ 系统上配套使用，包括 2 个超声换能器，同时具有发射、接收功能。一个换能器安装在底部旋转扫描头内，扫描头旋转一周，在套管井中测量时每周扫描 35~90 点；另一个是泥浆换能器，用来测量井眼中的流体声速，作为计算井眼井壁内径尺寸的参数。I 系列在套管模式下记录传播时间、回波幅度、谐振计数、谐振衰减。传播时间是从声波换能器发射到回波能量最高峰值到达所经历的时间，与套管内径大小有关；回波幅度反映回波能量的大小，与套管内表面阻抗有关；谐振衰减率用来计算用于固井质量评价的声阻抗；谐振频率用来计算套管壁厚度。主要技术指标见表9-2-4。

M 系列井周超声波成像测井仪是该公司最新一代的成像测井仪，测量精度更高，在 $\phi 99.1mm$ 的井眼中可以测量。

表 9-2-4　测井仪主要技术指标

仪器参数	F 系列	I 系列	M 系列
仪器长度 /m	5.46	4.846	4.271
仪器外径 /［in（mm）］	3.625（92.075）	3.63（92.202）	3.125（79.375）
耐温指标 /℃	177	177	177
耐压指标 /MPa	138	138	138
传感器类型	White250 Brown350 Black450	White250 Brown350 Black450	White250 Brown350 Black450
扫描探头尺寸 /in	3.625/4.375/5.625/7/10.64 可调	3.625/4.375/5.625/7.625/9.625/ 8.625/10.64 可调	3.625/4.375/5.625/7 可调
适应井眼尺寸 /in	4.25~33.375	4.25~22	3.9~9
测井速度 /（ft/min）	10~150	10~150	30~75

2）适应性

I 系列用于固井质量评价时，作为接收器的换能器最初接收到来自套管内壁的返回信号及随后到达的随指数衰减的信号，表明了水泥的胶结情况。胶结差时衰减慢，胶结好时衰减快，主要由套管和水泥的耦合情况来决定。I 系列用于也可用于射孔、套管变形、套管破损、腐蚀等套管质量检查，但不具备套管偏心程度的评价能力。

（1）常规密度水泥或高密度水泥固井；

（2）套管内壁应刮干净；

（3）井筒应无泡沫或流动的气泡或油泡。

5. 超声波成像（AUI）测量原理及适用性

该仪器使用了一个安装在位于仪器底部的超声波旋转接头上的换能器。发射器激发出频率为 200~700kHz 的超声波，并且测量从套管外部和内部界面反射回来的超声波波列。所接收波列的衰减速率能够反映出水泥 / 套管界面水泥胶结的质量，并且套管的回波频率提供了套管检测所需的管壁厚度信息。因为传感器安装在旋转接头上，套管的整个周围都能扫描到 360° 范围内的数据覆盖，保证了能够评价水泥胶结质量，并判断套管内部和外部状况。水泥胶结、套管壁厚、内径和外径以及直观的图像都可在井场实时产生。

测井时，旋转探头以 7.5r/s 的速度旋转，超声波换能器 USI 向套管发射一个稍微发散的波束，使套管转入厚度共振模式，提供一个 5° 或 10° 的方位分辨率，从而在每个深度产生 36 个或 72 个独立波形，这些独立波形经过处理后可以从初始回波中获得套管厚度、内径和内壁光滑度数据，从而可评价套管腐蚀和变形情况，从信号共振衰减中产生有关水泥声阻抗的方位图像。

由于该仪器同超声波仪器 CAST 和 USIT 测量原理一样，解释评价方法和适应性条件也基本一样。

6. IBC 测量原理及适用性

1）测量原理

IBC 通过结合经典的脉冲回波技术和最新的挠曲波成像两种声波技术，可以较好评价常规密度水泥浆、低密度水泥浆体系、高密度水泥浆和泡沫水泥。与常规技术相比，IBC可以在更广泛的适用条件下提供固井质量评价服务。结合其两种相互独立的测量，该仪器可以获得套管内壁光滑度、套管内径、套管厚度、套管与水泥的胶结、水泥与地层的胶结情况；另外，可以区分低密度固体和液体，从而分辨出低密度水泥、泡沫水泥和被污染的水泥。其全方位测量覆盖整个套管圆周，可发现水泥中的任何通道，从而确定固井作业是否达到有效的水力封隔。在条件有利的情况下，还可测定双层套管的居中情况。

IBC新旋转探头包含4个换能器，如图9-2-8所示。IBC保留了上一代仪器的换能器，垂直放置于仪器的一侧，用于生成和检测脉冲回波；另外3个换能器（1个发射器、2个接收器）位于仪器的另一侧，成一定角度斜向排列，用于测量挠曲波衰减，如图9-2-9所示。挠曲波发射器同时发射250kHz左右的高频脉冲波束，在套管内激发挠曲振动模式。随着高频脉冲波束的传播，该振动模式将声能传入环空；声能会在具有声阻抗差异的界面（如水泥/地层界面）发生反射，然后会主要以弯曲波的形式由套管回传，从而将能量再传向套管内流体。两个接收换能器的位置设置合理，可以更好地采集这些信号。

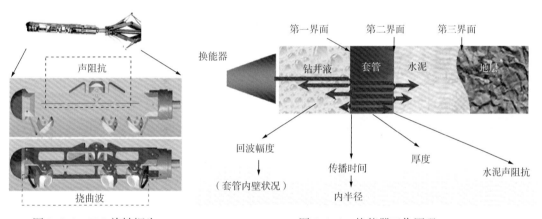

图 9-2-8　IBC 旋转探头　　　　　图 9-2-9　换能器工作原理

该仪器主要技术指标见表9-2-5和表9-2-6。IBC可探测的环空宽度取决于第三界面的回波。水泥胶结评价之外的数据分析和处理，可得到额外的一些输出，包括环空波列的VDL图和AVI格式的剖视动画。单独用声阻抗方法，区分套后液体和固体最小需要两者有0.5Mrayl的差。最大钻井液密度，取决于钻井液参数、所用探头类型和套管尺寸及重量，测前需要模拟确定。

表 9-2-5　IBC 测量指标

项目	主要指标
测量范围	最小套管壁厚：0.38cm 最大套管壁厚：2.01cm
内径	范围：97.16mm（3.825in）~355.6mm（14in）
	分辨率：0.05mm（半径方向），半径精度：0.02mm
壁厚	最小套管壁厚：4.572mm；最大套管壁厚：20mm；分辨：0.05mm；精度：±2%

项目	主要指标
探测深度	套管和环空到 76.2mm（3in）
钻井液比重限制	需要测前模拟
最大测井速度	标准分辨率（6in，每 10° 采样）：823m/h 高分辨率（0.6in，每 5° 采样）：172m/h
纵向分辨率	高分辨：1.52cm；高测速：15.24cm
声阻抗	范围：0~10Mrayl；分辨率：0.2Mrayl
精度	0~3.3Mrayl = ± 0.5Mrayl；>3.3Mrayl = ± 15%
挠曲波衰减	范围：0~2 dB/cm；分辨率：0.05 dB/cm；精度：0.025 dB/cm
最小可以计量的通道宽度	30mm
组合性	只能接在仪器串底部，可与大部分电测仪器组合遥测模块：快速传输（FTB）或增强型 FTB（EFTB）
特殊应用	H_2S 服务
输出	环空物质的固—液—气 SLG 成像、水力连通图、声阻抗、挠曲波衰减、套管内壁粗糙度图、套管壁厚度图、套管内径图

表 9-2-6　IBC 机械指标

项目	主要指标
耐温	177℃
耐压	1~138MPa
套管尺寸 仪器外径	最小：ϕ114.3mm（4.5in）（最小通过限制：4in） 最大：ϕ244.5mm（9 $\frac{5}{8}$in）
	S-A 型：85.73mm（3.375in）
	S-B 型：113.59mm（4.472in）
	S-C 型：169.09mm（6.657in）
长度（无探头）	6.01m
质量（无探头）	151kg
探头长度及重量	S-A：612.2mm（24.10in），7.59kg
	S-B：603.2mm（23.75in），9.36kg
	S-C：603.2mm（23.75in），10.73kg
探头最大张力	10000N
探头最大挤压力	50000N
探头最大挤压力	50000N

注：套管尺寸限制取决于所用探头型号。如果套管内为低衰减的钻井液，如清水或盐水，则在大于 ϕ244.5mm 套管内也能获取有效数据。

2）适用性

IBC 可用于确定套管周围是否有水泥，能够识别窜槽、微间隙及流体类型，水泥是否对套管起到固定和支撑作用，水泥是否起到不同层间的隔离作用，水泥的声阻抗指示水泥的存在和质量。IBC 也可用于套管检查和套管居中度、套管扶正器检，检查套管是否居中，套管偏心程度，检查套管外是否有扶正器。IBC 系列数据进行处理内容及判别结果见表 9-2-7。

（1）套管内壁应刮干净，并循环井液清除井筒内的水泥残片、堵漏纤维等固体。

（2）对于已有射孔段的油气井，应压稳井筒，井筒应无泡沫或流动的气泡或油泡。

（3）井眼垮塌过大固井水泥胶结评价受影响。

表 9-2-7　IBC 处理内容及判别结果

处理内容	判别结果
套管半径等参数	套管变形、破裂分析
回波幅度的衰减	射孔检查
环空物质的厚度	套管居中度
波阻抗变化、挠曲波衰减，固液气图版分析	第一界面评价
环空物质厚度、速度	第二界面评价
结合常规固井资料	综合固井评价

三、固井质量评价方法与标准

在常规地层和特殊地层取得各类固井测井资料，建立处理评价方法和标准，针对特殊情况建立相应综合评价方法。

1. 第一界面评价

1）VDL 评价及标准

在有 3ft（0.9144m）波形的情况下，使用 3ft（0.9144m）的波形数据提取套管波最大值，经过刻度进行第一界面胶结评价，在偏心的情况下，参考 5ft（1.524m）提取的首波幅度值，由于测量时受各种因素影响，在评价时参考变密度波列。在只有 5ft（1.524m）声波时，使用 5ft（1.524m）波形数据提取套管波参数来进行第一界面胶结评价。在评价过程中可以使用 CBL、水泥胶结强度、声波衰减率等参数进行一界面综合评价。

由于前面所述套管尺寸和厚度以及水泥密度对声波幅度有影响，因此建立了不同套管体系的评价标准，表 9-2-8 是 SY/T 6592—2016 常规水泥密度第一界面评价标准，高密度水泥浆也使用同样的标准。在实际的解释处理中，表 9-2-8 可能满足不了需求，按照图 9-2-10 图版进行插值计算上限和下限。

也可以把声波幅度转换为胶结比，通过胶结比进行固井一界面评价，胶结比计算见公式为：

$$BR = \frac{\lg A - \lg A_{fp}}{\lg A_{g} - \lg A_{fp}} \tag{9-2-1}$$

式中　BR——胶结比；

　　　A——计算点的声幅值，%；

　　　A_{fp}——自由套管声幅值，%；

　　　A_{g}——当次水泥胶结最好井段的声幅值，%。

胶结比的评价标准见表 9-2-9。

表 9-2-8　常用套管常规密度水泥固井"胶结中等"的 CBL 和衰减率评价指标

套管外径		套管壁厚		CBL/%		衰减率/（dB/ft）	
mm	in	min	in	上限	下限	上限	下限
114.3	4.5	6.88	0.271	15.0	6.5	8.1	5.3
127.0	5.0	8.61	0.339	24.5	11.5	7.4	4.9
139.7	5.5	7.72	0.304	18.0	8.0	7.6	5.0
		9.17	0.361	27.5	12.5	7.2	4.9
		10.54	0.415	34.0	18.0	7.2	5.1
177.8	7	10.36	0：408	31.0	15.5	7.1	5.1
		8.05	0.317	19.5	9.0	7.5	5.0
200.0	7.875	10.92	0.430	34.0	18.5	7.2	5.2
244.5	9.625	11.99	0.472	36.0	20.0	7.5	5.6
		15.11	0.595	48.0	26.5	8.8	7.2
339.7	13.375	10.92	0.430	28.0	15.0	7.2	5.2

表 9-2-9　胶结比评价标准

胶结比 BR	评价结果
>0.8	胶结好
0.5~0.8	胶结中等
<0.5	胶结差

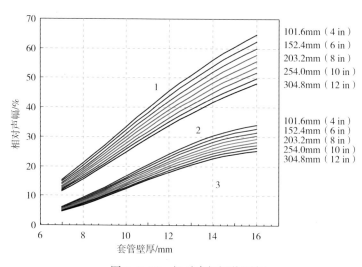

图 9-2-10　相对声幅评价图版
1—差（不合格）；2—中等（合格）；3—优

2）SBT 评价方法及标准

该仪器现场测量可得到的资料有：自然伽马 GR，套管接箍磁记号曲线 CCL，6 条套管波声幅值 AMP1~AMP6，平均、最大、最小声幅值 AAVG、AMAX、AMIN，5ft 声波值 AM5F，6 条套管波到时 TTS1~TTS6，5ft 套管波到时 TT5F，CBL 胶结指数 BI，衰减系数 ATTN，张力 TEN，相对方位 RB，以及 VDL 波形数据。

实验结果和实际资料显示水泥环衰减率最大值 ATMX 与最小值 ATMN 的差值与水泥环抗压强度 S_t 与水泥的胶结质量存在一一对应关系。因此利用 SBT 资料评价固井质量的标准为：

若 ATMX−ATMN ≥ 2dB/ft 且 S_t ≤ 250psi，连续厚度大于 2m，则评价为水泥沟槽；

若 S_t ≤ 500psi，连续厚度大于 2m，则评价为水泥胶结差；

若 500psi ≤ S_t ≤ 1000psi，连续厚度大于 2m，则评价为水泥胶结中等；

若 S_t ≥ 2000psi，连续厚度大于 2m，则评价为水泥胶结好。

在实际应用过程中，观察 SBT 图像结合 VDL 可以进行定性评价。

3）声波—伽马密度评价方法及标准

如前所述，需要对声波变密度和伽马—伽马密度分别建立两种解释方法并进行综合评价。

（1）声波变密度资料解释方法和标准。根据专用方法计算得到弹性波的运动学参数（t_1、t_2、Δt）和动力学参数（d_1、d_2、α），然后对照理论计算、模型井研究结果，确定解释标准。

由于声波变密度测量原理和仪器结构同常规变密度测量类似，在实际资料处理过程中也采用前面所介绍 VDL 一样的方法，评价标准也一样。

（2）伽马—密度资料解释方法和标准。伽马—密度可以取得 11 条原始资料，分别为相对方位、自然伽马、套管壁厚计数率、8 条水泥环密度计数率等曲线。根据所取资料，结合裸眼井井径、岩性密度，计算套管外环形空间介质体积密度、套管壁厚和套管偏心度。

在评价固井时使用下式得到水泥密度充填率（HL）：

$$HL = \frac{DEN - DEN_n}{DEN_x - DEN_n} \qquad (9-2-2)$$

式中　HL——水泥密度充填率；

DEN_x——完全胶结井段环空充填介质平均密度，g/cm^3；

DEN——测量环空充填介质平均密度，g/cm^3；

DEN_n——自由套管井段环空充填介质平均密度，g/cm^3。

通过水泥密度充填率建立的评价标准，见表 9-2-10。

表 9-2-10　声波变密度测井资料评价标准

环空充填介质密度	水泥密度充填率	解释结论
在固井使用的水泥浆密度范围内	HL>0.9	充填好
大于固井液密度但又小于固井使用的水泥浆密度	0.7<HL<0.9	充填中等
在固井液密度范围内	HL<0.7	充填差

（3）声波—伽马密度资料解释方法。声波—伽马密度资料解释是综合声波变密度和伽马—密度的两种处理结果，其解释评价标准依据两种测量评价结果制定解释标准进行综合评价，评价标准见表9-2-11。

表9-2-11　声波—伽马密度资料综合解释的标准

声波变密度解释结论	伽马—密度解释结论	综合解释结论
放结好	充填好	胶结好
胶结好	充填中等	胶结好
胶结中等	充填好	胶结好，界面存在微间隙
胶结差	充填好	胶结好，界面存在微间隙
胶结中等	充填中等	胶结中等
放结差	充填中等	胶结中等

4）CAST-Ⅰ仪器评价方法及标准

该仪器模块包括4个方法，使用该模块可以进行套管变形分析、检查射孔质量、套损分析和固井评价，方法对应的处理内容见表9-2-12。

表9-2-12　CAST-Ⅰ仪器处理内容表

方法	处理内容
套管变形分析	自动识别套管变形
检查射孔质量	自动识别射孔层段
套损分析	自动识别套管损坏情况
固井信息提取	固井评价
一界面评价	
二界面评价	
综合固井评价	

声波成像可以直观反映套管状况，因此套管变形情况、射孔质量、套损情况可以通过声波成像定性分析获得。

固井质量的评价是通过在本地刻度井中进行刻度确定声阻抗边界值，形成固井胶结剖面图。如没有本地刻度井，借鉴其他地区刻度并结合声阻抗资料得到声阻抗边界值。表9-2-13是该仪器的声阻抗处理参数。在实际固井质量评价过程中，辅助VDL和其他资料，调整声阻抗固—液—气参数进行胶结、窜槽和封堵评价。评价是通过计算平均声阻抗值和固井概率进行评价。

表9-2-13　CAST-Ⅰ仪器声阻抗参数

颜色	声阻抗/Mrayl	指标
红色	0.0~0.38	气体
浅蓝色	0.38~1.15	含气液体

续表

颜色	声阻抗 /Mrayl	指标
蓝色	1.15~2.31	液体（气体 + 水泥）
浅黄色	2.31~2.69	固液过渡区
浅棕色	2.69~3.84	低声阻抗胶结（胶结差）
深棕色	3.84~5.00	中声阻抗胶结（胶结中等）
黑色	>5.00	高声阻抗胶结（胶结好）

5）IBC 仪器评价方法及标准

对该仪器测井资料进行处理的首要目的是对套管外的介质进行可靠的解释。输入到处理程序中的数据包括由脉冲回波测量所提供的水泥声阻抗数据以及抵达斜向排列的两个接收器的弯曲波衰减数据。上述两种输入数据都是独立的测量结果，通过与套管内和环空内流体性质的可逆关系相联系。通过交会解释，可消除井筒内流体影响，从而不必再单独测量井筒内的流体性质。

该仪器测量的最终成果是固—液—气（SLG）相图，能够显示套管外物质最可能的相态。通过在挠曲波衰减和声阻抗交会图上确定两种测量的位置可以获得各方位上的物质相态（测量结果针对内流效应进行了校正），从而得到每种状态所覆盖的面积，如图 9-2-11所示。可以在不同的区域利用三种分别代表不同相态的颜色绘制平面测量图。SLG 图中白色区域代表测量数据之间不一致的区域，如套管接箍、套管偏心以及套管表面被污染处便可能会出现这种情况。除了评价套管外的物质相态之外，处理程序的另一个目的是从环空—地层反射波或回波中提取相关信息，从而对套管与地层之间的环空进行更详细的描述，包括套管在井眼中的位置以及井眼几何形态等方面的信息。

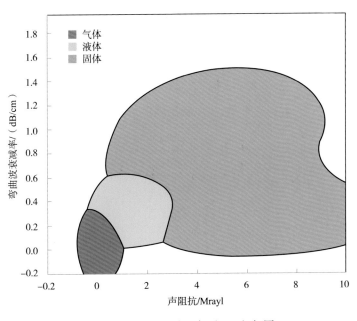

图 9-2-11　固—液—气（SLG）相图

一般也可以利用测量资料回波信息提取的波阻抗简单评价固井质量，表 9-2-14 为一些材料的波阻抗。

表 9-2-14　不同材料波阻抗表

材料名称	密度 /（kg/m³）	速度 /（m/s）	波阻抗 /Mrayl
空气	1.3~130	330	0.004~0.04
水	1000	1500	1.5
钻井液	1000~2000	1300~1800	1.5~3.0
水泥浆	1000~2000	1500~1800	1.8~3.0
低密度水泥	1400	2200~2600	3.1~3.6
G 级水泥	1900	2700~3700	5.0~7.0
石灰岩	25	5000	12

当环空充填的材料不同时，其波阻抗存在较大差异，对于常用的 G 级水泥固井，当完全胶结时，波阻抗应该大于 5Mrayl，当套管和地层之间介质为水泥浆或钻井液时，波阻抗应该小于 3Mrayl。考虑测量和信号处理误差，因此可以利用波阻抗值评价固井质量，对于常规密度水泥固井，简单评价标准定为：

（1）波阻抗大于 5Mrayl，固井质量好；

（2）波阻抗为 2.6~5.0Mrayl，固井质量中等；

（3）波阻抗小于 2.6Mrayl，固井质量差。

在解释过程中可以通过 SLG 固—液—气成像图提取相应的固液气含量，可以利用固体含量及平均波阻抗来综合评价固井质量，评价标准见表 9-2-15。

表 9-2-15　固井质量评价标准（G 级水泥）

固体概率 /%	平均波阻抗 /Mrayl	评价结果
> 0.8	> 5.0	胶结好
	2.6~5.0	胶结中等
	< 2.6	胶结差
0.8~0.5	> 5.0	胶结中等
	2.6~5.0	胶结中等
	< 2.6	胶结差
< 0.5	> 5.0	胶结差
	2.6~5.0	胶结差
	< 2.6	胶结差

但在实际评价过程中，由于测井公司直接提供 SLG 图或者重新处理后的 SLG 图，通

过 SLG 可以直接进行胶结质量评价，并且识别微间隙，窜槽等。

2. 第二界面评价

扇区水泥胶结、声波—伽马密度、超声波成像等都无法直接进行第二界面评价，在测井时都配套 VDL 测量，第二界面评价能根据波形特征进行定性评价。在套管波幅度相同的井段，地层波越清晰、连续，则第二界面胶结越好；与物性相同的其他井段相比，地层波明显减弱甚至没有出现，则第二界面胶结很可能变差；在井径曲线显示扩径严重井段或者滤饼较厚的井段，第二界面胶结通常较差。根据 VDL 可定性评价水泥环第一界面和第二界面的胶结状况。表 9-2-16 是 VDL 定性评价标准。

表 9-2-16 常规密度水泥固井 VDL 定性评价

VDL 特征		水泥胶结定性评价结论	
套管波特征	地层波特征	第一界面胶结状况	第二界面胶结状况
很弱或无	清晰，且相线与 AC，良好同步	好	好
很弱或无	无，AC 反映为松软地层，未扩径	好	好
很弱或无	无，AC 反映为松软地层，大井眼	好	差
很弱或无	较清晰	好	部分胶结
较弱	较清晰	部分胶结（或微环空）	部分胶结至好
较弱	无，或隐约	部分胶结	差
较弱	不清晰	中等	差
较强，按箍 II 形特征较清晰	不清晰	较差	部分胶结至好
很强，接箍 V 形特征清晰	无	差	无法确定

注：AC 为在裸眼井中测量的纵波时差曲线。

综合评价结论：根据第一、第二界面的水泥胶结情况，参考管外水泥窜槽，得到综合评价的标准。第一、第二界面都胶结好，综合结论为胶结好；有一个界面胶结差，综合结论为胶结差；如果两个界面都胶结中等，综合结论为胶结中等。

3. 特殊评价

1）低密度水泥固井评价

各种固井测井仪器对低密度水泥浆固井都有一定适用条件，表 9-2-17 列举了不同仪器的适用性。低密度水泥固井的相对声幅或扇区水泥胶结测井衰减率评价指标与常规密度水泥固井评价指标相比，可适当放宽。

表 9-2-17 低密度水泥固井质量测井技术适用性

测井仪器	固井水泥密度范围 / (g/cm³)	备注
CBL/VDL 测井、分扇区声幅型水泥胶结测井	>1.50	综合考虑成本优势，可用于 1.30~1.50g/cm³ 水泥固井
分扇区衰减率型水泥胶结测井	>1.40	—

测井仪器	固井水泥密度范围 / (g/cm³)	备注
声波变密度—伽马密度测井	>1.40	—
声阻抗类测井	>1.50	—
套后声波成像测井	>1.20	—

2）水泥环沟槽、微间隙、微环空、窜槽识别

VDL 直接无法进行沟槽、微间隙、微环空、窜槽识别，扇区水泥胶结、声波—伽马密度、超声波成像等通过声波成像、密度成像能够直观进行沟槽、窜槽识别，超声波能够进行微间隙识别，新的挠曲波成像仪器处理方法（Tight 模型）能进行微环空识别，声波—伽马密度组合 VDL 也能够进行微环空识别。

3）套管偏心确定

伽马密度测井在套管胶结好的情况下可以计算套管偏心，挠曲波能够在测井资料好的情况下计算套管偏心。图 9-2-12 为塔里木油田中古 514 井套管偏心与实际取出套管对比图，右边图第 4 和第 5 道套管长轴和短轴以及第 6 道回波波形显示套管偏心严重，证实了该仪器评价套管偏心的可靠性。

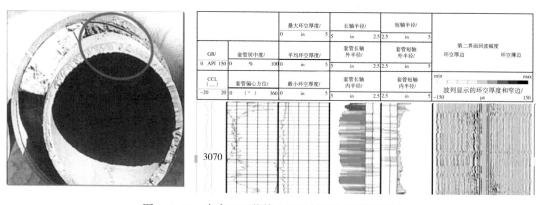

图 9-2-12　中古 514 井偏心测量与取出套管对比图

四、实例分析

1. 轮探 1 井固井质量评价

轮探 1 井是目前中国最深井，井深 8882m，采用 4 层套管结构，生产套管为 φ177.8mm。轮探 1 井超深、高温，普通测井仪器无法满足要求，采用了高温小井眼固井测井仪器。对多层套管，通过前面介绍的方法评价固井质量好的层段超过 70%，如图 9-2-13 所示，图中第 5 道能明显看出首播后移，地层波明显，是胶结好的特征。7149.99~8860m 存在大段快速地层，快速地层应用频谱方法和波形波动特征进行固井质量评价，下部井段快速地层固井质量好的井段超过 80%，如图 9-2-14 所示，第 7 道从波形所计算的频谱在 8725m 以下套管波信号（中间粗黑线左边套管波频谱位置，右边地层波位置）很弱，地层波信号强，所以固井水泥胶结好。

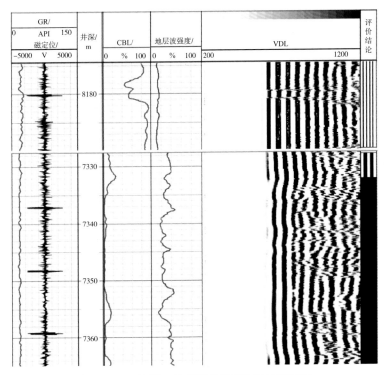

图 9-2-13　轮探 1 井多层套管固井质量评价图

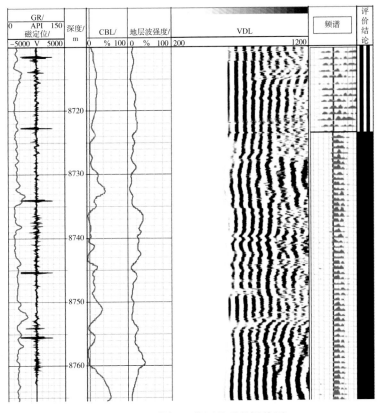

图 9-2-14　轮探 1 井固井质量评价图

2. SBT 固井质量在环空带压井的应用

博孜 102 井是塔里木油田于 2014 年完井的一口大斜度井，该井井深结构复杂，使用了 6 层套管，如图 9-2-15 所示。在 6341~6927m 井段采集扇区水泥胶结资料做固井质量评价，通过资料处理分析，如图 9-2-16 所示（图中第 3 道为 SBT 成像图，第 4 道为 VDL 图），认为该井在储层段固井质量好，储层段与上部水层有好的固井质量，不会形成窜槽，试油和生产证实固井评价正确，通过扇区水泥胶结成像图识别 6777~6785m 存在窜槽。该井在 2015 年 7 月出现 A 环空压力异常，对固井资料再次分析，认为固井质量较好，不会导致 A 环空压力异常，可能套管破裂或者腐蚀引起，后证实是套管破裂导致。

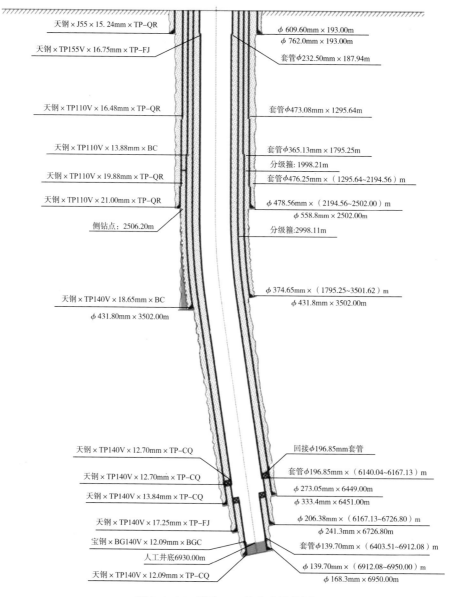

图 9-2-15　博孜 102 井井身结构图

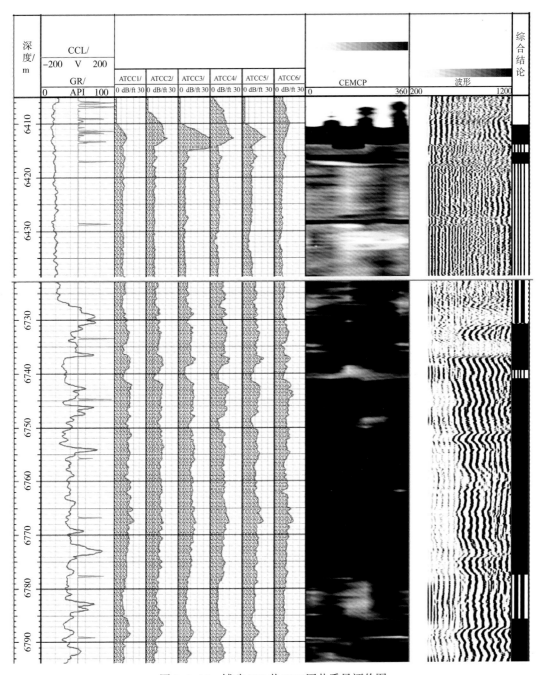

图 9-2-16　博孜 102 井 SBT 固井质量评价图

3. 超声波成像在西南油气田双鱼 18-7 井的应用

西南油气田双鱼 18-7 井井身结构为 4 层，二开套管尺寸为 ϕ273.05mm，封固井段为 0~3886.79m，采用超声波成像进行固井质量评价，测量井段为 0~3752m，固井质量评价处理井段为 27.5~3752m，整体合格率为 41.1%，如图 9-2-17 所示。图像第 8 道为固—液—气分布图，第 9 道为固—液—气累积图，棕色是固体，蓝色是液体，绿色是固液过渡，红色是气体，能够直观反应固井好坏、窜槽和微间隙。

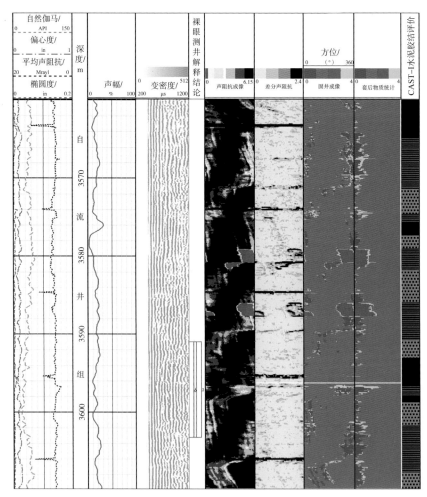

图 9-2-17　双鱼 18-7 井超声波固井质量评价图

4. 呼图壁储气库 031 井挠曲波成像测井应用

呼图壁储气库 031 井井身结构为四层，共进行 7 次测井，见表 9-2-18。三开及完井用 IBC 套后成像测量检测窜槽方位及角度大小，此外全井段固井质量测井用 RCB/RCD 检测水泥环充填状况。使用挠曲波成像和其他资料评价安集海河组盖层固井水泥胶结质量好，如图 9-2-18 所示，图中第 15（固—液—气分布，棕色是固体，蓝色是液体）和 16 道（固—液—气累积，黄色是固体，蓝色是液体，黑色尖峰对应是套管接箍）显示在 IBC 反映固井好的井段，VDL 也反应好，但 VDL 反映中等的层段，则无法准确评价，而 IBC 却给出了直观的反映，该段存在微间隙。

表 9-2-18　呼图壁储气库 031 井低密度水泥固井相对声幅评价指标

开钻次数	测井日期	测井项目	测井系列	井段 /m	套管尺寸 /mm	套管下深 /m	水泥浆密度 /（g/cm³）	固井质量总体评价
一开	2019.5.13	CBL/VDL	HH2530	8~298	508	305.16	1.90	合格
二开	2019.6.8	CBL/VDL	HH2530	70~2483	339.7	2542.84	1.50/1.89	合格

续表

开钻次数	测井日期	测井项目	测井系列	井段 / m	套管尺寸 / mm	套管下深 / m	水泥浆密度 / （g/cm³）	固井质量总体评价
三开中完	2019.7.6	CBL/VDL	HH2530	25~3307	244.5	3345.79	1.90	合格
	2019.7.10	挠曲波成像	MAXIS–500	110~3307				合格
四开尾管	2019.8.19	CBL/VDL	EML–1000	3140~4094	177.8/139.7	3311.02/4131	1.80	合格
回接固井	2019.8.26	CBL/VDL	HH2530	19~3106	177.8	3142.89	1.90	合格
完井	2019.8.30	RCB/RCD	RCB/RCD	11~3466	177.8/139.7	3311.02/4131	1.90	合格

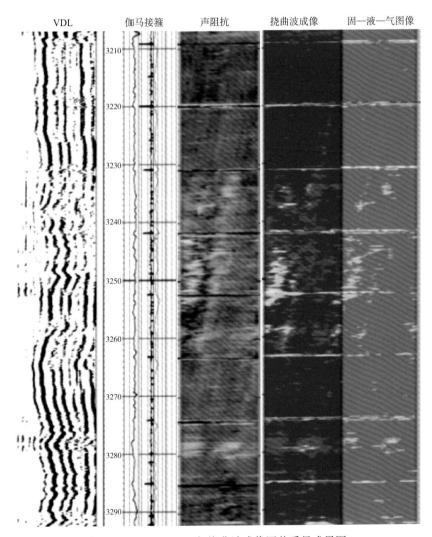

图 9-2-18　CBL/VDL 与挠曲波成像固井质量成果图

5. 长庆油田榆 37-2H 井挠曲波套后成像固井评价

榆 37-2H 井为一口水平井，井身结构如图 9-2-19 所示。采用低密度水泥浆固井，测量 IBC 是提供高可信度水泥胶结质量评价，以及斜井段套管磨损评价。

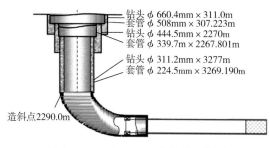

钻头 φ 660.4mm × 311.0m
套管 φ 508mm × 307.223m
钻头 φ 444.5mm × 2270m
套管 φ 339.7mm × 2267.801m
钻头 φ 311.2mm × 3277m
套管 φ 224.5mm × 3269.190m

造斜点2290.0m

图 9-2-19　榆 37-2H 井井身结构图

本井测量 14~3264m 井段，由于 1725~2150m 井段数据受到钻井液性质突变影响，又在 1843~2158m 井段进行了重复测井。总体分析，封固井段固井质量中间好，两端差。底部 2858m 以下和顶部 635m 以上胶结较差，中间胶结好差间断，以好为主。通过资料处理得到 SLG 固—液—气成像图，解释本段固井质量胶结差井段总长 1581m，固井质量胶结好井段总长 1671m，发育多条大小、长度、形态各异的窜槽，部分为液体和气体充填，如图 9-2-20 所示，最左边 SLG 成像图上蓝色是液态，是未胶结特征，棕色是固态，表示胶结好，图上显示水平段发育大段窜槽，这也符合水平段固井特征。本井套管磨损轻微，磨损量最大不超 1mm，主要发生在 2560m 以下，方位基本在套管底端。磨痕从 2560~3264m 间断存在。用 3D 软件生成三维图像能直观显示磨损状况，如图 9-2-21 所示，3065.4m 处有槽状磨损，磨损量为 1mm。

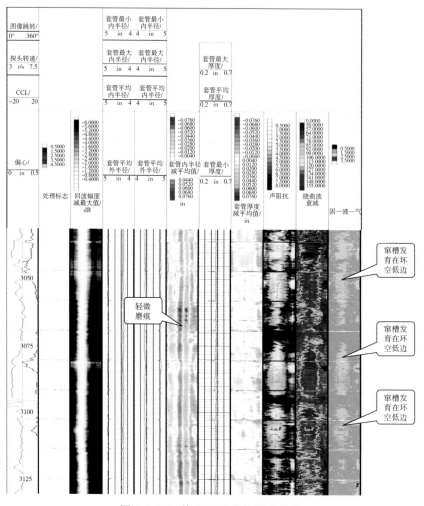

图 9-2-20　榆 37-2H 井处理成果图

6. 挠曲波成像在识别微环隙中的应用

图 9-2-22 为新疆呼图壁储气库一口井 ϕ244.5mm 套管固井质量评价成果图，上层套管尺寸为 ϕ339.7mm，670~730m 井段为双层套管。采用标准 SLG 模型解释结果（第 6 道）发现有大段的气（红色）和液（蓝色）混合现象，分析双层套管段在没有气源的情况下不会出现气相，初步判断可能存在微环隙；采用 Tight 模型（增加微环隙区域）进一步处理，Tight 模型是二维图在标准 SLG 模型基础上更加准确地划分气相和液相的边界，并增加介于气相和液相之间的微间隙相（用绿色表示）。图 9-2-23 为标准 SLG 模型与 Tight 模型对比图。重新处理数据点集中在微环隙相区域内。Tight 模型解释结果合并到图 9-2-22（图第 7 道），显示存在明显的微环隙隙（绿色），证实为微环隙发育段。

图 9-2-21　榆 37-2H 井套管 3065.4m 处的槽状磨损

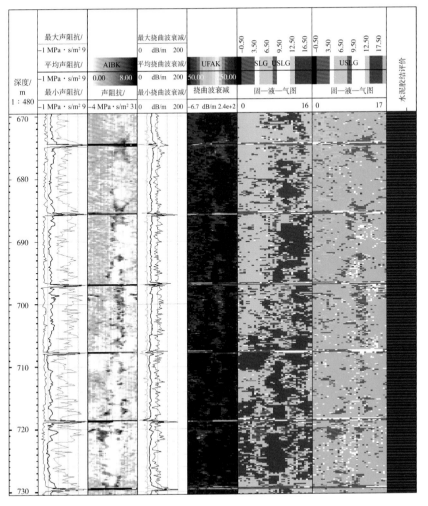

图 9-2-22　固井质量测井评价成果图

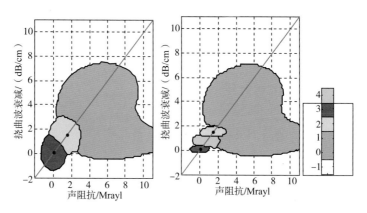

图 9-2-23　标准 SLG 与 Tight 模型对比图

7. 挠曲波成像识别管外扶正器的应用

目前能够进行套管外扶正器识别的工具只有挠曲波成像测井，套管扶正器在成像图上有如下特征：

（1）CCLU 曲线有峰值，但明显小于接箍响应；

（2）声阻抗图、挠曲波衰减图、SLG 相图显示为蓝线或红蓝相间的横线且三者深度一致；此三类图上的扶正器信号强度明显小于接箍响应；

（3）识别的扶正器深度位置不规则。

根据以上特征，可以识别出套管扶正器位置和使用数量，刚性扶正器较弹性扶正器更易识别。图 9-2-24 为相国寺储气库一口井的 IBC 测井套管扶正器评价成果图，套管尺寸为 φ244.5mm。从图 9-2-24 中可以看出，扶正器特征明显，深度分别为 418.3m、427.6m、437.9m、448.8m、461.4m、479.7m 和 495m；407.6m 和 473.7m 两处扶正器处于接箍位置上，特征不明显，解释时需仔细识别。该实例表明，由于每根套管都使用扶正器，套管居中度好，均在 90% 以上，固井质量也较好。

8. 固井测井技术应用总结

通过前面几种固井测井仪器原理、适用性和评价方法的介绍，以及对不同地区不同资料的应用对比分析，得出如下结论：

（1）对于普通井可以用 CBL/VDL 进行固井质量评价，对于重点井，建议利用扇区水泥胶结、声波—伽马密度等技术。

（2）在油、气、水交互薄层层段和新地区地层，建议使用扇区水泥胶结、声波—伽马密度等仪器进行固井质量测井及评价，进一步验证固井技术的适用性。

（3）由于复杂深井和储气库井对固井质量要求比较高，在目前技术状况下，建议根据不同的井眼状况及需求，采用扇区水泥胶结、声波—伽马密度、超声波成像等中的一种或几种相结合来完成固井质量测井及评价，这样才能保证更精细、更准确地进行固井质量评价；如果进行套管腐蚀、固井质量等综合质量检测，可使用超声波成像系列测量；如果要精细评价套管状况，例如套管偏心和套管外扶正器，利用挠曲波仪器都能够实现。测量时仪器如果偏心，对取得的资料要谨慎评价。

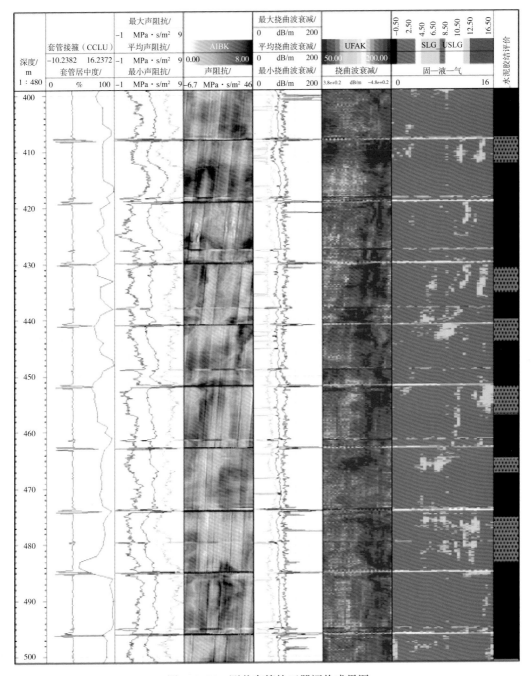

图 9-2-24　测井套管扶正器评价成果图

（4）对各种固井资料评价时，应采用各种资料进行综合评价。

（5）由于每口井固井水泥及外加剂不同，需要对各种固井测量仪器实验刻度，才能更准确地进行水泥胶结评价。

（6）由于复杂地层和超深井使用复杂的套管结构，套管的尺寸和厚度多样化，固井材料的变化，规范上定义的评价标准已经不能满足这些状况对固井质量的准确评价，需要理论模拟和实验结合完善评价标准。

参 考 文 献

［1］苏义脑，路保平，刘岩生，等.中国陆上深井超深井钻完井技术现状及攻关建议［J］.石油钻探技术，2020，42（5）：527-542.

［2］李鹤林，等.石油管工程学［M］.北京：石油工业出版社，2020.

［3］胡芳婷，赵密锋，章景城，等.塔里木油田套管气密封检测技术现状及分析［J］.理化检验（物理分册），2021，57（3）：1-6：

［4］吴立中，张建萍，肖立虎.浅谈无牙痕夹持技术在深井、超深井油、套管柱中的应用［J］.石油管材与仪器，2016，2（6）：49-51.

［5］李中，李炎军，杨立平，等.南海西部高温高压探井随钻扩眼技术［J］.石油钻采工艺，2016，38（6）：752-756.

［6］马勇，郑有成，徐冰青，等.精细控压压力平衡法固井技术的应用实践［J］.天然气工业，2017，37（8）：61-66.

［7］胡锡辉，唐庚，李斌，等.川西地区精细控压压力平衡法固井技术研究与应用［J］.钻采工艺，2019，42（2）：14-16.

［8］孙宁，秦文贵，等.钻井手册［M］.2版.北京：石油工业出版社，2013.

［9］Cavanagh P，Johnson C R，et al. Self-Healing Cement—Novel Technology to Achieve Leak-Free Wells［J］. SPE 105781，2007.

［10］王胜翔，张易航，林枫，等，自愈合油井水泥研究进展［J］.硅酸盐通报，2020，39（5）：1377-1383.

［11］刘萌，李明，刘小利，等.固井自修复水泥浆技术难点分析与对策［J］.钻采工艺，2015，38（2）：27-30.

［12］刘明，李振，白园园，等.封隔式分级注水泥器关键技术分析［J］.石油矿场机械，2019，48（5）：5-9.

［13］黄洪春，刘爱萍，陈刚，等.川渝气区"三高"气井固井技术研究［J］.天然气工业，2010，30（4）：70-73.

［14］李坤，徐孝思，黄柏宗.紧密堆积优化水泥浆体系的优势与应用［J］.钻井液与完井液，2002，19（1）.

［15］李早元，李进，郭小阳，等.固井早期气窜预测新方法及其应用［J］.天然气工业，2014，34（1）：75-82.

［16］袁中涛，杨谋，艾正青，等.库车山前固井质量风险评价研究［J］.钻井液与完井液，2017，34（6）：89-94.

［17］李健，李早元，辜涛，等.塔里木山前构造高密度油基钻井液固井技术［J］.钻井液与完井液，2014，31（2）：51-54.

［18］孙海芳.相国寺地下储气库钻井难点及技术对策［J］.钻采工艺，2011，34（5）：1-5.

［19］范伟华，冯彬，刘世彬，等.相国寺储气库固井井筒密封完整性技术［J］.断块油气田，2014，21（1）：104-106.

［20］黄柏宗.紧密堆积理论的微观机理及模型设计［J］.石油钻探技术，2007，21（1）：5-12.

［21］刘崇建，黄柏宗，徐同台，等.油气井注水泥理论与应用［M］.北京：石油工业出版社，2001.

［22］齐奉忠，刘硕琼，沈吉云.中国石油固井技术进展及发展建议［J］.石油科技论坛，2017，36（1）：26-31.